腾飞之路

——中国航空技术的发展与创新

中国航空工业集团公司党校/培训中心　组编

汪亚卫　主编

航空工业出版社

北京

内 容 提 要

本书在全面梳理世界航空科学技术发展脉络的基础上,详细记述了各个历史时期中国航空科学技术从弱到强、曲折艰辛的发展历程。书中重点展现了在中国共产党领导下的新中国航空工业自创建以来,从修理到制造、从引进试制到自行研制、从技术预先研究到型号研制、从飞机到发动机和机载系统、从制造企业到科研设计机构、从跟随发展到自主创新,70多年波澜壮阔的发展历程。全面再现了中国航空技术发展与创新标志性的里程碑事件,生动描绘了一代又一代的中国航空科技工作者为实现航空报国理想而做出的可歌可泣的辉煌业绩。

本书既是一本能使读者全面、深入和系统地了解中国航空工业和航空技术发展与创新历史的读物,也是学习中国航空科技工作者航空报国精神的教材,还是一本能使社会大众近距离了解中国航空科学技术是如何在不断创新中走向辉煌的图书。

图书在版编目(CIP)数据

腾飞之路:中国航空技术的发展与创新／汪亚卫主编. --北京:航空工业出版社,2024.4
ISBN 978-7-5165-3660-5

Ⅰ.①腾… Ⅱ.①汪… Ⅲ.①航空—技术史—中国 Ⅳ.①V2-092

中国国家版本馆 CIP 数据核字(2024)第 032369 号

腾飞之路——中国航空技术的发展与创新
Tengfei Zhilu——Zhongguo Hangkong Jishu de Fazhan yu Chuangxin

航空工业出版社出版发行
(北京市朝阳区京顺路 5 号曙光大厦 C 座四层　100028)
发行部电话:010-85672666　010-85672683

北京天恒嘉业印刷有限公司印刷　　　全国各地新华书店经售
2024 年 4 月第 1 版　　　　　　　　2024 年 4 月第 1 次印刷
开本:710×1000　1/16　　　　　　字数:419 千字
印张:26.5　　　　　　　　　　　　定价:96.00 元

序

　　强大的航空力量是世界强国的重要标志。航空工业作为国家战略性产业，既是国防安全的基石，也是带动国民经济发展的重要动力，20世纪以来，航空科学技术的迅猛发展和卓越成就一直以方兴未艾之势、竞技创新之力对世界军事和人类生活产生着重大影响。纵观20世纪以来世界的发展进程，美国、俄罗斯、英国、德国、法国等国家通过大力发展航空科学技术，在军事、科技和经济的诸多高端领域占据着优势地位。

　　封建时代科学技术的长期落后，使中国人的飞天梦想停滞于曾经引以为傲的风筝、孔明灯等启蒙航空发明实践。世界百年航空在改变人类生活的同时，也曾给人类生存带来恐怖的阴影，战乱羸弱的旧中国承载不了航空科学技术的负荷，灾难中的人民饱受日本侵略者飞机的摧残和虐杀。新中国成立后，在抗美援朝的硝烟中、在近乎一张白纸的基础上，毛泽东、周恩来等老一辈革命家果断决策，举全国之力建设航空工业。经过艰苦奋斗，初步建立了中国航空工业的科研生产体系。改革开放以来，在邓小平同志的亲切关怀下，航空工业走上了科研先行、军民结合的发展道路，航空科学技术能力进一步加强。党的十八大以来，在以习近平同志为核心的党中央的正确领导下，中国航空工业出现了"井喷"式发展，航空技术在诸多领域取得重大突破，创新能力得到大幅度跃升。

　　"科技是国家强盛之基，创新是民族进步之魂。"新中国航空工业创建之初，从引进国外技术起步，在大力建设生产制造能力的基础上，着手组建专业航空科研机构，老一辈科技人员通过摸透国外飞机技术，增强自行设计的能力，逐步走上自主发展的道路。改革开放以来，通过航空技术预先研究和关键技术攻关，努力缩小与世界先进水平的差距。进入新时代，习近平总书记发出了建设航空强国的伟大号召，中国航空科技实力正在从量的积累迈向质的飞跃。

腾飞之路
——中国航空技术的发展与创新

　　以史为鉴，温故知新。回顾中国航空工业的发展历程，总结航空科学技术的进步，汲取历史经验，把握时代脉搏，为开拓进取者砺行致远。由中国航空工业集团公司党校/培训中心组织编写的《腾飞之路——中国航空科技的发展与创新》一书，以世界航空科技发展路径为参照系，回顾了新中国航空科技事业在"一穷二白"的基础上70多年波澜壮阔的发展历程，让我们清晰地了解航空装备的代际发展，系统地认识航空科技的脉络轨迹，切实地感受追赶航空强国的鲜活场景，亲身体验一代又一代航空科技工作者拼搏奋进的艰辛与辉煌。

　　风雨不忘来时路，砥砺奋进正当时。希望新时代的航空人，特别是广大青年航空科技工作者通过研读本书，深入了解新中国航空工业的发展历程，增强航空报国的使命感和责任感，继往开来，不负韶华，不断开拓航空科技创新之路，为建设航空强国做出更大贡献。

　　航空的未来必然属于中国。

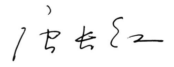

目 录

引 子　人类的飞天梦想/1

- 中国古代关于飞行的神话与探索/3
- 古代世界其他国家关于飞行的梦想/6

第一章　世界航空技术发展脉络/9

第一节　航空技术的初期探索与航空器的发明（18世纪初—19世纪末）/11

- 欧美率先开展的航空探索与实践/11
- 热气球、滑翔机和飞艇相继发明/14

第二节　人类开启动力飞行新世纪（20世纪初—1914年）/19

- 莱特兄弟成功发明动力飞机/19
- 直升机的发明/23

第三节　航空技术体系逐步形成（1915—1938年）/25

- 飞机进入活塞螺旋桨时代/25
- 飞机结构与布局逐渐完善/26
- 飞机动力装置和机载系统不断发展/28
- 飞机和直升机广泛进入军用和民用领域/30

第四节　二战刺激航空工业和航空技术大发展（1939—1945年）/35

- 航空武器装备在二战中发挥了决定性作用/35

- 战时世界航空工业规模惊人/37
- 二战结束前喷气技术已取得突破/37

第五节 航空进入超声速时代（1946—1975 年）/40

- 喷气飞机跨越超声速技术难关/40
- 超声速技术带来飞机平台技术的多样化发展/42
- 飞机朝着更安全、更高效和更经济的方向发展/44
- 显著带动航空技术进步的几项突破/46

第六节 航空技术实现全面发展（1976—1999 年）/49

- 美苏竞争促使航空技术向信息化方面发展/49
- 综合航电系统技术推动机载系统的升级换代/50
- 计算机辅助设计与制造带来航空技术新的革命/53
- 涡轮风扇（简称涡扇）发动机开始成为先进军民机的动力装置/54
- 战斗机的机动性能大幅度提高/55
- 技术发展促进直升机的广泛使用/57
- 隐身技术带来航空发展又一场革命/60

第七节 进入 21 世纪后航空技术的新发展（2000—2022 年）/62

- "网络中心战"理论助推航空技术的发展/62
- 中高端无人机的使用量迅速增加/67
- 民用客机技术进步加速/70
- 材料与制造技术带动航空产业发展/74

第八节 航空技术的发展趋势（2023—）/75

- 航空技术的发展正在进行新的革命/75
- 高超声速飞机是航空技术发展新的制高点/76
- 绿色航空正在向我们走来/78
- 飞机会成为"飞行汽车"吗/81
- 人工智能将带来航空技术更快的发展/81

- 需要高度关注的几项未来航空技术/82

第二章 旧中国对航空技术的探索/91

第一节 中国造出自己的热气球和飞艇/93
- 中国制造的第一个氢气球/93
- "中国"号飞艇问世/94

第二节 冯如是中国的航空先驱者/95
- 冯如造出第一架中国人自己的飞机/95
- 另一位中国飞行家——谭根/97
- 王助——波音公司第一任工程师/97

第三节 孙中山提出"航空救国"/98
- 孙中山重视发展航空事业/98

第四节 旧中国的航空制造企业/100
- 北洋政府建立的飞机制造企业/100
- 中国第一家正规飞机制造厂——马尾海军飞机工程处/102
- 国民政府的航空工业/104

第五节 旧中国的航空教育及航空科研活动/109
- 高等院校开设的航空工程专业/109
- 国民政府建立的航空研究院/112
- 一批留学归国的航空技术精英/115
- 旧中国留下的航空资源十分有限/117

第六节 红色航空在战火中起步/117
- 最早的中共飞行员和工农红军的飞机/117
- 中国共产党培养的航空专业人才/118
- 为新中国筹集航空技术力量/120

第三章　新中国初创航空工业和航空技术（1949—1960 年）/123

第一节　新中国航空工业的诞生/125

- 建立人民空军投入抗美援朝战场/125
- 开创新中国的民航事业/127
- 建立新中国的航空工业/128
- 在 3~5 年内从修理转向制造/131

第二节　新中国航空工业的早期发展/133

- 苏联援建中国"一五"计划中的航空工业项目/133
- 新中国飞机制造翻开第一页/135

第三节　国家把喷气技术列入十二年科技发展规划/137

- 国家制订十二年科技发展规划/137
- 飞机未能像导弹、原子弹一样列入国防尖端技术/138

第四节　航空工业开始组建专业科研机构/139

- 必须自力更生建立航空科研体系/139
- 航空科研"四所三室"的诞生/140

第五节　新中国迈上试制喷气式飞机的高台阶/145

- 新中国试制出第一种喷气飞机——歼 5/145
- 完成国产喷气式飞机——歼教 1 的研制/148

第六节　自行研制飞机产品的成功与挫折/150

- 自行研制初教 6 获得成功/150
- 自行研制高空高速战斗机受挫/151

第七节　引进试制多种苏联航空产品/155

- 新中国首架小型多用途运输机诞生/155
- 全力试制歼 6 超声速战斗机/157
- 直 5 成为中国第一种批量生产的直升机/159

- 试制成功轰 6 中型轰炸机/160

第八节　中国导弹的试制生产从航空工业企业起步/161

第九节　苏联突然撤走技术专家/165

第四章　从"摸透技术"走向自研（1961—1977 年）/169

第一节　加快航空工业的建设布局/171
- 航空主辅机企业协调发展/171
- 航空工业开展"三线建设"/172

第二节　党中央决定成立航空研究院/175
- 航空研究院成立的历史背景/175
- 航空研究院组建一批设计研究所/176

第三节　全面摸透米格-21 技术/183
- 航空研究院成立后的第一项工作/183
- 如何全面摸透米格-21 技术/184
- 有力支撑歼 7 飞机的引进试制与生产/187

第四节　部院合并促进航空科研体系不断完善/188
- 航空科研管理体制几经变化/188
- 组建技术基础类航空科研单位/190
- 逐步建成航空科研试验基地/191
- 各类航空主机设计研究所陆续建成/193
- 建立健全航空机载技术设计研发体系/198
- 加快推进航空科研试验设施建设/200

第五节　歼 8 飞机使中国走上自行研制之路/201
- 自行研制高空高速战斗机/201
- 歼 8 研制中的攻坚克难/203

第六节　军机设计研制水平逐步提高/205

- 自行设计强 5 强击机/205
- 研制世界上最轻的超声速战斗机——歼 12/207
- 改进研制歼教 5 歼击教练机/208
- 歼 9 和歼 13 战斗机方案/209
- 轰炸机研制生产能力从无到有/210
- 为核武器试验提供航空装备/212

第七节　建立发动机、机载设备和基础科研能力/213
- 航空发动机研制支持新机研制/213
- 从英国引进斯贝涡扇发动机/215
- 航空机载设备开始走向自主研制之路/216
- 航空基础科研能力逐步提升/218

第八节　国产运输机设计研制的成功与挫折/219
- 运 7 开中国支线运输机之先河/219
- 运 10 大型客机研制终未完成/220
- 运 8 运输机研制采用了"反设计"/221

第九节　直升机技术发展一波三折/223
- 首架采用涡轮轴发动机的直 6 直升机/223
- 大型直升机直 7 的研制/224
- 两种轻型直升机——701 和"延安"2 号的试制/225

第五章　提出"三个一代"狠抓预先研究（1978—1998 年）/229

第一节　走出国门看到差距/231

第二节　提出科研先行/233
- 天津航空科学技术工作会议/233
- 抓好预先研究是落实科研先行的基础/234
- "三个一代"列入航空工业发展战略/236

第三节　开展航空关键技术和预研重点课题研究/236

- 确定关键研究项目和重点研究课题/236
- 空气动力学研究推进先进气动布局优化/238
- 主动控制技术研究取得重大突破/238
- 高推重比发动机研究取得明显进展/241
- 开展先进火控系统研究/242
- 断裂力学与疲劳理论研究助力飞机安全与增寿/243
- 率先开展计算机辅助设计与制造技术研究/244
- 航空电子综合系统研究使中国飞机进入信息化时代/245
- 瞄准未来战斗机技术的"预研一代"/245
- 航空预先研究和关键技术攻关成果显著/246

第四节　改革开放促进航空科技的发展/247

- 航空科技管理体制进一步调整/247
- 广泛开展航空科技国际合作与交流/248
- 开始招收航空专业硕士和博士研究生/249
- 建立航空科学基金支持基础科研/250
- 及时开展海湾战争研究明确航空科技发展方向/250
- 航空科研条件建设速度加快/251
- 数字化技术开始进入航空工业/253
- 航空工业成为国家高技术产业/254

第五节　用高新技术完成"更新一代"/255

- 歼7战斗机的改进改型/255
- 歼8Ⅱ研制全面提高战斗机设计水平/257
- 轰6轰炸机旧貌换新颜/260

第六节　"研制一代"——中国军机技术实现跨代发展/261

- 中国自行研制"飞豹"歼击轰炸机/261

- 歼 10 实现中国战斗机"代的跨越"/263
- 引进苏-27 生产线提升重型战斗机研制能力/265

第七节　国产直升机技术快速提升/267
- 规划发展中国直升机产业/267
- 直 8 填补国产大型直升机空白/267
- 直 9 多用途直升机提升国产直升机技术水平/268
- 自行研制直 11 轻型直升机/270

第八节　国产运输机研制取得新成果/271
- 参与中德合作 MPC-75 支线飞机项目/271
- 运 8 改进改型取得突破/271
- 运 7 改进型成功进入客运市场/273
- 运 12 取得国际适航证/274
- 对国产大型客机研制工作的探索/275

第九节　航空发动机技术取得长足发展/276
- 确立预研和部件研发在发动机发展中的地位/276
- 涡喷发动机研制取得成果/277
- 涡扇发动机研制取得突破/279
- 涡桨和涡轴发动机加快发展/281
- 发动机控制系统研制取得显著进展/283

第十节　航空机载技术发展明显加快/284
- 机载技术的发展得到了充分重视/284
- 瞄准型号需求，发展关键机载设备/284
- 抓紧三大机遇推动机载技术能力的提升/285
- 航空电子系统走向综合化/287
- 航空机电系统技术努力适应主机的发展/288

第十一节　航空导弹研制水平稳步提高/289

- 空空导弹技术走上自行研制之路/289
- 海防导弹研制取得新进展/292

第六章　快速赶上世界先进水平（1999—2022 年）/297

第一节　航空在国家的地位更加凸显/299
- 国家加快先进武器装备的研制发展/299
- 大型飞机和航空发动机列入国家重大科技专项/299
- 航空工业管理体制的重大改革调整/301

第二节　"四个一代"助推创新发展/303
- 提出"探索一代"形成"四个一代"/303
- 关键技术预研引领装备跨代发展/305

第三节　航空武器装备朝着体系化方向发展/306
- 航空武器装备实现跨越式发展/306
- 中国军用飞机的体系化发展/307

第四节　航空技术发展进一步提速/314
- 筑牢先进装备的技术基础/314
- 科研和试验条件建设进一步加快/318
- 飞行试验有力支撑型号的发展/319
- 航空制造数字化技术实现质的飞跃/321

第五节　中国战斗机努力追赶世界先进水平/323
- 歼 20 标志着中国掌握了战斗机隐身技术/323
- 中国成为世界上第二个同时研制两型四代机的国家/326
- 歼 15 实现舰载战斗机的历史性跨越/327
- 技术进步带动歼 10 战斗机的改进改型/329
- 歼 11B 和歼 16 重型战斗机带动航空技术全面发展/330
- "枭龙"促进战斗机技术新发展/332

- 中国战斗机迈入自主创新发展新时代/333
- 中国教练机技术水平快速提高/334

第六节 轰炸机改型和预警机发展取得新突破/337
- 新技术应用使轰6作战能力显著提高/337
- 中国预警机研制打了翻身仗/338

第七节 大型飞机研制取得举世瞩目的成就/340
- 运20实现中国大型运输机的历史性跨越/340
- C919开创中国民机发展新时代/342

第八节 民用飞机研制驶入快车道/345
- 国产ARJ21支线客机取证投入航线运营/345
- 争做涡桨支线飞机技术发展的领航者/346
- 独具特色的AG600大型水陆两栖飞机/348

第九节 直升机设计研制硕果累累/349
- 直10实现了专用武装直升机自主研制的大跨越/349
- 直19增强中国武装直升机的实力/351
- 直20使中国直升机进入"20时代"/352
- 技术进步助推国产民用直升机系列化发展/353

第十节 中国无人机走上世界舞台/355
- 无人机使航空武器装备从有人走向无人/355
- 中国军用无人机发展迅速/356
- 中国民用无人机发展取得世界领先地位/360

第十一节 航空发动机技术进入全面发展阶段/361
- 促进航空发动机加速发展/361
- 中国航空发动机的成就与差距/362
- 重点发动机型号取得新进展/365

第十二节 航空机载系统技术得到协调发展/368

- 航空机载产业结构的调整与优化/368
- 机载系统发展适应跨代需求/371

第十三节　中国空空导弹技术大步赶上国际先进水平/373

第十四节　筑牢中国航空科研体系/375
- 航空科研重点明确梯次推进/375
- 筑牢航空科研的实验试验能力/375
- 企业技术创新能力进一步建设/377
- 形成融合创新的新局面/377
- 打造一流航空技术领军人才队伍/377

第七章　总结与思考/381

第一节　中国航空技术是如何实现腾飞的/383
- 要点一：国家重视至关重要/383
- 要点二："摸透"带动自行研制/384
- 要点三：预研促进技术发展/385
- 要点四：创新实现跨代飞跃/385
- 要点五：抓住机遇实现腾飞/386
- 要点六：中国航空技术发展脉络的4个阶段/386

第二节　腾飞之路带给我们哪些启示/387
- 启示一：科研先行是产业发展的保证/387
- 启示二：型号设计不能代替技术研究/389
- 启示三：引进技术重在消化、吸收和再创新/389
- 启示四：飞机、发动机、机载系统要协调发展/390
- 启示五：必须重视演示验证和科研试验手段的提高/391
- 启示六：领军人才是引领技术发展的关键/392
- 启示七：吸取挫折与曲折带给我们的深刻教训/393

第三节 几点思考与研讨/395

- 思考一：中国是如何取得先进航空产品的自主研发能力的/395
- 思考二：什么管理体制适合中国航空技术的发展/396
- 思考三：如何根治中国航空技术"军强民弱"的问题/397

结束语 勇攀世界航空技术新高峰/399

后 记/404

参考文献/406

— 引子 —

人类的飞天梦想

人类自诞生以来一直渴望能够像鸟一样自由地飞翔。在古代中国、古埃及、古希腊、古罗马、古巴比伦、古印度文明中都有着许多关于人类飞行的神话与传说，它们是人类实现航空飞行梦想的原始动力，人类也为此进行了大量探索。

● 中国古代关于飞行的神话与探索

有着5000年文明史的中国，自古以来就有关于飞行的美丽神话与传说。其中，"牛郎织女"讲述牛郎每年七月七日飞上天，在鹊桥与心爱的织女相会。

牛郎织女

嫦娥奔月

关于"嫦娥奔月"的神话流传很广，美丽的嫦娥吃了仙药，飞到了月亮上。

中国古代关于飞行的故事还有很多，如《庄子·逍遥游》中，"夫列子御风而行，泠然善也"，讲述战国时期郑国人列子乘飞车御风而行。

在公元4世纪就逐渐形成的敦煌壁画中，绘有人类"飞天"的景象。画中人像飞鸟一样展翅飞翔，反映了古人对飞行的渴望和追求。

腾飞之路
——中国航空技术的发展与创新

人类"飞天"

在古代幻想的"飞天"传说中,人类实现飞行的方式是多种多样的,或是像鸟儿一样借助翅膀,或是"驾鹤飞翔",也有脚踩"风火轮",还有像孙悟空一样能够拔地而起,腾云驾雾。

在航空技术发明方面,中华民族更是走在世人的前列。中国人在2000多年前的东周春秋时期发明了风筝,相传是墨子以木头制成木鸟,是人类最早的风筝,后来经鲁班改进做成了竹风筝。到了唐代,人们把竹笛系在风筝上,使其在空中能发出像古筝一样的响声,由此得名"风筝"。

风筝

五代时期,中国人发明的孔明灯(松脂灯)是热气球的雏形。

孔明灯

战国末期，中国人发明了竹蜻蜓，后来被西方人称之为"中国陀螺"，它是直升机的雏形，18世纪竹蜻蜓传入了欧洲。

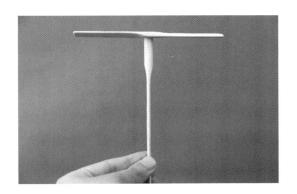

竹蜻蜓

大约在唐代，中国人在爆竹制作基础上发明了在空中飞行的爆竹——起花。起花就是原始的火箭，它的工作原理与固体火箭是一致的。

在1000多年前，中国人发明的走马灯，其运行不是靠自然风，而是通过烧热的空气，它与喷气发动机的工作原理是相同的。

公元9—23年，王莽时期，有一个人模仿鸟的飞行，用鸟翎编成了一对大翅膀，绑在身上，靠双臂扑动翅膀，进行了飞行尝试。他从高处跃下，居然滑翔了数百步之远。这是人类最早的升空飞行尝试。

可以说，中国古代在人类实现航空梦想和实践方面走在了世界的最前列。

腾飞之路
——中国航空技术的发展与创新

走进世界著名的美国华盛顿国家航空航天博物馆的飞行器陈列馆，进门处的文字说明是："最早的飞行器是中国的风筝和火箭。"

● 古代世界其他国家关于飞行的梦想

在欧洲有一个著名的传说，一个叫代达罗斯的人，他在希腊克里特岛建造了一座迷宫。后来他与儿子被国王监禁于此，他俩用蜡和羽毛为自己制造翅膀，靠飞行逃了出来。父亲用这副翅膀成功飞到了意大利那不勒斯，而儿子年轻气盛，没听父亲忠告，飞得离太阳太近，使蜡制翅膀熔化，从空中坠海身亡。

在阿拉伯民间故事集《一千零一夜》中，有神奇的阿拉伯飞毯的故事，年轻王子哈桑不小心被一个毯子绊倒，这神奇的毯子可以把主人带到世界上任何地方。后来哈桑借助飞毯，给心爱的公主送去救命苹果，挽救了她的生命。

阿拉伯飞毯

大约在公元 5 世纪，风筝从中国传至太平洋诸岛和阿拉伯，到中世纪又传到了欧洲。欧洲第一个风筝是在 1326—1327 年出现的，它不像中国风筝那样是长方形带飘穗，而是细长的三角形，做得像条龙，而且比较大。1825 年，一位叫乔治·波柯克的英国教师，为小女儿制作了一个大型风筝，把小女儿绑在风筝上放飞，风筝迎风快速飞行升到约91米的高度，载着他的小女儿飞上天空，并安全落地。他的小女儿成为西方第一个用风筝升空的人。西方在古代和近代有关人类进行飞行探险的事例还很多，探索者的形象都十分勇敢和令人追捧，这对后来现代航空科学技术从西方发源起到了积极的推动作用。

— 第一章 —

世界航空技术发展脉络

第一节

航空技术的初期探索与航空器的发明
（18 世纪初—19 世纪末）

● 欧美率先开展的航空探索与实践

欧洲文艺复兴时期，意大利工程学家、画家达·芬奇提出了"空气螺旋桨"的概念。1505 年，达·芬奇写出了科学笔记《论鸟的飞行》。通过观察鸟飞翔，他发现鸟在空中扑翼飞行时尾巴可以掌握方向，还能调整高度，其原理应用就是后来固定翼飞机尾翼上的方向舵和升降舵。他设计了一种"单人扑翼机"，通过机械杠杆作用，人用手和脚扑动翅膀实现在空中飞翔。达·芬奇的一个仆人首先进行了试验，结果摔断了一条腿。这次失败并没有扑灭人类追求飞翔的梦想，更多的航空探索在更多的国家展开了……

达·芬奇

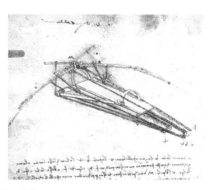
《论鸟的飞行》

1738 年，瑞士科学家丹尼尔·伯努利出版了《流体动力学》，他提出了

腾飞之路
——中国航空技术的发展与创新

伯努利原理和伯努利方程，科学地解释了流体动力的科学机理。

伯努利方程：

$$p + \frac{1}{2}\rho v^2 + \rho g h = C$$

式中：p——流体中某点的压强；

　　　v——流体该点的速度；

　　　ρ——流体密度；

　　　g——重力加速度；

　　　h——该点所在高度；

　　　C——常量。

丹尼尔·伯努利

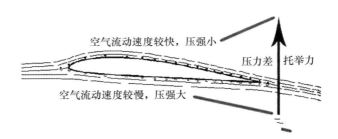

伯努利原理

1809年，英国科学家乔治·凯利发表了论文《论空中航行》，科学地勾勒出了现代飞机的轮廓，对其操纵性、安全性和稳定性进行了分析，指出了飞机必须有垂直舵面和水平舵面。他还阐述了升力、重力、阻力和推力4种作用力，以及速度与升力的关系。他提出了"现代飞机不能模仿鸟类振翼，而应该采取固定翼加推进器的方式"，从而指引人类摆脱了过去一味追求扑翼机研制的趋势。《论空中航行》也成为世界航空科学的开篇之作。

乔治·凯利

1754年，俄罗斯科学家米哈伊尔·瓦西里耶维奇·罗蒙诺索夫发明了一种改进型的竹蜻蜓机械演示机构，它与传统的中国竹蜻蜓飞行原理大致相同，但采用了同轴旋转的两片叶片，并在顶部多了一个鼓起的弹簧装置，由弹簧提供动力，这是一种成功的航空科学试验装置。俄罗斯直升机设计大师卡莫夫后来说，他发明的直升机同轴双翼结构受到了罗蒙诺索夫发明的影响。

米哈伊尔·罗蒙诺索夫　　　　竹蜻蜓机械演示机构

1866年，大不列颠航空学会成立，它是世界上第一个航空科学技术的学术组织，该学会的成立吸引了很多的科学家、工程师和能工巧匠投身航空科学技术的发展。1869—1871年，由该学会赞助英国人韦纳姆建成了世界上第一座风洞，使航空器的科学试验有了强有力的技术试验手段。该学会后更名为英国皇家航空学会，并延续至今。

英国皇家航空学会

腾飞之路
——中国航空技术的发展与创新

1886年，美国物理学家和天文学家塞缪尔·兰利开始研究航空飞行，他发现了倾斜平板的升力规律：升力与平板面积成正比、与速度成正比、与迎角的正弦成正比，这些都成为后来飞机空气动力学的经典公式。1887年，兰利建造了一个旋转壁用于模拟风洞，并用于试验更大尺寸的飞机模型。几年之后，兰利完成了《空气动力学实验》一书，该书为人类研制高速飞行的动力飞机奠定了理论基础。1896年5月6日，兰利在华盛顿附近的波托马克河上成功进行了自制无人飞机模型的首次试飞，该模型从船上弹射起飞，飞行距离1280米。兰利的航空研究工作得到了美国政府和军方的资助。兰利去世后，1917年，美国国家航空咨询委员会（NACA）将其建立的第一个实验室命名为"兰利纪念航空实验室"，即后来的美国国家航空航天局（NASA）兰利研究中心。

兰利

兰利5号无人飞机

- **热气球、滑翔机和飞艇相继发明**

人类最早飞上蓝天是通过热气球实现的。1782年11月，法国造纸工人约瑟夫·蒙哥尔费与弟弟雅克·蒙哥尔费用丝绸制成球形口袋,他们在口袋底部点纸燃烧,热空气充进口袋后放手,口袋就飞上了天花板。后来蒙哥尔费兄弟在室外再次试验,口袋上升到20多米高。

约瑟夫·蒙哥尔费

雅克·蒙哥尔费

热气球模型

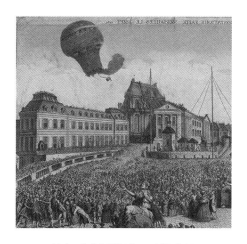
热气球在巴黎试飞时的盛况

1783年6月4日,蒙哥尔费兄弟俩在家乡的广场上挖了一个大坑,里面堆满稻草与羊毛,兄弟俩用亚麻布取代丝绸制成直径约11米的大气球,气球底部开口正对着大坑。点燃坑内的稻草与羊毛后,产生的热烟充进气球中,

腾飞之路
——中国航空技术的发展与创新

有8个人抓住气球的绳索不使其离地,当热烟充满气球后放开绳索,气球向上飞到了457米的高空,经过约10分钟飞行,气球飘飞到距离升空处1500多米。1783年11月21日,蒙哥尔费兄弟俩制作的热气球在巴黎附近进行了首次载人飞行,直径15米、高23米的热气球载着2人升到了高150米处,20分钟后,热气球安全降落。由此,热气球在美国和法国乃至整个欧洲广泛兴起。

1783年8月,雅克·查尔斯制作了世界上第一个氢气球,并在巴黎成功进行了升空试验,氢气球上升到900多米高,并在空中飘浮1小时。同年12月1日,查尔斯和另一个人乘坐更大的氢气球在巴黎上空飞行了2小时,航程43千米,有4万人观看了氢气球第一次载人飞行。1785年1月7日,法国人布朗夏尔和美国人杰弗里斯乘坐自制氢气球成功飞越了英吉利海峡。后来,热气球作为一种轻于空气的航空器,在军民用多方面得到广泛的应用。

1852年,法国人吉法尔又在氢气球上安装2.2千瓦的蒸汽机,可带动三叶螺旋桨,从而实现了可操控飞行。

吉法尔

可操控飞艇

在热气球发展的同时,其他航空器的发展也很活跃。俄罗斯海军军官莫扎伊斯基从1856年起开始研制重于空气的航空器。1876年,他研制出一种单翼滑翔机,该机有固定式机翼、尾翼,装有蒸汽发动机和螺旋桨。该单翼机在飞行试验中曾成功飞跃了20~30米。

莫扎伊斯基

1891年，德国工程师李林塔尔与他的弟弟一起设计出一架双翼滑翔机，该机的外形很像一只展开两副羽翼的大鸟，翼面呈弓形，滑翔机采用的材料是棉布、竹片及藤条。李林塔尔背着该滑翔机从山坡上快跑，借风飞了起来，并升到比起飞点更高的空中，这次试飞掀开了人类滑翔飞行的第一页。此后，李林达尔在6年时间里，进行了滑翔机试验2000多次。1889年，李林达尔出版了《作为航空基础的鸟类飞行》一书，该书成为航空先驱者的必读著作。可惜的是，1896年8月9日，他在进行滑翔飞行时，因滑翔机上迎角过大，导致接近失速，滑翔机摔毁，李林达尔的脊椎骨折。最终，年仅48岁的李林达尔为人类探索飞行献出了宝贵的生命，李林达尔开创的滑翔机技术传承至今。

李林达尔

滑翔机模型

腾飞之路
——中国航空技术的发展与创新

  1784年，法国人罗伯特兄弟研制出一艘外形似鱼的人力飞艇，当飞艇的气囊充满氢气后，飞艇开始上升。随着大气压的降低，氢气开始膨胀，兄弟俩急忙在气囊表面刺了小孔放气，飞艇才安全降落。这启发了他们在飞艇上要安装放气阀门。后来，经改装后的飞艇成功试飞，飞行时间达7个小时。人类由此有了动力飞艇。此后，飞艇技术持续发展。1899年，德国退役将军齐柏林研制成功硬式飞艇，使飞艇的军事和商业用途达到了一个新高度。齐柏林的硬式飞艇有硬的骨架，包括一根腹部纵向大梁、24根长桁和16个框架，框架外表面有防水布制成的蒙皮，艇内有17个气囊，飞艇的安全性明显提高。此后，齐柏林又连续研制出了多种硬式飞艇。1910年6月22日，由齐柏林参与组建航空公司生产出的第一架飞艇，执飞从德国法兰克福飞往杜塞尔多夫的空中航线，该飞艇上乘坐了24名旅客和12名乘务员，飞行速度达到68~77千米/时。齐柏林飞艇在1929年8月，历时21天完成了环球飞行，飞艇途经了德国、苏联、中国和日本，其成就在世界航空技术发展史上留下了辉煌的印迹。

齐柏林

齐柏林飞艇

第二节
人类开启动力飞行新世纪（20世纪初—1914年）

• 莱特兄弟成功发明动力飞机

到19世纪末期，人类探索动力飞行的路径大致有两条：一是由美国科学家塞缪尔·兰利所主张的从装有动力的飞机模型起步，经过试飞，逐步实现载人飞行；二是在滑翔机的基础上，通过在滑翔机上加装动力装置制造动力飞机，实现载人飞行。莱特兄弟发明的动力飞机属于第二条路径。

兰利是第一条路径的积极实践者，但他没有获得成功。兰利从19世纪末开始设计了多种带有蒸汽机的飞机模型，称为"空中旅行者"系列，他主持开展了多次不载人和载人的飞行试验。其中"空中旅行者"5号动力飞机模型于1896年5月成功实现了不载人飞行试验，但是载人的"空中旅行者"系列飞机在1903年10月和12月的两次载人试飞中均宣告失败。

兰利的"空中旅行者"动力飞机

腾飞之路
——中国航空技术的发展与创新

兰利于1906年去世后,美国航空设计师寇蒂斯对兰利设计的"空中旅行者"飞机进行了修复,飞机上加装浮筒,换上新的发动机,不再采用过去弹射起飞的方式,该机在水上起飞时获得了成功,这说明兰利的飞机设计还是成功的。

就在兰利的"空中旅行者"动力载人飞机飞行失败后的第9天,即1903年12月17日,美国人威尔伯·莱特和奥维尔·莱特驾驶自行研制的"飞行者1号"动力飞机,在美国北卡罗来纳州基蒂·霍克南部海岸的沙丘上,连续成功地完成了多次载人动力飞行试验,其中最后一次试飞飞行了260米,留空时间59秒。这标志着动力飞机的设计是成功的,莱特兄弟的发明翻开了世界航空技术发展史上崭新的一页。

莱特兄弟

"飞行者1号"飞机

莱特兄弟发明的飞机是在滑翔机基础上加装发动机改装而成的。1900—1903年，他们先后制造了3架滑翔机进行了上千次飞行试验，他们还自制了上百种飞机的机翼进行风洞试验，从而优选并制造出"飞行者1号"双翼机。他们请机械师查尔斯·泰勒制造了一台12马力、重77.2千克的活塞式发动机装在"飞行者1号"飞机上。"飞行者1号"首次试飞成功后，莱特兄弟又相继研制了两架飞机，其中"飞行者3号"在1905年10月完成了39分30秒的空中飞行，表明飞机已达到了实用化状态。1906年，美国专利局授予莱特兄弟飞机设计专利。1908年，美国国防部与莱特兄弟达成制造飞机的协议。莱特兄弟发明的飞机，后来被人们称为20世纪世界科学技术三大发明之一。

继莱特兄弟之后，在20世纪初研制并试飞成功的还有多种动力飞机。1906年10月23日，旅欧巴西人桑托斯·杜蒙驾驶自己研制的欧洲第一架飞机——"14比斯"成功完成了首次试飞，飞行距离达60米，它是欧洲第一种成功试飞的动力飞机。

杜蒙

杜蒙的动力飞机

水上飞机的研制是20世纪初航空技术发展的热点。1910年，法国人亨利·法布尔设计并成功试飞了浮筒式水上飞机，试飞时飞机以约60千米/时的速度飞行了6000米。第二年，他又成功设计出世界上第一架水陆两栖飞机。此后，美国人寇蒂斯在法布尔水上飞机基础上，于1913—1914年设计出了船身式水上飞机NC-4，该飞机分段飞越大西洋并取得成功，一时间水上飞

腾飞之路
——中国航空技术的发展与创新

机产业的发展形成了热潮。

1909年7月25日，法国人布莱里奥驾驶自己设计的飞机飞行36分钟、飞行35千米，成功飞越英吉利海峡，轰动了整个世界。人类终于通过科学技术进步实现了自由飞上蓝天的梦想！

寇蒂斯的船身式水上飞机 NC-4

布莱里奥驾机飞越英吉利海峡

• 直升机的发明

直升机的发明经历了十分漫长的过程。1861年,英国人亨利·布莱特发明了历史上第一架共轴直升机。1868年,法国人达米科制作了一架带有两副旋翼的直升机,每副旋翼有两个桨叶,上下安装,反向旋转。意大利人恩里科·弗兰尼尼于1877年制成并试飞了小型蒸汽动力直升机模型,它有两副旋翼,一大一小,上下安装,蒸汽机的动力为0.2千瓦。

弗兰尼尼直升机实验模型

美国第一个研制直升机的人是尼尔森,他于1861年设计了一架直升机,有两副旋翼,尾部有方向舵。虽然该机未能投入制造,但设计思路还是引起了人们的重视。美国大发明家爱迪生也曾进行过直升机研究,他试图研制一种基于火棉燃料发动机的直升机,该发动机的原理类似于内燃机,结果试验失败。但爱迪生坚信,直升机能够成功。

1907年8月24日,法国航空先驱路易·布雷盖和里歇教授合作研制的"陀螺飞机"1号直升机进行首次试飞时,因难以操纵,直升机仅上升了约1米就掉了下来。布雷盖后来放弃了直升机研制,转去专心研制固定翼飞机,并取得显著的成就。

腾飞之路
——中国航空技术的发展与创新

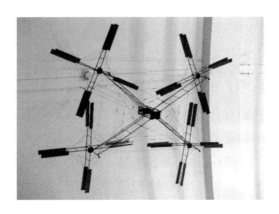

"陀螺飞机"1号

1907年11月13日，另一位法国工程师保罗·科尔尼在诺曼底自己家乡附近，驾驶由自己研制的载人直升机进行试飞，该直升机成功离地，并在30厘米的高度悬停了约20秒，它证明了直升机载人飞行是能够成功的。科尔尼研制的直升机采用双旋翼，两副直径6米的旋翼纵列一前一后安装于机身上，每副旋翼有两片桨叶。直升机采用了17.7千瓦的水冷式发动机作为动力。该直升机的主构架是大口径V形钢管，采用钢索与其他构件连接。但是，科尔尼首飞成功的直升机当时却未能在欧美引起很大的影响，因为当时莱特兄弟的飞机正在欧洲举行飞行表演，固定翼飞机的势头明显压过了直升机。

让直升机真正走上世界舞台的是戈尔·西科斯基。西科斯基于1889年在乌克兰基辅出生，据说他12岁时就试做了一架用橡皮筋驱动的直升机模型，他上大学后更坚定了自己要从事航空技术研究的目标。1909年1月，西科斯基中止学业去巴黎学习航空，他先是开展直升机研制未果，又转向研制固定翼飞机。在固定翼飞机研制取得成功后，西科斯基再度开始直升机研制。1939年，西科斯基驾驶自己设计的VS-300直升机成功进行了首飞。VS-300直升机在1941年创造了续航时间1小时36分26秒的世界纪录，从此直升机进入了军民用大量使用的新历程。

第一章 | 世界航空技术发展脉络

戈尔·西科斯基

VS-300 直升机

第三节

航空技术体系逐步形成（1915—1938 年）

● 飞机进入活塞螺旋桨时代

  飞机是重于空气的航空器，它需要依靠发动机提供升空飞行的动力。自蒸汽机发明后，用于飞机的动力有了希望，而活塞式发动机的发明给航空技术的发展指明了前进的方向。

  蒸汽机由英国发明家瓦特发明，自蒸汽机于 1776 年开始投入生产以后，人们就开始探索将其作为轮船、火车的动力，并先后获得了成功。但将蒸汽机用于航空器动力的探索却屡受挫折。后来，德国人卡尔·本茨和戈特利布·戴姆勒先后发明了以汽油作燃料的内燃机，作为汽车的动力。相对于属于外燃机的蒸汽机，内燃机是燃料在内部燃烧的发动机，也就是活塞式内燃机。活塞式内燃机的原理是燃料和空气混合后，在气缸内燃烧产生的高温高压燃气推动活塞工作，再通过曲柄连杆驱动机械工作。

借鉴汽油发动机，航空先驱者们开始探索将活塞式发动机用于飞机的动力装置。活塞式航空发动机是一种往复式内燃机，有进气、压缩、膨胀和排气4个冲程，采用火花塞点火，曲轴转动两圈，每个活塞在气缸内往复运动4次，完成一个循环。活塞式航空发动机属于多气缸发动机。按气缸冷却方式分为液冷式和气冷式两种；按气缸排列方式划分为直列式和星形两种。其中，星形气冷式航空发动机最为常用。

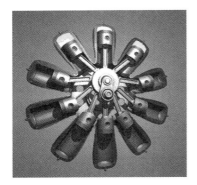 

星形活塞式发动机

从1903年莱特兄弟发明第一架飞机，一直到第二次世界大战（简称二战）结束的1945年，几乎所有的飞机都使用活塞式航空发动机。与活塞式航空发动机相配合的是飞机的螺旋桨。螺旋桨是靠桨叶在空气中旋转，将发动机功率转化为飞机推进力或升力的装置，螺旋桨工作时，桨叶会不断地把大量空气向后推出，在桨叶上产生向前的推进力。根据螺旋桨与发动机相对位置不同分为拉进式和推进式两种：拉进式螺旋桨装在发动机前面，拉着发动机前进；推进式螺旋桨装在发动机后面，推着发动机前进。绝大多数飞机采用的是拉进式螺旋桨。

- **飞机结构与布局逐渐完善**

飞机刚发明时，为了产生更大的升力，多采用双翼或三翼和简单机身的飞机结构布局。随着飞机用途的不断扩展，飞机的结构布局也日趋完善，固定翼飞机的结构逐步包含了飞机机身、机翼、尾翼、起落架、动力装置和机载设备等几大部分。

双翼飞机

三翼飞机

机身主要用来装载人员、武器、货物和设备。机身是飞机的主干，由蒙皮、纵向桁梁（条）、横向框架构成，将机翼、尾翼、起落架等连成一体，机身外形要适应空气动力流线。机身结构又分为梁式、半硬壳式和硬壳式等几种。早期飞机机身材料采用的是木材，蒙皮采用帆布。1920年之后，飞机结构逐步形成了由铝合金和钢为主要材料的全金属单翼飞机布局。

机翼是飞机产生升力的主要部件，它分左右两部分，位于机身两侧。机翼有多种形状，早期的飞机多为平直机翼，后来随着速度性能要求，机翼形状呈多样化。机翼数量有单翼、双翼和三翼式。随着飞机速度的提高，单翼成为飞机机翼的主流。单翼又分为上单翼、中单翼及下单翼。机翼结构由蒙皮，内部的纵、横骨架组成。机翼上还有可动的襟翼、副翼、缝翼和减速板、扰流板等，起着改变空气动力和飞行姿态的作用。

尾翼安装在飞机尾部，起俯仰和航向稳定、配平，以及改变飞行姿态的作用。飞机通常有控制俯仰的水平尾翼和控制航向的垂直尾翼。尾翼的布局也有多种形式，有时在机翼前部会有小的鸭翼。

起落架在地面用于支撑飞机停放和滑行，起飞降落时支撑飞机重量并吸收撞击的能量。早期的飞机起落架由固定支柱和机轮组成，后来飞机有了可收放式的起落架。起落架由机轮、刹车装置、支柱、减摆及转弯操纵机构等组成。

• 飞机动力装置和机载系统不断发展

飞机动力装置除已经介绍的发动机、螺旋桨或直升机旋翼，还有用于保证发动机正常工作所需的支持系统和发动机附件，包括发动机起动和控制系统、发动机安装装置、进气道和排气管、燃油系统、滑油系统、防火/灭火系统和散热系统等。

飞机机载设备（后多称飞机机载系统）是飞机不可缺少的功能系统，用于支撑飞机的整体性能并完成任务，同时保证飞机的安全可靠，便于维护、修理。飞机在不断发展中，机载设备逐步形成了飞行控制、航空电子、机械电气和机载武器几大部分。

飞行控制系统是通过控制装置和技术，对飞机的姿态和空中运动实施控制的系统，分为人工飞行控制和自动飞行控制。飞行员通过驾驶杆、脚蹬或油门给出指令，由作动器驱动飞机上各个操纵面、油门、喷管和机轮等。在螺旋桨时代，飞机采用机械式操纵系统。进入喷气时代后，飞机增加了增稳阻尼操纵系统。随着计算机技术发展，后来飞机电传飞行控制系统逐渐取代了机械式操纵（见下图），飞机开始具有全时间、全权限飞行控制能力。

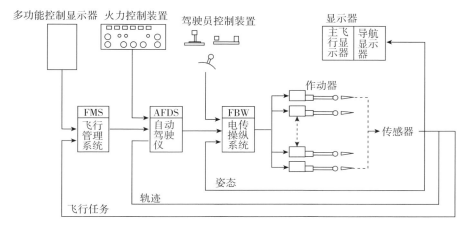

飞机电传飞行控制系统构成

　　航空电子设备前身是飞机的无线电通信技术。早在1910年，人们就开通了地面与飞机之间的无线电通信，第一次世界大战（简称一战）和二战期间，空地间的中波和短波通信相继实现。二战以后，飞机航电设备日趋完善，仪表着陆系统、多普勒和惯性导航系统、机载雷达和火控系统、数据总线技术、座舱显示和控制系统、电子对抗系统、敌我识别系统、空中交通管理系统等相继出现，航空电子设备开始从分散式进入了综合化、模块化和通用化发展阶段。

米格-15驾驶舱

航空机电设备是指执行飞行保障功能的机械和电气设备，包括燃油、液压、电源、救生、机轮刹车、空投空降等传统的系统和设备。随着飞机技术的发展进步，又增加了除冰、气压、辅助动力、环境控制、生命保障、生活设施和货运等系统。航空机电系统也出现了从分立设备向综合化技术发展的趋势。

航空机载武器设备包括机载火力控制系统、悬挂发射装置和机载武器等部分。机载武器从早期的航空机枪（炮）、航空炸弹、航空鱼雷等逐步发展扩大到航空火箭弹、航空制导炸弹、空空导弹、空地导弹、航空核武器、航空反潜导弹等。此后，航空火力控制系统又逐步融入综合航电系统，飞机武器悬挂发射装置则从外挂方式走向了内埋方式。

F-15

• 飞机和直升机广泛进入军用和民用领域

1914—1918年的一战期间，飞机在战争中得到广泛应用，促进航空技术快速发展。军用飞机从最初的侦察机，发展为驱逐机、轰炸机、攻击机、教练机和舰载机，飞机的飞行速度从约100千米/时提高到约200千米/时；升限从3000米提高到约6000米；航程增加到约1000千米。

飞机的生产场所从一战之初用木材和蒙布制造飞机的工棚，在战争中迅速变成了制造金属机身和悬臂机翼的专用飞机工厂。4 年的战争期间，交战国共生产了近 20 万架飞机，飞机制造业迅速成为当时的新兴产业。

战时的飞机生产

一战的实践，使得空战的理论得到追捧。最早提出制空权理论的意大利军人杜黑将军出版了著名的军事学术著作——《制空权》，提出了"为夺取制空权，必须建立一支独立的空军"。一战之后的 20 年，军用航空技术高速发展，德国、英国、美国、日本、意大利、苏联等国的军用飞机制造水平不断提高。

杜黑

《制空权》

腾飞之路
——中国航空技术的发展与创新

而原来与飞机发展齐头并进的飞艇,因综合作战效能不佳,在一战期间逐渐退出了空中战场的大舞台,其发展方向转向了主要用于民用运输的巨型飞艇。

一战期间,影响航空技术发展的另一件大事是,1915 年,美国成立了专门从事航空技术研究的美国国家航空咨询委员会(NACA)。在美国政府的支持下,NACA 成立后,迅速吸引了大批科技精英专心从事航空科学技术的开发研究,NACA 后来发展成为美国国家航空航天局(NASA)。NASA 是美国后来能够成为世界航空航天技术发展领域排头兵的技术引领者。

NACA　　　　　　　　　　　　NASA

同时期,航空结构材料从木质时代进入金属时代,使得飞机开始大规模进入现代工业生产阶段。1915 年,从德国容克斯 J.1 飞机开始,飞机结构全部采用钢铁等金属材料。一战之后,随着铝合金技术的发展,德国和美国成功研制出以铝合金材料为主的飞机,使飞机的结构强度和重量得到进一步优化。1920 年,飞机收放式起落架技术由美国人首创,该技术迅速为各国所采用,从而提高了飞机的使用效率和安全性。

一战结束后,民用航空运输的需求日益旺盛,以德国的容克斯 Ju52/3m、美国的波音 247D 和 DC-3 等为代表机种的民用飞机先后推出,并投入航线客运,立即受到了世界民用航空运输市场的欢迎,商业飞行给航空技术发展带来了更为广阔的发展空间。1919 年 8 月 25 日,世界上第一条定期航班——伦敦至巴黎航线通航。此后,随着民用飞机跨洋飞行、环球飞行、极地飞行、国际邮政航班的开通等一系列里程碑事件，民用飞机进入了一战后"黄金"20 年的发展阶段。

波音 247D

道格拉斯 DC-3

与此同时，能载客几十人的巨型飞艇也投入商业运营，其客舱豪华且舒适，也能够实现跨洋飞行和环球飞行，民用飞机与巨型飞艇一度形成了激烈竞争的格局。1937 年 5 月 6 日，硕大且充满氢气的"兴登堡号"飞艇飞越大西洋，到达美国准备着陆时失事，97 名乘员中 36 人遇难。"兴登堡号"事件最终使得巨型飞艇走向了末路，由此，民用飞机成为世界空中民用交通运输的主要工具。

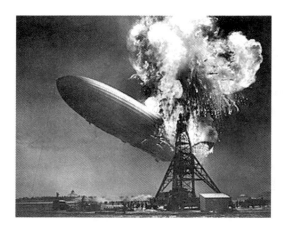

"兴登堡号"飞艇失事

直升机投入使用是在 1923 年 1 月，西班牙人胡安·切尔瓦发明了能自转的旋翼桨毂挥舞铰，使得直升机旋翼技术开始走向了实用。1933 年，德国福克·阿基利斯公司研制出双旋翼直升机——FW-61，该机采用了固定翼飞机的机身、横列双旋翼布局。此后，该公司先后研制出专用的民用直升机和军用直升机，直升机开始实用化。1939 年，美国西科斯基再度投入直升机研制后，发明了单旋翼带尾桨的直升机 VS-300，该机具有大功率和更成熟的操纵系统，直升机技术更加实用，直升机的使用也更加广泛。

直升机开始实用化

第四节

二战刺激航空工业和航空技术大发展（1939—1945 年）

● 航空武器装备在二战中发挥了决定性作用

二战共有 61 个国家和地区、超过 20 亿人卷入了战争，伤亡总人数超过 7000 万人。二战从德军"闪电战"攻击波兰开始，到美国使用 B-29 轰炸机投下两枚原子弹而结束，从头到尾使用的武器都是飞机，空军在战争中大显身手，航空武器装备在二战中起到了决定性作用。

在二战期间，大规模的空战和轰炸场面屡屡出现。如德国实施侵略战争中的"闪电战"，苏联空军在伟大卫国战争中的防卫和反攻作战，美国、英国同盟军对德国、日本大强度的战略轰炸，各参战国军队数以千计的飞机同时参战，宏大的空战和轰炸的场景令人难以忘怀。二战期间，在太平洋战争和多次大规模海战中，航空武器装备发挥了至关重要的作用。在二战初期，参战飞机出动上千架次被认为是十分了不起的事情，而到二战结束时，在所有主要战场上，飞机的出动数量动辄达到数万架次。

二战期间的空中机队

腾飞之路
——中国航空技术的发展与创新

战争中出现的德国容克斯 Ju-87 俯冲轰炸机、英国"喷火"和"飓风"战斗机、美国 B-17 战略轰炸机和 P-51"野马"战斗机、苏联的拉-5/7 歼击机和伊尔-2 强击机,以及日本的"零"式战斗机等,它们成为二战战场上的明星机种。

Ju-87 俯冲轰炸机

美国 B-17 战略轰炸机

P-51D

伊尔-2

实际上,因为飞机在一战中已经显示出了重要作用,航空技术在一战到二战之间的 20 年间取得了快速发展。无论是飞机总体技术、结构材料技术、发动机技术、制造技术,还是飞机控制技术、飞机机载武器技术、飞机保障技术,都围绕全力满足战争需求得到了发展和进步。到 1939 年二战全面爆发时,飞机的作战效能已经远超出人们的预想。在二战期间,航空技术又同步加快了发展,各种军用飞机的技术性能不断超越战争初期的水平。其中,活塞螺旋桨飞机的技术性能更是在二战期间达到了空前水平。

• 战时世界航空工业规模惊人

航空工业的规模在二战期间达到了巅峰。在二战期间，许多参战国将本国大量机械制造类企业临时转产航空产品，形成了空前庞大的航空工业生产力量。德国、美国、英国战时的航空工业从业人数分别达到了110万人、210万人和182万人。美国、英国、德国、苏联、日本等主要参战国的飞机产量分别达到了26万架、12.5万架、11万架、11万架和7.5万架。各主要参战国的飞机生产数量详见表1。

表1 二战期间各主要参战国飞机生产数量统计　　　　　　　　　　　　架

时间/年 国别	1940	1941	1942	1943	1944	1945	合计
美国	6028	19445	47836	85895	96318	47714	303236
英国	15000	20100	23671	26232	29220	—	114223
苏联	—	—	8000	18000	30000	25000	81000
德国	10800	11800	15600	25500	39800	8000	111500
日本	4768	5088	8861	16693	28180	11066	74656
意大利	3257	3503	2812	1930	—	—	11502

• 二战结束前喷气技术已取得突破

从飞机发明后，活塞式发动机是飞机的唯一动力，人们通过对其结构、材料、燃烧和冷却方式的大量技术改进，使活塞式发动机的技术水平不断提高，到20世纪30年代末，活塞式发动机的功率显著提高，从1903年莱特兄弟"飞行者1号"飞机所用活塞式发动机功率的9~12千瓦，提高到1935年"飓风"战斗机所用活塞式发动机功率的708千瓦。与此同时，与活塞式发动机相配的螺旋桨在发展中也暴露出弱点，随着飞机速度不断加快，螺旋桨桨叶叶尖与空气相对速度首先达到了声速，并产生激波，使效率下降，容易导致机毁人亡。因此，活塞式发动机加螺旋桨的推进方式已不适应航空技术的进步，必须寻找新的推进方式，它就是喷气推进。

早在1910年1月10日，旅法罗马尼亚人科安达进行了最早的喷气飞行试验，他用一台活塞式发动机带动一支管道中的风扇转动，驱动空气向后喷出，产生反作用推力。这次试验虽未能成功，但其思路影响了后人。20世纪20—30年代，所有致力于航空技术发展的国家都有技术专家探索空气喷气推进技术，并为之进行了大量的科学研究和技术试验。

涡轮喷气推进技术的首个专利是1930年1月由英国人弗朗克·惠特尔提出的，1937年4月他研制出了世界上首台离心式压气机涡轮喷气发动机。1938年10月，德国人汉斯·冯·奥海因研制成功了HeS3涡轮喷气发动机。1939年8月27日，德国飞机设计师亨克尔设计出He-178飞机，装载奥海因的涡轮喷气发动机，该机首飞成功后，成为世界上首架喷气式飞机。

HeS3 涡轮喷气发动机

He-178 飞机

二战期间，德国、英国都投入巨资，用于喷气战斗机的研制，以求取得战争中的技术优势。德国梅塞施米特公司研制出一种由火箭推进的飞机Me-163，该机配装一台液体燃料火箭发动机，采用弹射起飞。1944年夏，该机首飞成功。后来因德国各飞机厂之间的竞争，该机在生产阶段夭折了。二战末期，德国又研制成功了Me-262喷气战斗机，该机于1942年7月18日首飞成功，投产并参战，它是世界上第一架实用的喷气战斗机。该机的发动机是两台由容克斯公司生产的"尤莫"喷气发动机，最大速度超过800千米/时。

第一章 | 世界航空技术发展脉络

Me-163

Me-262

在喷气飞机发展方面,英国先是成功研制了试验型喷气飞机 E.28/39,后又研制出双发喷气飞机"流星",该机于 1943 年 3 月 5 日首飞成功,之后装备英国空军使用,它是二战盟军现役飞机中唯一的喷气飞机。"流星"飞机的动力装置是惠特尔喷气发动机,该发动机即后续由罗尔斯-罗伊斯(简称罗罗)公司生产的"德文特"喷气发动机。

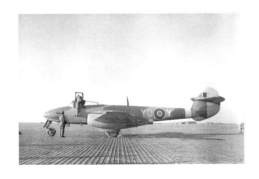
双发喷气飞机"流星"

"德文特"喷气发动机

美国和苏联也先后研制成功喷气发动机和喷气飞机。美国第一种喷气飞机是 1942 年 10 月 1 日首飞成功的 P-59A "空中彗星"战斗机,该机装有两台通用电气(GE)公司生产的 I-16 喷气发动机,该发动机是在英国惠特尔发动机基础上研制的。苏联最早的喷气飞机是米格-9 歼击机和雅克-15 歼击机,两机于 1946 年 4 月 24 日同一天首飞成功,两机所装的喷气发动机都是仿制德国的"尤莫"喷气发动机。

腾飞之路
——中国航空技术的发展与创新

P-59A "空中彗星"战斗机

米格-9 歼击机

第五节

航空进入超声速时代（1946—1975年）

● 喷气飞机跨越超声速技术难关

虽然德国和英国的喷气战斗机在二战末期先后装备了部队，用于作战使用，但由于当时的涡轮喷气技术尚不成熟，喷气战斗机的实际作战效能并不显著。作为以高速为主要特征的喷气飞机实现超声速才会有真正的发展空间。

然而，突破声障和突破热障是飞机速度实现超声速的两大技术难关。为研究飞机速度达到超声速的一系列技术问题，美国 NACA 和空军在二战结束前就制订出 X（Experimental）研究计划，该计划要研制针对超声速飞行的系列技术试验机。1944 年，美国 NACA 启动了以火箭发动机为动力的 X-1 超声速试验机的研制计划。1947 年 10 月 14 日，贝尔公司的 X-1 试验机由 1 架 B-29 飞机带到空中投放，耶格尔上尉驾驶 X-1 在 12800 米高空首次突破了声障，飞机速度达 $Ma1.015$。此后，美国的 X 系列试验飞机持续研制，成为美国不断探索航空技术发展的飞行试验平台。

热障的突破是在 1956 年。当时美国的 NACA 与军方启动了旨在突破热障的 X-2 火箭研究机计划。1956 年 9 月 27 日，美国空军飞行员米尔本·阿普特驾驶的 X-2 研究机，飞行速度达到 $Ma3.2$，成功突破了热障。阿普特在成功完成突破热障的飞行计划后，在 19960 米高空做了一个倾斜转弯的动作，此时飞机速度仍在 $Ma3$ 以上，但当时 X-2 上飞行仪表显示速度低于实际速度，导致飞机失控，出现"惯性耦合"，阿普特急忙关闭发动机。但由于飞机急速下坠，他想跳伞已晚，结果机毁人亡。阿普特征服了热障，却因操控失误献出了宝贵的生命。通常认为，飞机飞行速度 $Ma2.5$ 为热障界线，X-2 火箭研究机飞行速度成功突破了 $Ma3$ 大关。从此，飞机的飞行速度成功跨越了热障的限制。

X-1

X-2

有人驾驶飞机的速度极限是美国 X-15 试验机创造的。1955 年，美国北美航空公司接受美国空军、海军和 NACA 的合同，开始研制 3 架 X-15A 高速试验机，用于研究高超声速飞机在高超声速飞行时的气动加热、稳定性、操纵性和重返大气层等技术问题，X-15A 试验机的目标是飞行速度达到 $Ma6$~$Ma7$。1967 年 10 月 3 日，采用火箭发动机的 X-15A-2 试验机由 B-52 在空中放飞，X-15A 创造了有人驾驶飞机飞行速度 $Ma6.72$ 的最高纪录，此后该机还创造了飞机飞行高度 107960 米的纪录。X-15A 共进行了 199 次飞行，它为阿波罗计划和美国航天飞机研制奠定了技术基础。

X-15

- **超声速技术带来飞机平台技术的多样化发展**

  飞机超声速的实现，带来了航空技术追求飞得更快、飞得更高的一系列技术创新和超越。首先是飞机机翼的变迁。机翼作为产生升力的主要部件，在高速时机翼前缘会产生涡升力。如何控制好升力效率，减少失速的危险，需要做好涡升力控制设计，这直接带来了飞机机翼设计的不断优化。机翼的外形和平面形状、翼剖面形状（翼型）、机翼上采用的各种优化气动特性的措施可以直接影响飞机的飞行性能。

  在超声速飞行出现之前，飞机机翼是梯形机翼的天下。为了突破声障，发明了后掠机翼。后掠机翼可在机翼前缘将流过的气流分解为与前缘垂直的有效分速，以及与前缘平行的展开分速。世界上第一批超声速飞机几乎都是后掠机翼。

  此后又出现了三角机翼，它解决了平直后掠机翼根部会出现弯曲力矩和扭转力矩的问题，三角机翼通常是等腰三角形，其后缘是一条直线，且左右两翼与机身连成一体，刚度强，承力好，同时又薄又轻。后来，为了解决三角翼善快不善慢和起飞着陆较困难的问题，又发明了根据飞行速度改变机翼后掠角、具有快慢兼优的机翼，这就是变后掠机翼。

  但是，变后掠机翼实施起来颇为复杂，笨重的操纵机构带来了重量的代价。于是，飞机设计师们又在机翼翼根前缘加装一条后掠角大于70度的边条，飞机高速飞行时类似三角翼，突破声障；在低速时，边条可改善机翼上气流状态，这就是边条机翼。

飞机进入超声速飞行时代后，各种先进的机翼翼型设计、各种飞机机翼构型设计、翼身融合体结构设计等新技术相继出现，极大地促进了亚声速、跨声速、超声速、高超声速空气动力学理论研究和试验技术的发展。与之相应的各种高速风洞试验、发动机高空试车台试验验证设施开始建设和投入使用，极大地推动了航空技术的创新与发展。

1953年，世界上第一代超声速战斗机开始服役，其代表机型是美国的F-100战斗机和苏联的米格-19战斗机，它们的飞行速度为$Ma1.3 \sim Ma1.5$，两种飞机都采用机头进气和大后掠机翼，飞机的推重比为0.5~0.6，航空技术从此进入了超声速时代。从此，以美国、苏联等国为主要竞争对手，各国展开了持续至今、竞相研制先进战斗机的"代际之争"。

后掠机翼的米格-19

三角机翼的米格-21

变后掠机翼的F-14

翼身融合的B-2

飞机朝着更安全、更高效和更经济的方向发展

随着喷气发动机的发明,喷气式民用客机开始出现。1952年5月2日,英国研制的4发喷气客机"彗星"号开始投入伦敦至南非的航线使用。该机是世界上第一种喷气客机。然而,从1953年5月到1954年4月,"彗星"号连续发生三次空中解体。经过科技人员的调查分析,查明是飞机疲劳断裂引起的失事。随着飞机疲劳断裂理论研究的深入,提出了飞机损伤-疲劳设计理念,传统飞机设计时的静强度设计理论被逐步取代。飞机全机疲劳试验的推出,使得喷气飞机的安全性、可靠性大幅度提升。虽然英国的"彗星"号喷气客机夭折了,但在1954年7月,美国波音公司推出了全新技术的波音367-80民用客机,它是波音707的原型机。这为波音公司逐步称霸世界民机市场打下了技术基础。

"彗星"号

波音367-80

在喷气战斗机发展过程中,飞机在高速飞行时出现颤振、抖振,并导致结构变形和破坏的问题屡屡出现。经过航空工程师的大量分析研究,发现是气动弹性所致。与此相应的气动弹性理论研究与实践,很好地解决了飞机在高速飞行中出现的颤振、抖振、变形等气动弹性问题。飞机气动弹性力学形成了一门专业,帮助飞机设计师找到了防止发生颤振的解决办法。此后,越飞越快的飞机因气动弹性造成的损伤事故明显减少。

随着飞机超声速技术的突破,战斗机的飞行速度和高度不断提高,处于领先地位的美国战斗机的飞行速度已达$Ma2.5$,实用升限超过1.8万米,动

升限超过 2 万米。美国于 1965 年投入使用的 SR-71 战略侦察机的飞行速度超过 $Ma3$。

在飞机的动力方面，涡轮喷气（简称涡喷）发动机成为军用飞机的主要动力，逐渐取代了活塞式发动机。涡喷发动机从离心式向轴流式过渡，工作范围从亚声速扩大到超声速 2 倍声速。例如，美国 F-4 系列战斗

SR-71

机配装的 J79 涡喷发动机，其推重比达到了 5。通过发动机核心机预研加衍生发展模式，欧美国家研制出可调静子和双转子等技术，满足了军民用飞机的不同需求，加强了发动机的军民通用性，有多型军用发动机转入民用。突出安全、节能、高效和低排放的商用涡轮喷气发动机的技术发展速度加快，有力促进了喷气客机技术的发展。

涡轮喷气发动机

在机载系统方面，分立式的航空电子设备开始装备使用。战斗机的雷达由连续波雷达发展为单脉冲雷达，探测距离由十几千米扩至数十千米，并具有半主动连续波照射功能。到 1975 年，战斗机具备了导航/攻击系统、通信/导航/识别系统、火控计算机、电视/红外跟踪设备、雷达告警设备、惯导设备、早期的头盔瞄准具等，它们使得军用飞机的性能不断提升。

机载武器方面，由非制导向制导方向发展，由航炮向空空导弹方向转变，

由炸弹、火箭弹向制导炸弹、空面导弹方向转变。到1975年，先进作战飞机已装配空空导弹和各类空地制导弹/炸弹。例如，美国的作战飞机已经装配的空空导弹包括AIM-9E/J/N/P系列第二代近距空空导弹、AIM-7D第二代半主动制导导弹。

AIM-9J

AIM-7

- **显著带动航空技术进步的几项突破**

固定翼飞机的垂直短距起降技术获得成功。飞机设计师通过对飞机总体布局的调整、发动机性能的提高、飞机控制技术的优化，使得固定翼飞机成功实现垂直短距起降。其中,英国研制的"鹞"式战斗机通过使用发动机偏转喷管技术,实现飞机垂直起降,使得舰载战斗机的起降和使用更加便捷,这不仅使海军航空兵的作战能力大幅增强,也使得飞机在复杂环境下使用的方式趋于多样化。

垂直起降战斗机

变后掠机翼飞机技术取得突破。变后掠机翼设计的成功,使得飞机能够实现低速飞行时机翼小后掠、高速飞行时机翼大后掠,可以兼顾各自的最优化状态,美国的F-111战斗机、苏联的米格-23战斗机等成功机型引领了飞机变后掠机翼技术的发展和应用。

F-111 战斗机

米格-23 战斗机

腾飞之路
——中国航空技术的发展与创新

超声速客机的尝试。以英、法联合研制的"协和"号为代表的超声速客机问世并投入使用,标志着民用飞机进入超声速时代。"协和"飞机采用了大后掠、S 形前缘、三角无尾的涡升力机翼,机头可活动,在技术上有很多突破。但"协和"号投入使用后,高噪声和高排放的顽症难除,影响了这类客机的发展。几乎与英、法联合研制"协和"号同期,苏联设计制造了图-144 超声速运输机。该机也采用了狭长三角形机翼和无尾布局,装有 4 台发动机和翼下进气道。图-144 曾投入苏联国内的货运和客运飞行,后因为运行效益不佳退出了运营。

"协和"号客机

飞机复合材料结构开始走向成熟。玻璃纤维增强型复合材料于 20 世纪 40 年代问世,后来又出现高强度、高模量纤维与非金属基等多种复合材料,它们具有热稳定性好、高比强度、高比刚度、抗疲劳和重量较轻等特点。20 世纪 60 年代后,美国率先加大了将复合材料用于飞机结构的应用,F-14 战斗机的水平尾翼上使用了复合材料结构,重量比金属材料减轻 18%。复合材料开始较多地用于非主受力的飞机结构部件:C-5 运输机的前缘缝翼、F-4 战斗机的方向舵、F-111 战斗机的扰流板等,都取得了显著的减重效果。此后,复合材料飞机结构技术开始在世界范围内推广。

机载脉冲多普勒雷达研制成功。1963 年,美国机载脉冲多普勒火控雷达 AN/APG-59 研制成功,它通过频域过滤的方法选出目标的多普勒频率谱线,滤除干扰杂波，使雷达检测到目标信号。这项技术的突破明显提升了飞机的机载探测水平。此后，脉冲多普勒雷达被广泛用于航空、航天、兵器，以及气象探测等多个领域。

脉冲多普勒雷达

第六节

航空技术实现全面发展（1976—1999年）

● 美苏竞争促使航空技术向信息化方面发展

从20世纪70年代开始，美国与苏联的冷战进入新阶段，由于两霸在战略核武器发展方面趋于平衡，常规武器的竞争成为重点。如何在常规武器竞争中取得优势？将信息技术用于常规武器成为助推常规武器领先发展新的利器。为此，美国国防部制订的《国防科技长期研究与发展规划》中提出，以信息技术为核心，重点发展精确打击、情报/监视/侦察、自动化指挥控制系统，以推动空军武器装备体系的信息化，以信息化促进装备体系和作战能力的提升。

另一方面，信息技术在越南战争后期，特别是在第四次和第五次中东战争中的应用成效开始显现，嵌入信息技术成为装备发展的方向，除了机载计算机全面应用并升级外，飞机模拟式和数字式电传操纵系统、机载脉冲多普勒雷达技术开始成熟。美国空军在1973—1978年实施了"数字式航空电子信息系统"计划，从系统工程角度将飞机的机载航空电子系统视为一个整体，提出由信息处理、传输和显示三个环节构成数字化的机载航电系统。美国空军提出美军标1553航电数据总线标准后，产生了基于该数据总线的综合式航空电子架构，为此后航空技术发展全面走向信息化打下了技术基础。

● **综合航电系统技术推动机载系统的升级换代**

美国在各类军机中普遍采用了数字式计算机和传感器，配装通信、导航、显示和电子对抗设备，使飞机的信息化水平大幅提高，机载航电系统开始成为一个整体，各类航电设备作为终端"挂"在数据总线上，并通过总线与任务计算机通信，使飞机航电系统可通过联合形成新功能、新能力，便于系统综合。美国的F-15战斗机装配了CP-1075数字式计算机、AN/APG-63/70脉冲多普勒雷达，以及AN/ALQ-128/135电子对抗设备。F-16战斗机也配装了任务计算机、先进的脉冲多普勒雷达和电子对抗设备。它们都配装了基于1553数据总线的综合式航电系统，显然已经比F-4那一代战斗机的信息化水平有了质的提高。

AN/APG-63 雷达　　　　　　　　　　　F-22 驾驶舱

20 世纪 80 年代，美国进一步提出"宝石柱"计划，提出了飞机综合航电系统的新模式，即以共用模块为基础，以数据总线为连接，打破传统飞机机载各分系统的界限，通过信息手段将飞机各功能区交联起来。后来又发展到采用开放式航电结构，实现了即插即用、快速转换的功能。

在综合航电系统的大框架下，飞机电传操纵系统与综合航电系统高度综合。应用数字式飞机电传操纵技术，全面提高了飞机的操控性能。应用多输入、多输出反馈控制系统，改善并提高了飞机的性能。飞机电传操纵系统全面替代了原来的机械操纵系统，使飞机的飞行控制质量得到大幅度提高。

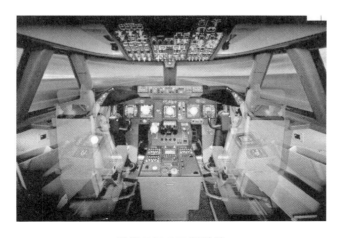

波音 747-800 驾驶舱

玻璃座舱技术显著提高了人机交互水平。随着微电子技术和光电技术的进步，飞机驾驶舱进入了玻璃化综合显示、手不离杆控制的新座舱模式。座舱综合显示系统以计算机和软件为核心，对多个仪表分系统的信息进行处理、综合和管理。座舱综合显示系统代替了传统的多个机电仪表。如波音747飞机上，座舱电子仪表只有主飞行显示器、导航显示器、发动机显示器和系统综合显示器等彩色阴极射线管显示器，可反映全部飞行仪表的功能。这样飞机的人机界面更加合理，既提高了驾驶效率，又增加了飞机各系统的可靠性和安全性。此后，更先进的平板显示器的出现，使玻璃座舱的水平得到进一步提高。

机载捷联惯性导航与卫星导航技术实用化，也是信息化促进航空技术发展的一个重要成果。惯性导航的原理是利用安装在惯性平台上的加速度计测出飞机在各个方向的加速度，由计算机得出飞机在不同方向的速度和位移，确定其空间位置。在此基础上，发展了捷联式惯性导航。卫星导航系统是美国和苏联先后建立的星基导航系统——全球定位系统（GPS）和全球卫星导航系统（GLONASS）。机载捷联式惯性导航技术和卫星导航技术的应用，极大地提高了飞机导航和作战效能。

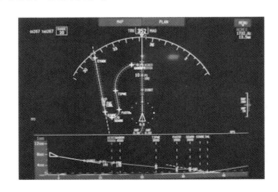

平板显示器

• 计算机辅助设计与制造带来航空技术新的革命

从 20 世纪 70 年代开始，航空工程逐步开始应用计算机辅助设计和制造技术（CAD/CAM），利用数据库和网络直接传输飞机三维立体的数字化信息，将设计与制造过程联系起来。利用计算机的快速运算、严格的逻辑判断和准确的数据处理，把飞机设计和研制人员的创造性思维进行结合，既可以快速完成设计与研制，又能全过程及时进行设计优化。

CAD/CAM 应用于设计和制造全过程，设计成形、加工、装配和检验的全套工艺装备，快速生成数控加工和测量的数模，在节省时间的同时，还减少了工装和测量设备数量，提高了互换协调精度。

在计算机飞机设计与制造专用软件发展提升的推动下，CAD/CAM 在飞机设计和制造领域全面推广，计算机技术进一步延伸到航空产品的全生命周期管理、航空工程项目和航空企业的管理等应用领域。而且随着互联网技术的发展，全面扩大并提高了计算机技术的使用范围和效率。航空工业成为计算机应用最为广泛和较为成功的领域，计算机技术为航空工业的持续高速增长提供了原动力。

计算机辅助设计

• 涡轮风扇（简称涡扇）发动机开始成为先进军民机的动力装置

为了提高发动机的推进效率和经济性，增大飞机航程和提高飞机在高亚声速飞行阶段的使用效率，涡扇发动机开始成为军民用飞机采用的主要动力装置。在涡扇发动机发展过程中，英国走在了世界最前面。早在1948年，英国罗罗公司就启动了康维涡扇发动机的研制，1953年该发动机首次地面试车，1959年该机定型，其推重比为3.83。美国普惠公司在涡喷发动机基础上研制涡扇发动机 JD3D，1960年7月该机问世，推重比为4.22。

康维涡扇发动机　　　　　　　　JD3D 涡扇发动机

涡扇发动机是在涡喷发动机基础上加装了由涡轮带动的风扇和一个外涵道。它比涡喷发动机有更大的空气流量和较低的喷管喷射速度，从而使发动机的推进效率和经济性明显提高。

涡扇发动机有小涵道比和大涵道比两类，小涵道比发动机主要用于超声速的战斗机和攻击机，而大涵道比涡扇发动机主要用于高亚声速的轰炸机和运输机。民用客机较早使用了涡扇发动机，1960年，波音707开始采用了涡扇发动机，成为第一种使用涡扇发动机的民用客机，此后，涡扇发动机取代涡喷发动机成为民用喷气客机的动力装置。

在军机方面，涡扇发动机先是主要用于军用运输机、轰炸机和预警机上，如美国的 C-141A 运输机、B-52H 轰炸机、E-3A 预警机。从20世纪90年代开始，美国和苏联的先进战斗机开始配装涡扇发动机，使得飞机的耗油率降低、航程/作战半径增大和续航时间延长,其加力状态的推力达到 10000 千克力以上,推重比 8 以上。美国的 F-15 战斗机和 F-16 战斗机分别配装了 F-100、F-110 大推力涡扇发动机。美国、苏联/俄罗斯和欧洲其他的同代战斗机也都选择了大推重比的涡扇发动机。

民用大型客机、军用运输机和加油机等支援类军机,继续大量使用大涵道比涡扇发动机,其推力更大,如波音 777 配装的 2 台 GE-90 涡扇发动机,单台推力就达到了 38469 千克力。

F-100 发动机

GE-90 发动机

● **战斗机的机动性能大幅度提高**

随着战斗机使用的涡扇发动机、机载系统和武器的性能提高,战斗机由

腾飞之路
——中国航空技术的发展与创新

原来的以空战为主,逐步向空对地和空对海打击转变。20世纪70年代开始的美苏战斗机之争,从比拼高空高速,向竞争高机动性能转变。新一代战斗机的飞行包线虽然扩展不大,但战斗机的机动性能却有了质的飞跃。其中,飞机爬升率的提高是竞争的核心,下面以美苏两国第四代战斗机(我国称第三代)中的重型机F-15和苏-27为例。

美国的F-15战斗机是全天候、高机动性战斗机,作为F-4的后继机,从1969年12月开始研制,1972年7月首飞,采用了单座双发布局。与F-4相比,F-15最大的提升是机动性和加速性能,其选用的F100-PW-100发动机,加力状态的推力为10806.1千克力,推重比为8。F-15从1974年底开始服役,经历了多次改进改型,共生产了1500多架。F-15曾经过特别改装,创造并保持了20000米高度的飞机爬升率世界纪录。

然而,随着苏-27战斗机的出现,战斗机在机动性能方面又提高到新的高度。苏-27从1969年开始设计,首架于1977年5月首飞成功。随后由于在试飞中暴露出许多缺陷,以此对抗F-15无优势可言,后来苏联重新设计了苏-27。

F-15

重新设计的苏-27以更优异的气动外形,结合先进的涡扇发动机、航电和机载武器系统,其机动性能明显增强。1986年10月,苏-27的改装型由普加乔夫驾驶首飞成功,此后,苏-27创造了从3000~35000米高度的多项爬升率世界纪录。1989年6月,在第38届巴黎航展上,普加乔夫驾驶苏-27完成了举世瞩目的"眼镜蛇"机动飞行。苏-27在瞬间迎角超过100度时，竟能以机腹朝前平稳且可控地飞行，持续3~4秒，除了飞行员的高超技术外，苏-27特有的机动性、稳定性和操纵性是主要原因。

苏-27

● 技术发展促进直升机的广泛使用

直升机从发明以来，技术上历经多轮的发展。第一代直升机以活塞式发动机为动力，旋翼系统和机体采用钢木混合材料，空重与总重比为0.75，典型机种是美国的贝尔-47、苏联的米-4。第二代直升机使用了涡轮轴发动机，仍采用金属桨叶，空重与总重比为0.6，典型机型是法国的"超黄蜂"、苏联的米-8。第三代直升机开始采用复合材料（玻璃钢）桨叶，空重与总重比为0.55，典型机型为德国的BO105和英法合作的"山猫"。第四代直升机旋翼和机体复合材料比重加大，空重与总重比为0.5，速度突破了350千米/时，典型机型为法国的"松鼠"和美国的S-70。

腾飞之路
——中国航空技术的发展与创新

米-4

SA321"超黄蜂"

"山猫"

S-70

  1991年初爆发的海湾战争中，直升机发挥了重要作用。在以美国为首的多国部队出动的约3900架航空器中，直升机约有2000架，既有AH-64"阿帕奇"、AH-1等武装直升机，用于反坦克、攻击地面和海面目标，又有CH-47、"韦斯特兰"等支援直升机，执行运输、救援和机降任务。特别是武装直升机在击毁伊拉克约3700辆坦克的作战中发挥了主力作用。海湾战争后，直升机技术的发展进一步加快。

  武装直升机的发展尤为引人注目。以海湾战争中大放异彩的美国AH-64为例，该机于1984年投入使用，配装2台有红外屏蔽的涡轮轴发动机，旋翼有4片复合材料桨叶，机体过载可耐筋斗飞行。该机水平飞行速度可达365千米/时，具有全天候作战能力。苏联的卡-50武装直升机、德法合作研制的"虎"武装直升机，以及美国后来发展的RAH-66"科曼奇"武装直升机等先进直升机，它们从不同方面把直升机的技术水平提高了很多。

AH-64"阿帕奇"

卡-50

RAH-66"科曼奇"

随着直升机技术的成熟,直升机的使用范围更加广泛,直升机已在医疗救护、治安巡逻、油田运输、应急救援、地质勘探、石油开发、管道铺设、农林作业、森林防火、重物吊装和牧渔监视等领域得到使用。全世界民用直升机拥有量超过了2万架。

AC311

AC313A

腾飞之路
——中国航空技术的发展与创新

● 隐身技术带来航空发展又一场革命

1991年1月17日清晨，美国的一架F-117A隐身战斗机发射一枚"宝石路"激光制导导弹准确地击中伊拉克巴格达的通信大厦，悄然无声地拉开了空袭伊拉克的战争大幕。海湾战争中，美军共出动了42架F-117A，摧毁了约40%的战略目标，自身却无一损失。这样的作战效果使隐身飞机引起了世人瞩目。其实早在1989年12月，美国入侵巴拿马时，就试用F-117A进行了一次轰炸，效果显著。

F-117A是由美国洛马公司"臭鼬工厂"从1973年开始研制的，飞机机长20米，翼展13米，起飞重量约23.6吨，飞行速度为800千米/时，作战半径约1100千米。于1977年12月首飞，1983年开始交付使用。作为隐身飞机，该机机身为扁平状，采用了多面体外形，涂有雷达吸波材料。为达到隐身功能，飞机没有安装机载雷达，其搜索设备为前视和后视热成像搜索系统。飞机可装载激光制导炸弹和空空导弹。该机的前视雷达截面积为0.01米^2，隐身效果良好。

所谓隐身，主要是指飞机具有很弱的雷达、红外、激光、目视和声磁等信号特征，因此不易被发现。飞机追求高隐身，就是使战斗机能够"先敌发现、先敌进攻"，取得作战主动权。隐身增加了飞机突防、突袭中的突然性和破坏性，同时提高了自己的生存力，因此，隐身使战斗机从追求高空高速、追求高机动性迈进了追求高隐身的新时代，这是战斗机技术的一场革命。隐身是靠什么实现的呢？主要方法是减小飞机的雷达反射面积和减弱红外辐射。具体方法一是机体外形减少或散射雷达波的反射，二是采用雷达吸波材料，三是降低红外辐射源，四是发射等离子体等。

F-117A之后，美国于1981年开始启动由诺斯罗普公司牵头的隐身战略轰炸机B-2的研制，B-2采用4台涡扇发动机，有效载荷23000千克，最大航程11100千米。该机采用了飞翼布局，没有垂尾和方向舵，机身尾部为W形。B-2于1999年投入了科索沃战争，2003年又投入了伊拉克战争。

第一章 | 世界航空技术发展脉络

F-117A

B-2

真正具有跨代水平的隐身战斗机是美国的 F-22。1983 年，美国空军授权多家公司进行概念研究，要求研制下一代制空战斗机，强调具有隐身、高机动性和敏捷性、能超声速巡航和机动。1991 年 4 月，洛克希德/波音/通用动力团队提出的 YF-22 方案中选。1997 年 9 月 27 日，F-22 完成首飞，2001 年 11 月开始交付。可以说，F-117A 标志美国空军首次具备隐身突击能力，B-2 表明美国确认了信息对抗是空军的发展方向，而 F-22 隐身战斗机的推出，标志着战斗机真正进入隐身时代。

此后，美国海军和空军罕见地联手研制了具有隐身性能的集海军、海军陆战队、空军和出口多功能的 F-35 战斗机，俄罗斯、中国也相继发展了自己的全新一代隐身战斗机。隐身技术成为第四代（美俄定为第五代）战斗机的显著特征。隐身技术从探索走向实用化，是航空技术发展的又一次革命。

F-22

F-35

第七节

进入 21 世纪后航空技术的新发展（2000—2022 年）

- "网络中心战"理论助推航空技术的发展

1997 年，美国提出了"网络中心战"理论，并将其纳入到《2020 年联合愿景》文件中。2001 年，美国国防部向国会提交《网络中心战》报告，提出了"网络中心战"的基本构想和措施，强调它是提升军队作战能力和一体化联合作战能力的指导思想。此后，美国开始按照"网络中心战"理论来规划装备体系发展。在空中武器装备发展方面，美国强调形成强大的态势感知、基于战术通用数据链互联互通、传感器数据综合融合能力，重点放在机载信息系统能力提升、重量减轻、计算及数据存储加强上，为空中武器装备体系的网络化发展提供了有力支撑。

"网络中心战"

21世纪,美国空军确定了五大核心使命任务:空中和太空优势、情报监视和侦察、快速全球机动、全球打击、指挥与控制。技术发展由此从航空拓展到航空、太空和网络空间,能力建设拓展为"全球""多域"和"全谱"三大方向。美国空军还提出了建设"数字空军"的举措,强调数据融合和快速决策能力的提高是未来战斗力的关键依托。

为满足网络中心战的使用需求,美国在作战飞机和特种飞机上普遍配装Link-16通用战术数据链,具备互联互通能力。F-22等机型具备了同型机型协同空战能力。开始引入网络中心合作式瞄准技术。特种飞机具备了多源信息综合与融合能力。AIM-120D等机载武器具备了双向数据链,可实现他机制导。

Link-16　　　　　　　　　　　F-22发射AIM-120

作为航空武器装备的核心——第四代战斗机采用了综合式航电系统,F-35创新采用了综合式模块化航电系统,实现了光纤互连,其航电系统外场可更换单元数减少50%,电缆数量减少53%,终端数量减少81%。其他军机(如B-2隐身轰炸机和E-3预警机等)通过升级改造,普遍改装了光纤网络。F-15、F-16、F/A-18等战斗机通过换装模块化任务计算机,显著提高了飞机的信息化水平。俄罗斯、欧洲国家也紧随其后,加快各自国家主战飞机信息化水平的提升。

F-35 座舱显示

在机载系统和武器方面，第四代战斗机开始配装有源相控阵雷达，一些军用特种飞机开始配装无源相控阵雷达，第三代战斗机的脉冲多普勒雷达也逐步升级换代。机载空空导弹发展进入第四代，具备超视距多目标空战、近距全向、擦肩和后向格斗空战能力。机载空地导弹也发展到第四代，全面提高了全天候精确打击、多目标打击和远程打击能力。

为适应装备的发展，军用航空发动机的推力进一步加大、推重比提高、使用寿命延长。第四代战斗机所用的涡扇发动机加力推力超过15000千克力、推重比达到10。第三代战斗机普遍换配推力10000～12000千克力、推重比为8一级的涡扇发动机。新一代的涡扇发动机耗油率明显下降，可靠性提高，整台寿命可达4000小时，热端寿命达2000小时。美国GE公司为F-35研制了三个涵道的新型自适应发动机——GEXA100，但由于美国海军的反对，最终未能投入使用。而矢量推力喷管发动机开始实用化，其发动机喷管可以旋转一定角度，可改变排气方向，从而实现推力矢量控制，能产生俯仰和偏航的力矩，机动性加强。

GEXA100 原型发动机

在材料方面，碳纤维复合材料在飞机上的应用量越来越大，并开始从非主承力结构部件发展为主承力结构部件。飞机上复合材料的使用量开始超过金属材料。此外、钛合金、铝锂合金、高温合金、隐身材料等进一步发展，性能不断提高。

在直升机技术方面，高速隐身直升机技术和倾转旋翼机技术发展迅速，直升机技术朝着高速、隐身和大型化的方向发展，各国都重视将先进武装直升机装备部队。兼顾垂直起降与快速平飞功能的V-22"鱼鹰"倾转旋翼机一经问世，便受到世界航空工业界的追捧。尽管具有隐身功能的美国"科曼奇"武装直升机由于成本等原因下马，但直升机的技术创新步伐没有放慢。

V-22 倾转旋翼机

随着战斗机由原来的以空中格斗为主,向着对空、对地、对海攻击兼顾发展的变化,机载航空武器技术进一步快速发展,发射后不管导弹、防区外攻击武器、精确制导武器和超视距多目标攻击武器的装备使用,使空战平台的作战效能进一步提升。

必须承认,信息技术的进步,特别是微电子技术的快速发展直接拉动了航空技术的发展。例如,2004年10月,世界上首个有源相控阵雷达APG-63(V)2装备在F-15C战斗机上投入使用,有源相控阵雷达采用了诸多的发射/接收模块,每一个辐射器都是一个发射/接收模块,可自己产生和接收电波。这就是芯片技术革命带动机载雷达技术升级的典型案例。相控阵雷达不仅探测距离更远、可靠性更高,而且满足隐身和反隐身的需求。

F-15C 装备 APG-63(V)2 雷达

随着计算机技术、互联网技术和人工智能技术快速发展,航空工业在设计、试验、制造和全生命周期使用方面的信息化、数字化水平全面提升,在线关联设计、虚拟仿真、三维标注、异地协同研制生产等新技术模式大大缩短了飞机研制生产周期,也使飞机全生命周期的使用维护更加便捷和可靠。"数字航空"时代正在到来。

• 中高端无人机的使用量迅速增加

中高端无人机的广泛装备使用是从 2001 年美国启动全球反恐战开始的。当年，美军在发动的阿富汗战争中动用了大量的信息技术装备，全面搜集战场信息，其中包括了"全球鹰""捕食者"无人机，各种装备搜索的信息通过信息网络把指挥控制、通信联络和火力打击融为一体，形成了网络中心战。2001 年 10 月 8 日，在美国发动的阿富汗反恐作战中，美军使用 MQ-1 "捕食者"无人机发射"海尔法"反坦克导弹，开创了将无人机用于前线作战的先河。无人机开始从作战支援飞机向作战飞机转变。

"捕食者"无人机及 AGM-114 海尔法导弹

2001 年，美国空军通过非常规采办程序，快速订购了 MQ-1 "捕食者"、MQ-9 "死神"和 RQ-4 "全球鹰"等中高端无人机，将其投入阿富汗反恐作战中使用，主要承担持久的空中侦察监视、待机快速及时打击的作战任务。通过建立专门的无人机部队，使"人员在地面"的无人机系统部队成为作战部队的有生力量。中高端无人机系统参军作战很快收到了良好效果，从而使中高端无人机成为美军武器装备的重要成员。到 2020 年，美国空军的中高端无人机装备数量达到 400 多架，无人机机组、情报处理、维修及通信维护人员已达万人。

腾飞之路
——中国航空技术的发展与创新

MQ-9"死神"无人机

RQ-4"全球鹰"无人机

回顾无人机的发展历程，虽然无人机早在一战末期已经出现，二战期间德国还曾研制过"复仇者"1号无人攻击机，但其使用限于靶机和高空侦察。在1991年海湾战争后，中高端军用无人机发展进一步加快，侦察打击一体的无人机开始出现。由美国诺斯罗普-格鲁门公司研制的"全球鹰"于2001年4月22日完成不经停的31.6小时飞行，飞行高度达19850米，创造了无人机飞行的新纪录。

进入21世纪之后，军用无人机向两个方向发展：一是信息类无人机，执行侦察监视、信息中继、目标指示等任务；二是作战类无人机，执行防空压制、目标攻击、察打一体、运输支援，近期又发展为辅助有人机空战的"忠诚僚机"。两类无人机技术相互融合，作战功能相辅相成。在2020年亚美尼亚与阿塞拜疆冲突、2022年开始的俄罗斯与乌克兰冲突中，无人机大显神通，作战效能和经济可持续性更加显现。

俄罗斯"猎户座"无人机

乌克兰装备的土耳其 TB-2 无人机

无人机的技术核心是自主控制技术，包括控制模型、算法、传感器和处理单元等。未来无人机将朝着高速、高空、长航时、隐身和机群使用等方向快速发展，其中，既有与有人机类似的技术问题，还有独特的技术问题，而保持经济性、通用性和使用便捷性至关重要。无人机技术更长远的未来是实现智能化，要求装载在机上的传感器和设备自行感知环境变化和参数变化，自主分析并决策，完成航路规划和任务规划。

无人机在民用方面的应用已经十分广泛，而且呈快速发展趋势。在农林作业、森林防火、灾害评估、快递物流等方面，使用便捷且经济，而消费类、娱乐类无人机的发展更如井喷一般。支持民用无人机技术发展的关键是芯片、电池、导航及定位器件等硬件，以及开源飞行控制软件的成熟度和成本。

中国大疆植保无人机

● 民用客机技术进步加速

进入 21 世纪，民用客机的技术发展有 2 个看点：一是超大型客机 A380；二是波音 787 与空客 A350。早在 1994 年 6 月，空客公司就宣布了超大型客机计划，2000 年 12 月开始研制 A380 客机。该机采用全长度双层客舱的布局，可载客 555~860 人，飞机翼展达 79.84 米，最大起飞重量 560 吨，航程 14800

千米。A380 在设计时与世界上 60 个机场进行合作,确保机场使用的兼容性。A380 客机大量采用新材料和新技术,其中,复合材料用量超过 20%,另外,使用玻璃纤维增强铝合金制造机身壁板,使机身减重 10%。其航电系统采用综合模块系统,数据网络采用全双工传输、星形拓扑结构。A380 于 2005 年 4 月首飞,2007 年开始交付使用。共获得了 290 架订单,交付 235 架,2021 年停产,其销量并未达预期。

A380

喷气客机如何飞得更快、更高和更远?波音公司曾在 2001 年启动了声速巡航机方案,新机的巡航速度可达 $Ma0.95 \sim Ma0.98$,巡航高度 13500 米,航程 16700 千米。但在"9·11"造成世界民航市场衰退后,波音的声速巡航机无法获得启动所需的订单,被迫下马,改为研制追求低油耗的波音 7E7 方案。7E7 最大的特点是将油耗减少 15%~20%。2005 年 1 月,波音公司决定实施 7E7 方案,即新一代的波音 787。2009 年 12 月,波音 787 首飞成功,2011 年 11 月开始交付使用。该机使用了声速巡航机提出的部分技术和设计,其最大的技术创新是第一次以碳纤维复合材料作为飞机机体的主体结构材料,显著降低了重量。由于 787 采用大量的新技术,被称为"梦幻客机"。787 交付后也发生了多起因技术原因引起的事故,设计上难称完美。

腾飞之路
——中国航空技术的发展与创新

波音 787

空客从 2004 年开始启动研制全新一代的双发远程宽体布局的 A350,力求代替双发的 A330 和四发的 A340,与波音 787 和 777 竞争。A350 在设计上着力追求增加航程和降低运营成本。由于初期设计方案未能达到客户期望,空客公司几乎推倒重来。2006 年 7 月,空客公司将重新设计的飞机命名为 A350XWB。该机也采用了大量的碳纤维复合材料,且机身宽度比 787 更大,客舱的窗户也更大,驾驶舱以 A380 为基础。2013 年 6 月,A350XWB 首飞成功,2014 年 12 月开始交付使用。从销售的效果看,该机以较低的维修成本和高效的燃油效率受到了用户的欢迎。

A350XWB

21世纪初，民用客机的另一个竞争领域是100座以下的支线客机。20世纪70年代以前的支线客机主要以涡轮螺旋桨发动机为动力，能研制生产的国家比较多。20世纪80年代之后，支线客机在结构设计、动力装置和机载设备方面的技术全面提升，出现了以ATR-42为代表的一代新型支线客机。进入21世纪之后，支线客机出现了涡扇发动机逐步取代涡轮螺旋桨发动机的趋势，而且支线客机的座级开始加大至70~90座级。以庞巴迪公司CRJ系列、巴西ERJ系列为代表的涡扇支线客机大量采用干线客机的技术，以速度快、航程大、舒适为特色，开始占据市场。涡轮螺旋桨支线客机仍然以其耗油率低、起飞推力大为特点，在小型支线飞机、公务支线飞机方面留住了一定的市场。

ATR-42

庞巴迪 CRJ200

材料与制造技术带动航空产业发展

一代飞机一代材料，航空科技发展之路印证了航空材料技术的进步。如果说 20 世纪后 30 年，在航空材料的使用上，铝合金、钛合金和复合材料处于"三分天下"的状态。进入 21 世纪以来，复合材料开始占据航空材料的主导地位，大有航空材料已进入"复合材料时代"的趋势。尽管复合材料正成为飞机结构的主流材料，但铝合金、钛合金、镁合金等仍以其经济优势难以被完全替代。而复合材料本身，降低成本和开发金属基、陶瓷基复合材料是其未来技术的主攻方向。此外，含石墨烯、碳炔等的纳米材料，由人工设计结构生成的超材料，具有感知环境刺激并能适度响应的智能材料，也正在作为全新的航空材料出现，它们正在航空技术发展中起到颠覆性作用。

航空制造技术与飞机技术的发展相辅相成、相互促进，使航空制造脱离一般运载工具的机械制造范畴，向高技术密集、数字化水平很高的尖端制造业进军，航空制造技术已经成为先进制造业中的"技术领跑者"。进入 21 世纪以来，航

增材制造技术用于航空制造

空制造技术方面出现了众多的新亮点，数字化制造从飞机的零部件制造进入飞机装配领域，自动化钻孔与铆接、数字化测量与控制、无人化物流搬运、虚拟现实仿真装配等正在广泛应用。复合材料制造从传统的热压罐固化方法向非热压罐固化方法转化，其成形、固化的成本更低，效率更高。增材制造是航空制造技术的重要发展方向，它在结构整体化、轻量化、快速化方面的优势十分明显，特别是复合材料增材制造技术的突破，使人对其未来更加看好。

随着网络化、数字化的发展，智能制造模式也正在航空工程项目中出现，

它的特点是动态感知、实时分析、自主决策和精准执行。美欧先进航空制造企业在一些先进工程项目中，已初步实现了制造过程的智能化。相信智能制造模式必将给未来的航空制造带来新的变革。

第八节

航空技术的发展趋势（2023—）

● 航空技术的发展正在进行新的革命

　　航空工业集中了当代科学技术发展的最新成果，是工业的"花朵"，是典型的高技术产业，也是发达国家领先于世界所依托的重要战略产业和支柱产业。航空技术是支撑航空工业发展的原动力，它以基础科学为依托，以技术科学为核心，大量应用科学技术的最新成果。因此，航空技术是最具有创新力和带动作用的高技术。

　　航空工业定位于机械制造业，可以带动诸多产业的发展，如材料、冶金、化工、电子、通信、计算机、汽车、船舶等。航空又与航天相互交织、相辅相成。所以，积极向航空技术与航空工业投资，可以得到丰厚的回报。比较权威的认知是，向航空工业投入1万元，10年后可以得到相关联产业约80万元的产出。在同样重量条件下，如果以船舶为1个单位价值，那么小轿车为9单位价值，计算机为300单位价值，喷气客机为800单位价值，航空发动机为1400单位价值，可见航空产品是高附加值和高回报的产品。因此，航空技术发达与否是衡量强国的重要标志之一。

　　航空技术包罗万象，与航空器本身相关的有空气动力学技术、航空发动机技术、结构强度技术、飞行控制技术等；与航空器的使用相关的有液压技术、供电技术、环境控制技术、救生技术、通信技术、导航技术、显控技术、机载武器与火控技术、侦察与探测技术等；与航空器研制和使用过程相关的有材料技术、制造技术、仿真技术、计算机软件技术、航空测试技术、航空维修技术、可靠性工程技术、试飞试验技术等。

如果从学科来划分，航空技术涉及了当代科学技术中的众多学科，包括空气动力学、结构力学、弹性力学、工程热力学、空间科学、材料学、冶金学、高分子化学、电子学、计算机科学、信息科学、现代制造学、人机工效学、军事学、系统工程科学等。

显而易见，航空技术已经形成了较为完整的体系。

● 高超声速飞机是航空技术发展新的制高点

"一小时打遍全球""速度是新的隐身"——这在当前航空界十分流行。美国正在全力推进高超声速飞机的研制，以求在航空技术领域继续全球领跑。

其实，高超声速技术的竞争由来已久，在美国搞 X-15A 高超声速技术试验机时已经起步。20 世纪末，美国、苏联、英国、日本、德国等曾掀起过空天飞机的试制热潮，但由于关键技术未能突破而暂停。进入 21 世纪以来，以高超声速武器为发展重点，美国、俄罗斯等国家又展开了激烈竞争，多种飞行速度达到 $Ma6 \sim Ma10$ 的高超声速武器相继发射试验成功，它们大多属于一次性使用的高超声速导弹范畴，通常采用地面固体火箭发射或空中投放后助推滑翔发射。当前，采用地面水平起降，能够反复多次使用的高超声速飞机是世界高超声速技术发展中的难点和热点，其关键技术尚在攻关之中。

X-15A 高超声速技术试验机

SR-72 高超声速飞机

美国是高超声速飞机的先行者。美国洛马公司从2018年启动了SR-72高超声速飞机验证机的项目，该机采用一台涡轮基冲压组合发动机（TBCC），速度可达 $Ma6$，以验证动力、结构材料和热管理等关键技术。美国波音公司在同期也在进行高超声速飞机的技术研发。

美国空军为试验验证高超声速飞行器的动力和燃料，分别研制了采用氢燃料超燃冲压发动机的 X-43 技术验证机、采用碳氢燃料超燃冲压发动机的 X-51 技术验证机，它们的飞行速度为 $Ma6 \sim Ma25$。2019年底，美国空军还进行了 X-60A 高超声速技术验证机的试飞，该机以哈

X-60A 高超声速技术验证机

德利火箭发动机为动力，由"湾流"Ⅲ喷气飞机在空中发射，飞行速度达到了 $Ma6$，该项目主要测试高超声速飞行器的材料和相关技术。2021年7月，美国空军与赫尔米斯公司签约，研制3架"夸特马"（Quarterhorse）高超声速飞行验证机，该机将采用可重复使用的 TBCC 发动机。

"夸特马"高超声速飞行验证机概念图

发展高超声速飞机需要突破的关键技术主要有：一是用于速度 $Ma5$ 以上的低成本、轻质的结构及材料，必须满足隔热、绝缘、密封且便于连接和维修；二是涡轮基冲压组合发动机，要求结构简单、重量轻、比冲大；三是电力生成，当速度 $Ma3$ 以上时，传统的发电方式失效，需采用冲压空气或引气发电，而且要解决冷却问题；四是可用于高超声速飞行的传感器技术，需要通过仿真和改进找到能够在高温状态下正常使用的新型传感器。

● 绿色航空正在向我们走来

进入 21 世纪以来，随着世界范围内对碳排放和碳中和的高度重视，飞机对环境的污染主要在于废气污染和噪声污染。据统计，航空运输业化石燃料消耗占运输业总消耗量的 13%，二氧化碳排放占全球总排放量的 2%。为此，国际航空运输协会和国际民航组织分别制定了目标，限制航空器的碳排放量，要求到 2050 年碳净排放量降至 2005 年的 50%。

第一章 | 世界航空技术发展脉络

空中客车 ZEROe 涡轮螺旋桨飞机概念图

实现碳减排，需要从飞机技术、燃料、机场设施、运营模式和市场限制方面多管齐下，其中设计研制具有绿色低排的飞机和发动机是关键的环节。绿色民用飞机的研制备受关注。美国洛马公司提出的"超声速绿色飞机"方案很有特色，该机机身纤细流畅，机头略微下垂（便于飞行员在飞机起降大迎角飞行时有良好的视线），机头旁有用于配平的小型鸭翼，小展弦比后掠翼位于机身后部，4台发动机位于机翼上部（可减小发动机噪声），机身尾部设计了一个抛物线型的导流板（用于减少噪声，并可改善航向稳定性）。洛马公司称这个设计环保性高、可靠性高，可有效减少超声速时的声爆。

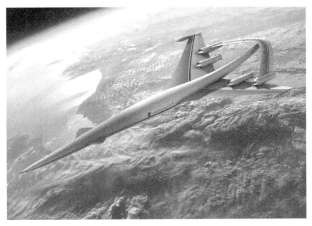

洛马公司的"超声速绿色飞机"

汽车走向绿色的重要途径是用电推动取代汽油推动，飞机也在尝试电力推动。波音公司在 21 世纪初提出了"分布式混合电推进飞机"，其技术特点是装了许多小型推进器，分别嵌入飞机的机身、机翼，所以没有了传统的发动机舱。分布式混合电推进系统，是用燃气涡轮发动机驱动多个电动风扇，通过这些分布在机翼或机身中的电动风扇一起推动飞机前行或机动。这个方案将飞机机体、动力、控制和系统技术集成一体，噪声小、排放低、耗油少，是典型的绿色航空飞机。

2016 年，美国启动 X-57 技术验证机计划，用于探索混合电推进系统关键技术，该机用安装有 14 台电动机的机翼取代发动机，这种轻型飞机的验证机比同机装 2 台活塞式发动机的飞机省油 80%，使用成本低 40%。

在军事航空领域，绿色航空行动也已经展开。为减少碳排放，美国和英国空军已经制定并实施了减排措施。例如，美国空军推出数字化加油机规划，以缩短加油时间，减少加油机出动次数，提高每次出动的效率。美国空军还启动"卓越任务执行计划"，以减少飞机滑行时间、选择最佳巡航高度等来节能减排。英国皇家空军则通过资助合成燃料计划，寻找低碳的合成燃料。同时，英国开始尝试电动固定翼飞机用于空军飞行学员训练。

为适应"减少碳排放和碳中和"新的要求，国际航空运输协会开展了"环境可持续航空技术路线图"研究项目，旨在飞机机体、发动机、空中交通管理、替代燃油 4 个领域分别开展几十种绿色航空技术的研究，未来绿色航空器和航空动力的技术成果不断涌现，电动飞机、油电混合动力飞机、eVTOL（电动垂直起降飞行器）相关技术迅猛发展，相信它们必将带来航空技术和交通运输系统新的革命。

第一章 | 世界航空技术发展脉络

形形色色的未来飞行器

- **飞机会成为"飞行汽车"吗**

未来城市空中交通工具的发展将是航空技术发展的一个重点。"飞行汽车"已开始引起更多航空工程师的高度关注，它是一种立体式交通工具，可广泛用于短途、低空智能载人或载物运输，可解决城市交通拥堵的问题。这类航空器包括固定翼、多旋翼、复合翼和倾转翼等类型，其中多旋翼型的发展最快。电推进将是这类航空器的动力系统，eVTOL 是目前各国竞相发展的重要产品类型。抓住这个市场机遇，很可能将航空技术带入更广阔的发展空间。

- **人工智能将带来航空技术更快的发展**

近年来，美国等发达国家加大研发投入，全力突破人工智能关键技术，加快人工智能在航空领域的应用，其重点包括自主空战、有人机与无人机协同、无人机自主集群、装备群的指挥与控制、航空装备的后勤保障、电子对抗等方面，已经取得了显著成果。美国军方开展的"空战进化（ACE）"项目以近距空中格斗自动化为突破口，在 X-62 试验机上进行了试验。人工智能在民用航空领域，如智能飞行控制、智能气象预测、智能飞机维护保养、智能空管指挥和智能机舱管理等方面发挥重要作用。

● 需要高度关注的几项未来航空技术

"系统簇"装备即将出现。预计将于 2030 年前后问世的美国新一代主战战斗机 NGAD 会以"系统簇"装备的形式出现，将颠覆以往单一平台机型替换的模式，使未来的航空武器装备"生而集成"。将设计与作战紧密结合，是复杂系统理念用于研制武器装备的成果。NGAD 将是美空军"系统簇"装备中的核心装备，会与作战无人机、侦察机、电子战飞机协同作战。美国下一代隐身轰炸机 B-21 和下一代高速旋翼机的研制和使用都将采用"系统簇"的理念。欧洲、俄罗斯和日本等国家也都考虑采取"系统簇"的理念来研制和使用下一代航空武器装备。

波音公司 NGAD 概念图

飞机智能结构与新材料的应用。在飞机结构中采用具有传感器、驱动器功能的主动材料,可达到实时响应外界的变化,及时控制和改变机体变化的功能。智能结构集合了新材料、传感器、气动弹性等多领域技术的发展,智能蒙皮就是一种典型的智能结构。在航空材料方面,碳纳米材料、超材料和计算材料正在逐渐成熟并开始实用化,它们将带来航空材料质的飞跃。航空复合材料技术的进一步发展,主要是扩大在发动机上的应用。为适应高超声速复杂承载和热负荷环境的变化,极限环境材料研制正在加快进行。

A350 复合材料蒙皮

航空智能制造技术正在加快发展。随着工业物联网和人工智能技术的发展,航空智能制造技术向着精益、柔性、敏捷、低成本和以人为本的方向发展,特别是敏捷制造技术在航空工业领域得到快速推广。其中,通过使用基于大数据的自适应加工智能机床,把设计与制造、使用无缝联结;精益化的自主装配,把物联网、可移动技术、柔性工装和自动钻铆机器人等联为一体;以人为本的智能人工增强技术,通过智能可穿戴和移动设备的组合,增强了人获取并利用信息的能力。航空智能制造生产线和生产车间必将在飞机整机装配中发挥重要作用。此外,随着多种介质增材制造技术的发展,航空器上采用增材制造的部分会越来越多。

无人机技术朝着自主、智能和协同使用方向发展。在使用用途上,无人

腾飞之路
——中国航空技术的发展与创新

机将更多地进入空战、加油、与有人机协同作战等高端和智能应用领域，无人机连续发射、空中自主编队和群体作战成为常态。无人战斗机技术的发展令人期待，当人工智能用于无人战斗机的智能空战系统，将使有人战斗机退出舞台的步伐加快。而高端无人机如何在保持低成本的前提下继续提高使用效益是未来必须解决的技术难题。

新型航空发动机呼之欲出。燃气涡轮发动机仍将长期占据航空动力的主位，但智能化、变循环和多电/全电化将是其发展的方向，它需要在气动热力学、材料、结构设计和控制技术等方面出现新突破。用于下一代战斗机的自适应变循环发动机正面临实用的考验。高超声速水平起降、反复使用的涡轮基组合发动机，正面临着与冲压发动机、火箭发动机、脉冲爆震发动机的多重选择。全电发动机、核能发动机、太阳能发动机和机载燃料电池，这些新能源航空动力会不会很快达到实用化，人们正拭目以待。

新概念机载武器正在出现。在传统的空空、空地导弹技术持续发展的同时，采用新原理、新概念的航空机载武器正在出现，激光武器、电磁脉冲武器等机载能束武器的关键技术正在被突破，其中的机载激光武器可执行空对空、空对地、空对天作战，兼顾进攻与防御，特别是具备对洲际弹道导弹的持续拦截能力，因而备受青睐。高功率激光器和飞机的能量提供及冷却技术是影响机载激光武器实用化的关键技术，而用于直升机和无人机的新的

机载激光武器

小型机载武器，则要基于微米、纳米技术的应用，从而达到感知、决策和行动的作战攻击能力。

航电系统和能量管理系统高度综合。未来的飞机航电系统需要探测、敌

我识别、电子战等系统的多传感器，在复杂环境下能够获取信息并综合处理，因此传感器要高度综合化，并具备网络化探测和实时感知能力。而由于飞机性能的提升、航电和武器系统的需要，以及复合材料不易散热等特点，未来新型航空器的热载荷比现在飞机要提高3~10倍，这对飞机能量技术和冷却技术提出了极高的要求。为此，只有基于模型的系统综合及优化的解决方案才能使机载能量系统和冷却管理满足需求。

空天飞机何时能够飞上太空。将航空航天技术融合，研制具有固定翼的空天飞机，完成跨越大气层的飞行，且能够重复使用是航空航天人必须攻克的技术难关。空天飞机推进效率高、能耗低、速度快，是低成本太空运送和全球到达的有效工具，它不用规模大、设备复杂的发射场，以及不受冗长的发射前准备和发射窗口限制，它的实用化，是航空技术真正进入高超声速时代的标志。空天飞机面临的关键技术有动力技术（涡轮基，或是火箭基）、热结构和热防护技术（表面温度接近1000℃，驻点温度可超过2000℃）、材料技术（具有耐高温、长寿命、低密度等特点）、飞机总体设计技术（一体化设计、复杂的空气动力学设计与试验等）。美国为研制空天飞机已经启动了多个技术试验机项目，其中X-37B是综合性较强的，但它采用火箭搭载、垂直起飞，可见研制真正意义上的空天飞机任重而道远。

X-37B 技术验证机

本章小结

1. 航空技术进步改变了世界

飞机是人类在 20 世纪最伟大的发明之一。以飞机投入使用为标志，世界进入了航空时代。航空技术的不断发展进步，推动了航空工业的发展壮大，改变了人类的战争模式，也改变了人类的出行模式，深刻影响了社会生活和生产力发展的方方面面。航空技术的发达与否已经成为强国的重要标志之一。

2. 航空关键技术的突破带动了航空器的不断发展

纵观世界航空技术的发展历程，飞机、直升机等主机性能的提升，始终是航空技术进步的核心，而新型发动机技术的突破又是促进航空器技术进步的关键。飞机、直升机从活塞时代，进入喷气时代，又迈进超声速时代，正奔向高超声速时代。航空技术更长远的目标是发展空天一体的空天飞机。一百多年来，航空工业取得的每一个进步，都依赖于航空关键技术的不断突破和持续发展。

3. 追求新的里程碑是航空技术进步的动力和源泉

飞机和直升机的发明、超声速飞行的实现、隐身飞机的问世、无人机技术的成熟，以及面向未来的"绿色航空"发展，航空技术一个又一个里程碑的出现，是飞机总体技术、航空发动机技术、航空电子与探测技术、航空武器与火控技术、航空材料技术、航空制造技术、航空试验与试飞技术等多学科的齐头并进、相互融合和互相促进的结晶。而不断设立未来航空技术发展新的里程碑，又全面推进着众多的航空新发明、新技术和新产品的不断涌现，这正是航空技术 100 多年来持续高速发展的根本原因。

4. 新的制高点呼唤颠覆性航空技术的出现

进入 21 世纪以来，航空技术的发展速度进一步加快，一些具有颠覆性潜力的技术正在出现，当前要特别关注高超声速飞机技术、人工智能技术、无人机系统技术、激光武器技术、增材制造技术、全电动力技术和太阳能动力技术，及其在航空领域的应用和发展。谁能抢占技术先机，谁就能站上未来世界航空发展新的制高点。

5. 航空器、飞机、航空技术、航空制造技术分类

表 2　航空器分类

<table>
<tr><td colspan="2" rowspan="2">轻于空气的航空器</td><td colspan="10">重于空气的航空器</td></tr>
<tr><td colspan="4">定翼航空器</td><td colspan="4">动翼航空器</td><td colspan="2">其他</td></tr>
<tr><td>气球</td><td>飞艇</td><td>滑翔机</td><td>伞翼机</td><td>飞机</td><td>地效飞行器</td><td>直升机</td><td>多旋翼航空器</td><td>自转旋翼机</td><td>扑翼机</td><td>导弹</td><td>火箭</td></tr>
</table>

表 3　飞机分类

<table>
<tr><td colspan="31">按构造分类</td></tr>
<tr><td colspan="10">机翼</td><td colspan="2">机身</td><td colspan="6">尾翼</td><td colspan="7">起降装置与方式</td><td colspan="6">发动机位置</td></tr>
<tr><td colspan="4">机翼数</td><td colspan="6" rowspan="2">机翼翼型</td><td rowspan="3">单机身</td><td rowspan="3">双机身</td><td colspan="3" rowspan="2">平尾</td><td rowspan="3">V形尾翼</td><td colspan="2">垂尾</td><td colspan="2">水上飞机</td><td colspan="4">陆上飞机</td><td rowspan="3">水陆两栖</td><td rowspan="3">翼内</td><td rowspan="3">翼上</td><td rowspan="3">翼下</td><td rowspan="3">翼下吊舱</td><td rowspan="3">机身内</td><td rowspan="3">机身尾吊</td></tr>
<tr><td colspan="3">单机翼</td><td rowspan="2">双机翼</td><td rowspan="2">双垂尾/多垂尾</td><td rowspan="2">单垂尾</td><td rowspan="2">浮筒式</td><td rowspan="2">船身式</td><td colspan="3">轮式</td><td rowspan="2">滑橇</td></tr>
<tr><td>下单翼</td><td>中单翼</td><td>上单翼</td><td>平直</td><td>前掠</td><td>后掠</td><td>斜掠</td><td>三角</td><td>可变后掠</td><td>鸭式平尾</td><td>正常</td><td>无尾</td><td>后三点式</td><td>前三点式</td><td>自行车式</td></tr>
</table>

<table>
<tr><td colspan="19">按性能分类</td></tr>
<tr><td colspan="9">发动机配置</td><td colspan="4">飞行速度 Ma</td><td colspan="3">飞行距离/千米</td><td colspan="3">起降</td></tr>
<tr><td colspan="3">发动机数量</td><td colspan="6">发动机样式</td><td>低速</td><td>亚声速</td><td>超声速</td><td>高超声速</td><td>近距</td><td>中距</td><td>远距</td><td rowspan="2">常规</td><td rowspan="2">短距</td><td rowspan="2">垂直</td></tr>
<tr><td>单发</td><td>双发</td><td>多发</td><td>活塞</td><td>涡桨</td><td>涡喷</td><td>涡扇</td><td>冲压</td><td>火箭</td><td><0.4</td><td>$0.4 \leq Ma \leq 1$</td><td>1~5</td><td>>5</td><td>约 1000</td><td>约 3000</td><td>>3000</td></tr>
</table>

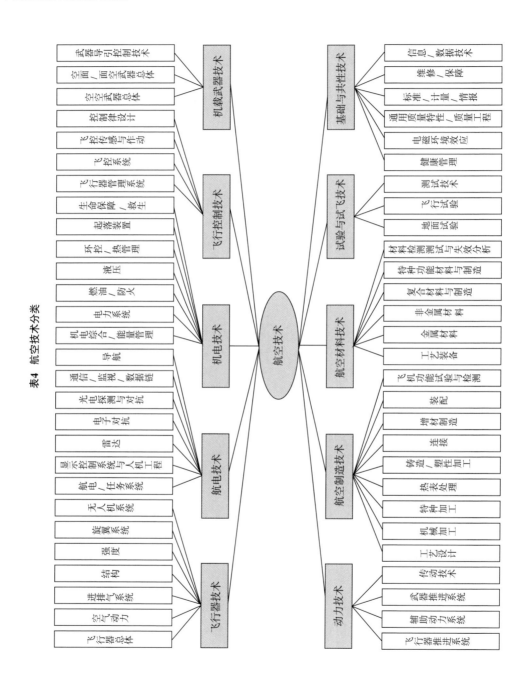

表4 航空技术分类

第一章 | 世界航空技术发展脉络

表 5 航空制造技术分类

数字化设计与制造	飞机装配	机械加工	复合材料构件制造	功能结构件	非金属材料成形
飞机结构件与工艺装备数字化	尺寸传递技术	高速数控加工	蜂窝结构成形技术	雷达隐身结构制造	塑压成形
飞机结构定义控制与制造	装配定位技术	传统机械加工	树脂转移成形	透波结构制造	热模灌铸成形
资源管理技术	装配连接技术	增材制造技术	树脂膜渗透与浸渍成形		模塑成形
柔性集成制造与并行工程	装配测量技术	热压成形	纤维铺放		
数字化预装配技术	工装与夹具技术	过程控制技术	编织与缝合		
飞机制造数字测量	准直校准技术		纤维增强技术		
工艺分离面划分技术	修配技术				
产品数据管理					
数字化设计工艺检测					

特种加工	电气互联制造	表面工程	超精密加工	样机制造	热加工及精密成形	连接
高能束加工	薄膜技术	表面改性	超精密加工技术	一级样机制造技术	精密钣金成形技术	铆接技术
电加工	厚膜技术	涂层技术	三维制造技术	二级样机制造技术	铸造技术	螺栓连接技术
磨粒流加工	表面贴装	镀膜技术	光刻精密制造	三级样机制造技术	锻造技术	胶结技术
高压水射流加工	二维与三维集成	形位检测			模压成形	焊接技术
	高密度组装	表面质量检测			金属处理技术	工艺装备
		无损检测				

腾飞之路
——中国航空技术的发展与创新

思考题

1. 简述动力飞机诞生的技术基础和时代背景。
2. 简述基础研究与航空技术创新的关系。
3. 简述战斗机从问世到现在的技术发展阶段和每个阶段的特点。
4. 简述民用飞机的大致种类和技术特点。
5. 简述无人机的关键技术。
6. 简述你认为什么将给未来航空技术发展带来革命性的变化。

第二章

旧中国对航空技术的探索

第一节

中国造出自己的热气球和飞艇

中国作为世界文明古国,在古代对飞行的探索及成就为世界航空技术的发展做出了重要贡献。虽然进入近代以来,航空技术的发展在欧美国家蓬勃兴起,但中国人努力追赶着航空技术的发展。1840年鸦片战争后,现代航空知识从西方传入中国,清政府派出留学生出国学习航空,中国开始购买航空器,中国人也以各种方式尝试制造自己的航空器。

● 中国制造的第一个氢气球

中国人自己造出第一个氢气球是在1887年,当时天津武备学堂教习华蘅芳制成了直径为5尺(约1.7米)的气球,然后将自制的氢气灌入气球获得了成功。华蘅芳是江苏无锡人,自幼热爱数学,后来学习了西方的数学著作,并应曾国藩之邀,与徐寿共同创办了江南机器制造总局,开创了中国的现代制造业。1887年,他到李鸿章创办的天津武备学堂担任教习。他在数学上有很深的造诣,并在地矿学、测量学和机械制造方面成就卓著。除氢气球外,他还制造出中国第一台蒸汽机,并设计了中国第一艘机动轮船。据说,华蘅芳制造氢气球是因为一位德国军事教官在讲课中说,氢气球我们德国100年前就有了,你们中国还没有人见过,更别说制造了。华蘅芳听后非常气愤,他亲自督导试制,终于获得了成功。当这个由中国人制造的氢气球升上天空时,人们欢欣鼓舞。这是旧中国制造成功的第一个航空器。

腾飞之路
——中国航空技术的发展与创新

华蘅芳和氢气球报道

● "中国"号飞艇问世

另一种航空器——飞艇从西方传入中国时,却没能得到清政府的认可。当西方研制飞艇成功的消息传到中国后,正在香港的澳洲华侨谢缵泰便有了自己研制飞艇的想法。1898年,谢缵泰成功设计了"中国"号飞艇,该艇的主要结构由铅材料制成,"中国"号在气囊下有艇身,在艇首、艇尾及舵面依靠3个电动机带动螺旋桨推进,该设计有独特的风格。谢缵泰满怀希望把他设计的"中国"号飞艇呈给清政府,却受到了清政府的冷落。由于清政府不认可,于是谢缵泰将自己的设计图寄给了伦敦万国博物会展出,英国著名专家马克沁还对它进行了推介。谢缵泰的设计得到了普遍好评,当时世界上许多国家的报刊上刊登了该飞艇的设计方案,中国人的飞艇设计引起了轰动。

谢缵泰和他设计的飞艇

第二节

冯如是中国的航空先驱者

1903年12月17日,美国莱特兄弟驾驶"飞行者1号"成功完成了首次试飞,这标志着动力飞机的发明。此后,1906年10月23日,桑托斯·杜蒙驾驶欧洲的第一架动力飞机"14比斯"首次试飞成功,欧洲也有了自己的飞机产品。作为世界文明古国的中国,何时才能造出自己的飞机呢?

● 冯如造出第一架中国人自己的飞机

有志青年冯如很快做出了回答。冯如,1883年12月15日生于广东恩平,幼时赴美国,后来在旧金山和纽约做工从事机械制造。莱特兄弟发明飞机后,冯如立志要自制飞机,他开始大量阅读航空制造方面的资料,并招收徒弟,筹办工厂,他制造飞机的想法得到了当地华侨的支持和经费赞助。1907年9月,冯如在美国奥克兰开始尝试制造飞机。1908年5月,冯如等4人筹集了1000美元在奥克兰成立了广东飞行器公司,制造出"冯如1号"飞机,该机为双翼机,装有4轮起落架。1909年9月21日,冯如驾驶"冯如1号"飞机在奥克兰附近的派德蒙特山丘成功进行了试飞,飞机起飞后离地约4米多高,飞机绕着小山丘成功飞行了800多米。冯如造出飞机并试飞的消息经报纸报道后,引起了广泛的关注,有人

冯如

腾飞之路
——中国航空技术的发展与创新

称"天才的中国人自己制造飞机""把白人抛在后面"。冯如借此机会，扩股筹资，准备继续制造飞机。

1910年7月，冯如造出第2架飞机"冯如2号"，该机装一台V形8缸水冷式发动机，功率为75马力，飞机为双翼布局，升降舵在前面，螺旋桨在后面，飞机总重375千克，飞机速度可达76千米/时。1911年1月，"冯如2号"在奥克兰进行飞行试验，获得了成功。此后，该机多次进行飞行表演，飞行高度达到200多米，飞行距离达到32千米，飞机性能达到了当时的世界先进水平。孙中山先生和旅美华人对冯如的创举大为称赞，孙中山鼓励冯如把才华献给祖国。

"冯如2号"飞机

1911年2月22日，冯如带助手携带两架飞机和设备乘船回国，拟在广州建立飞机制造公司，发展中国自己的航空工业。同年10月10日，辛亥革命爆发，同年11月，广东革命政府成立，冯如率助手加入革命队伍，冯如被任命为广东革命军飞行队队长。1912年8月25日，冯如在广州燕塘举行飞行表演，因飞机闲置时间已久，部件生锈，加上冯如在高飞过程中操纵过猛，导致飞机失去平衡而坠毁，冯如受重伤，后不治身亡，年仅29岁。冯如后来被安葬在广州黄花岗烈士陵园，冯如以他的创造和勇敢被人们尊为"中国始创飞行大家"。近年来有不少人提议，将冯如驾驶飞机首飞成功的日子9月21日设为"中国航空日"。

另一位中国飞行家——谭根

除冯如外,当年另一位从海外归来的航空先驱是谭根。谭根,广东开平人,1889年生于美国旧金山,1910年毕业于美国洛杉矶希敦飞行实验学校。谭根于1910年7月制造出了一架船身式水上飞机,该机是在寇蒂斯F型飞机基础上经改进研制而成的,谭根研制时将飞机的副翼移至上翼后缘处。谭根携自己的飞机参加了芝加哥国际飞机制造比赛并获奖。此后,谭根在檀香山中华飞行器制造公司担任设计师并培养飞行员,他还多次在海外进行飞行表演,创造过当时水上飞机飞行高度的世界纪录。1915年,谭根应邀回国,当年7月,他筹办了广东航空学校并担任飞行主任,他还在广东和港澳地区多次进行飞行表演,十分轰动。1916年,谭根担任广东护国军讨袁航空队队长,此后还参加了讨伐军阀的战役。1925年谭根在上海病逝。

谭根

1910年谭根设计的飞机获"万国飞机制造大会比赛"冠军

王助——波音公司第一任工程师

中国人王助是美国波音公司的第一任工程师。王助,1893年8月10日生于北平,1909年他从烟台海军水师学校毕业。1909年8月,王助被清政府选派去英国留学,先后在阿姆斯特朗海军大学和德兰姆大学学习。1915年,王助又赴美国麻省理工学院学习航空工程，1916年6月，他获得麻省理工学院航空工程硕士学位。次年，他进入新创办的波音公司工作，被聘为第一任工程师。王助在波音公司成功设计出C型水上飞机，该机获得50架订单，为新成立的波音公司赚了第一桶金。1917年底，王助离美回国，开始为建设中国飞机制造业工作。

王助

C型水上飞机

第三节

孙中山提出"航空救国"

• 孙中山重视发展航空事业

辛亥革命后，孙中山先生提出"航空救国"，主张将飞机用于军事，以推翻军阀统治，促进国家经济发展和技术进步。

第二章 旧中国对航空技术的探索

孙中山手书

早在 1903 年，莱特兄弟发明飞机时，孙中山正居留在美国夏威夷，他敏锐地预见飞机将有广阔的军事和经济应用前景。1910 年，他指示旅美同盟会，组织华侨青年学习飞机飞行和飞机制造，以便将来回国服务。为此，他积极推动筹款购置飞机和培训人员。在他的鼓励下，冯如带着自制飞机回国投身航空事业。他还积极推动了南洋的同盟会成员，出资赞助谭根回国开办航空学校。

1915 年 7 月，在孙中山的指示下，广州成立了航空学校筹备处，谭根担任飞行主任和航空队队长。1918 护法战争期间，毕业于美国茄米斯大学航空专科、已在美国开办了飞机公司的同盟会会员杨仙逸应孙中山之邀回国，担任援闽粤军飞机队总指挥，这是中国的第一支空军部队。

孙中山十分重视中国人自己制造飞机，发展中国的航空工业。1918 年，孙中山下令在广州大沙头兴建机场。1922 年，孙中山任命杨仙逸为广州革命政府航空局局长兼飞机厂厂长。1923 年 6 月，在杨仙逸厂长的带领下，该厂仿制出了一架双翼双座侦察/教练机。当年 8 月，在广州隆重举行飞机的命名典礼，孙中山和宋庆龄参加了典礼。该飞机被命名为"乐士文"号，孙中山亲笔书赠"航空救国"。广州大沙头的飞机厂先后制造了教练机、驱逐机和轰炸机 60 多架，这些飞机都以"羊城"号命名。

腾飞之路
——中国航空技术的发展与创新

孙中山、宋庆龄与"乐士文"号飞机合影

孙中山重视航空的做法，部分影响到了后来的南京国民政府。1933 年 2 月，空军在中国成为与陆军、海军并列的独立军种。1934 年，国民政府决定将航空署改组为航空委员会，并将所属航空队扩编为 8 个队，同时聘请意大利空军顾问团。

第四节

旧中国的航空制造企业

● 北洋政府建立的飞机制造企业

1913 年，北洋政府在北京南苑建立了航空学校，同时建立了一个飞机修理厂。1914 年，南苑飞机修理厂分别由潘世忠和厉汝燕各自设计制造出一架飞机。

潘世忠，1889 年生于上海，1904 年赴法勤工俭学，1911 年 12 月在法国获得了飞行证书。辛亥革命爆发后，潘世忠回国到北京南苑航空学校任教，后又担任过学校飞机修理厂厂长。1913 年，潘世忠主持制造了中国本土第一架飞机，该机装有一台 80 马力发动机，后置一台推进式螺旋桨，机头装有一挺机枪，该机是中国最早自制的军用飞机，被称为"枪车"。当年 10 月 12 日，潘世忠亲自驾驶飞机升空试飞获得成功，飞行高度达到 1500 米。此后，他不断对飞机进行改进，1914 年 3 月，该飞机完成了从北京飞往保定的航线飞行课目，这被视作中国国内首次的航线飞行。

潘世忠　　　　　　　　　　　"枪车"飞机

厉汝燕，1888 年生于浙江定海，是由清政府公费派遣出国学习军事航空的留学生。厉汝燕于 1909 年毕业于伦敦纳生布敦工业学校，后又进入布里斯托尔飞行学校学习，取得英国皇家航空俱乐部的飞行执照，成为第一个获得飞行执照的中国人，他还在英国布里斯托尔飞机制造厂进行了实习。1911 年底，厉汝燕带着海外华侨捐款购买的两架奥地利"鸽"式飞机回国，被委任为沪军航空队队长。1912 年 1 月 15 日，他在上海进行了飞行表演，引起轰动。1913 年，南苑航空学校成立后，厉汝燕担任飞行主任教官兼飞机修理厂厂长。1914 年，厉汝燕在南苑飞机修理厂主持设计并制造了一架水上飞机，但由于没有适当的试飞水面，该机未能进行试飞。厉汝燕后来还曾亲自驾驶飞机参加实战军事行动。厉汝燕培养了一些中国飞行员，他们在北伐战争和抗日战争中发挥了骨干作用。

厉汝燕设计的中国第一架水上飞机

● 中国第一家正规飞机制造厂——马尾海军飞机工程处

1918年，北洋政府海军部在福州马尾建立了船政局海军飞机工程处，这是中国历史上第一家正规的飞机制造厂，主要从事水上飞机的制造。马尾海军飞机工程处由从美国归来的巴玉藻和王助负责组建和管理，参与水上飞机研制的航空工程专家还有从美国麻省理工学院航空工程系毕业后回国的王孝丰、曾诒经等人。

马尾海军飞机工程处

巴玉藻，1892年生于江苏镇江。他13岁考入南京水师学习，17岁被清政府选派赴英国留学，主攻机械工程。1915年，巴玉藻转赴美国留学，考入麻省理工学院航空工程系，1916年获得硕士学位，后进入美国通用飞机公司担任工程师。1917年底，巴玉藻回国，在马尾海军飞机工程处主要负责飞机制造工作。1919年8月，他设计出该厂的第一架飞机。1928年，巴玉藻前往德国参加国际航空展览会并在欧洲进行考察。

1918年2月，王助从美国波音公司回国后，投身到中国飞机制造业的建设，担任马尾海军飞机工程处副处长。

1919年8月，海军飞机工程处研制出的中国第一架双翼水上飞机——甲1号初级教练机，该机采用前后串联式双座布局，最大飞行速度为120千米/时。1920年和1921年，海军飞机工程处相继制造出甲2号和甲3号飞机，其中甲3号飞机还参加了北伐军讨伐军阀的战斗。马尾海军飞机工程处曾经使用木材等原料制造了水上教练机、水上轰炸机、水上侦察机和水上鱼雷攻击机等多种飞机。马尾海军飞机工程处先后制造了各类飞机共17架。

巴玉藻

甲1号初级教练机的模型

1931年2月，南京国民政府命令马尾海军飞机工程处迁往上海高昌庙，并入江南造船所，继续生产飞机，其任务不仅要制造水上飞机，还要修理和仿制陆基飞机。1933年，该所成功地为"宁海"号巡洋舰设计制造了"宁海"号舰载水上侦察机,该机的机翼可以折叠,它代表了当时中国飞机研制的高水平。该所还仿制了一批美国弗利特初级教练机,飞机是用钢管来焊接机身,结构比较简单。抗日战争爆发后,这家专业的海军飞机制造厂被迫搬迁多次,技术体系四分五裂,最后被改编为空军的飞机修理厂,中国第一个正规的飞机制造厂由此退出了历史舞台。1942 年,国民政府在成都组建空军第三飞机制造厂时,吸收了原马尾海军飞机工程处的部分飞机制造技术力量。

● 国民政府的航空工业

从 1927 年之后,国民政府为发展自己的航空工业,先后在杭州、上海、南京和武昌等地设立了飞机工厂,有的工厂只能修理飞机,有的工厂还能够仿制外国飞机。从 1934 年起,国民政府采用依靠外国资金投入和引进国外技术的方式,陆续兴办了几家能够仿制和装配外国飞机的航空工厂。

中央杭州飞机制造厂,该厂是 1934 年由国民政府与美国寇蒂斯、道格拉斯两家企业合办的飞机制造厂,厂址在杭州笕桥,主要仿制美国飞机。先后制造了诺斯罗普 2E 全金属轻型轰炸机、道格拉斯飞机和弗利特教练机。该厂在中国第一次制造蒙皮受力的飞机。抗日战争爆发后,该厂被迫几经搬迁,从武汉到昆明。1939 年,该厂迁至云南垒允。后来在日军攻陷云南前,垒允的飞机厂被迫自行焚毁,多年航空救国的心血付之一炬。该厂后又到缅甸仰光建立了飞机装配车间,直接装配从美国运来的飞机零部件,该厂还在缅甸八莫设立了发动机厂。抗战爆发后,该厂先后组装生产过霍克式、道格拉斯 02M-3 轻型轰炸机、寇蒂斯 A-12 攻击机等机型,从杭州到垒允的 8 年中,由该厂先后仿制、装配和修理过的各型美式飞机共约 300 架。

中央南昌飞机制造厂/空军第二飞机制造厂,该厂为国民政府与意大利 4 家航空公司于 1935 年 1 月合资建立的,主要仿制生产意大利飞机。1936 年 11 月开始修理飞机,1937 年 4 月开始制造飞机,先仿制意大利的"萨伏亚 S81B"双发轰炸机,共完成了 3 架的装配。抗日战争期间该厂被日机炸毁。1939 年,该厂迁往四川南川县(今重庆市南川区)海孔洞丛林中重建。

1939—1944 年，该厂共仿制了苏联伊-16 驱逐机 36 架、初级教练机 6 架，中级滑翔机 30 架。1942—1948 年，该厂先后自行设计制造了双发运输机——"中运"1 号和"中运"2 号。其中"中运"1 号是中国第一架自行设计制造的运输机，采用单翼双发布局，载客 8 人，飞机装 2 台莱特 R-1820-E2 发动机，飞行总重 4537 千克，最大速度 342 千米/时，飞机除襟翼、副翼采用金属材料外，机身、机翼和尾翼均为木质结构，该机于 1944 年 10 月在重庆试飞成功。"中运"2 号于 1948 年 2 月在重庆试飞成功，但这两种国产运输机均未能投入批量生产。1948 年 12 月，该厂迁回南昌，随后又迁往了中国台湾。

"中运"1 号运输机

广州飞机修理厂/韶关飞机制造厂/空军第一飞机制造厂，是中国在马尾海军飞机工程处之后建立的第二家飞机制造厂。1920 年，该厂在广州大沙头建立，在孙中山先生的支持下，由杨仙逸负责研制了"乐士文"号飞机，该机是以美国"詹尼"式飞机为基础制造的一架双翼教练机。从 1927 年起，该厂开始设计制造"羊城"号系列飞机，包括教练机、驱逐机和轰炸机，数量共计 60 余架。1934 年，广东空军与美国寇蒂斯公司合办飞机制造厂，该厂迁到了广东韶关，定名为韶关飞机制造厂，后又称为空军第一飞机制造厂。该厂先后自行设计并生产了"复兴"号中级教练机 4 架，仿制过霍克-3 驱逐机 4 架。抗日战争爆发后，该厂先迁往贵阳，后又转往昆明。1940 年新厂建成，该厂仿制生产了 30 多架苏联伊-15 双翼战斗机，供抗日战场使用。1944 年，时任该厂厂长的朱家仁主持研制出了"蜂鸟"甲型直升机，它是中国的第一架直升机。"蜂鸟"直升机采用共轴双旋翼布局。1948年，朱家仁又研制了"蜂鸟"乙型直升机，该机总重725.5千克，最大飞行速度136千米/时，航程219千米，该机的技术性能达到较高水平。由于朱家仁1948年调往中国台湾，导致该厂的直升机研制未能延续。从1947年起，该厂开始仿制并生产美国AT-6高级教练机，该机使用了由贵州大定发动机厂生产的G-105型星形发动机。

"羊城"号飞机

成都空军第三飞机制造厂/航空研究院试制厂，该厂是1942年4月由国民政府独资成立，也是设立在成都的国立航空研究院的飞机试制厂，其任务是培训设计制造飞机的技术人员，利用国产材料设计制造飞机，工厂员工约400人。1942—1943年，该厂仿制生产了15架"费力提"教练机。该厂生产过自行研制的"研教一"教练机，该机为双翼机、木质结构、蒙皮机翼，飞机成功进行了试飞，性能符合设计要求，"研教一"共制造了15架。此后该厂自行研制出"研教二"教练机，该机为单翼机、竹木复合结构，层板蒙皮，飞机经试飞，性能符合设计要求。1942—1943年，该厂与航空研究院合作，以苏联SB-3轰炸机为基础，设计制造出了双发下单翼木质结构的"研轰三"

轰炸机，飞机于1944年在成都试飞成功。该厂自行研制的另一种飞机是"研教三"教练机，也是单翼机、采用了V形尾翼。该厂还曾研制成功"研运一"大型滑翔运输机，可运送30名全副武装伞兵，也可以运货。"研运一"除起落架、仪表及操纵系统外，全部采用了竹木复合结构，它是世界上独一无二的大型滑翔运输机，该机于1946年研制成功时，抗日战争已经结束，因此项目未能进行下去。1946年4月，该厂整体迁往中国台湾。

"研轰三"轰炸机

大定航空发动机制造厂，是1940年由国民政府在贵州大定县建立的，又名云飞机器制造公司，是中国第一家专业的航空发动机制造厂。为避免日军轰炸，该厂建在黔西北大定乌鸦洞。这家建在大山洞内的发动机厂生产的第一个型号是美国"塞克隆"G-105B型活塞式发动机，1945年完成了两台发动机的试制。1946年又完成30台发动机的生产，该发动机的毛坯和主要部件均从美国进口，发动机装在了美式DC-3运输机上使用。该厂于1946年在广州设立了分厂，1949年初迁往中国台湾。

大定发动机厂试制的发动机

表6 旧中国的航空工业企业（1918—1949年）

厂名	历史阶段	起止年份	搬迁过程	产品及产量
海军飞机工程处	海军飞机工程处	1918—1931	马尾	"甲型一号"等系列水上飞机（17架）
		1931—1942	上海、宜昌	"宁海"水上飞机、弗利特教练机
广州飞机修理厂	广州飞机修理厂	1920—1934	广州	"羊城"号（60余架）
	韶关飞机制造厂	1934—1939	韶关	"复兴号"教练机（5架）、霍克-3型双翼机（4架）
	空军第一飞机制造厂	1939—1949	昆明、贵阳	霍克-3（40架）、"新复兴甲"教练机（22架）、伊尔-15驱逐机（30架）、AT-6教练机（3架）、"蜂鸟"甲直升机（1架）
中央杭州飞机制造厂	中央杭州飞机制造厂	1934—1939	杭州	弗利特（40架）、伏尔梯轰炸机（29架）、雪莱克（20架）
	中央垒允飞机制造厂	1939—1942	垒允	战斗机（99架）、轻型轰炸机（25架）、侦察机（65架）
中央南昌飞机制造厂	中央南昌飞机制造厂	1935—1939	南昌	轰炸机（3架）
	空军第二飞机制造厂	1939—1949	南川、南昌	驱逐机（36架）、教练机（6架）、滑翔机（30架）、"中运"1号运输机（1架）、"中运"2号运输机（1架）
大定航空发动机制造厂		1939—1949	贵州大定	"塞克隆"发动机
空军第三飞机制造厂	空军第三飞机制造厂（部分海军飞机工程处人员）	1942—1946	成都	弗利特教练机（15架）、"研教一"（15架）、"研教二"（1架）、"研教三"（1架）、"研运一"（1架）

第五节

旧中国的航空教育及航空科研活动

● 高等院校开设的航空工程专业

旧中国的航空工业力量薄弱，主要原因是国内航空技术力量十分薄弱，缺乏专业的航空人才，更缺乏专业的航空科研机构。旧中国航空工业企业所依赖的技术骨干主要是海外留学归来的人才。

为培养中国自己的航空工程人才，从 20 世纪 30 年代开始，国内的一些高等院校陆续开设航空工程专业，其专业师资力量是以海外归国的人才为主，有的院校还招收航空工程的研究生。

1930 年，中央大学开始在机械系开设航空工程选修课；1932 年，清华大学开设航空工程专业，后成立了航空研究所；抗日战争爆发前后，中央大学、北洋大学、交通大学相继成立航空工程系；随后，浙江大学、厦门大学、四川大学、云南大学和西北工学院都设立了航空工程系；1944 年，中央工业专科学校设立了航空机械专修科。1935—1939 年，中央大学、清华大学还先后开设了航空工程研究生课程。

腾飞之路
——中国航空技术的发展与创新

北洋大学堂

中央大学

1929年，受清华大学理学院院长叶企孙的邀请，世界著名的航空学者冯·卡门访问了清华大学，他建议清华大学创办航空工程专业。1932年，清华大学组建了工学院，内设航空工程专业组，这是中国第一个航空学科。1933年，清华开始筹建航空馆、飞机库，并自建实验风洞。1936年，清华大学成立航空研究所，由工学院院长顾毓琇和机械系主任庄前鼎担任研究所正、副所长，该所先后开展了空气动力学、高空气象和材料、直升机技术的研究工作。清华大学航空研究所还设计制造过滑翔机，开办过飞行训练班。抗日战争期间，清华大学航空研究所迁往昆明，继续开展航空科研工作。该所人员先后在国内外发表过100多篇航空技术的学术论文和报告。

顾毓琇

清华大学实验风洞

交通大学于1931年开始在机械学院高年级开设"航空知识"课题。1935年秋在机械学院设置航空门，培养航空专业本科生。1942年，交大开设航空系，首任主任曹鹤荪教授。

1935年，中央大学开始创办培养航空工程技术人才的"航空机械特别班"，招收机械、电机、土木等系毕业的大学生，对他们进行两年航空工程教育，相当于航空工程研究生班。该班连续招收了四届，共毕业30多人。1937年，中央大学航空工程系成立并招生，首批录取新生50名。抗战爆发后该校迁往重庆，继续培养航空工程人才。中央大学航空机械特别班和航空工程系先后培养出一大批中国航空技术方面的优秀人才。1934年，国民政府曾从意大利购买一座单回流式航空风洞，直径1.2米，气流速度55米/秒，该风洞被安装在中央大学航空工程系。该风洞于1936年开始用于科学实验，抗战时期该风洞迁往了重庆，中央大学还建成了一座1米×1.5米的直流式风洞。

在高等院校的航空实验设施方面，除中央大学直径1.2米的单回流式低速风洞外，清华大学于1935—1936年自行建造了两座风洞。其中，1935年建成的风洞设在南昌，为回流式，直径为4.57米，最大速度为55米/秒，该风洞在1938年3月被日军飞机炸毁。另一座风洞于1936年建造，直径1.5米，同年开始试验。1947—1948年，清华大学在北平又建造了一个铁壳风洞，尺寸为0.762~1.016米，速度为40~50米/秒。

清华大学昆明风洞

● 国民政府建立的航空研究院

1939 年 7 月 7 日,国民政府航空委员会在成都成立了航空委员会航空研究所,由著名飞行员(航空委员会副主任)黄光锐兼任所长,王助任副所长,王助是研究所的实际负责人。当时航空研究所有研究人员 16 人。两年后的 1941 年 8 月,该所扩充为航空研究院,研究人员达到 70 多人,到 1946 年研究人员最多时达到 101 人。抗战胜利后的 1947 年,航空研究院迁往南昌,该所建造的风洞留给成都空军机械学校使用。

黄光锐

王助

王助编写的《航空研究院简史》

航空研究院初建时，设有器材、飞机、空气动力3个组。两年后，扩大为器材、理工两个系，器材系下设器材试验、化工、电气、仪表、金属材料、兵器等7个组，理工系（王助兼任系主任）下设气动、结构、飞机设计、试飞、动力5个组。研究院建立了飞机试造厂和机工厂，自身的风洞馆建有两座风洞。

设立航空研究院的主要任务是飞机的国产化研究。在材料方面，该院以竹木原料作为飞机材料，先后分析了100多种木材，认为川产云杉和层竹比较适合用于飞机层板蒙皮以及油箱制造，这样可解决抗日战争时期中国空军器材供应紧张的问题。该院还开展了空气动力学结构、材料、弹性力学、发动机、仪器仪表等方面的研究工作，先后发表过100多篇学术论文和报告。

航空研究院建有两个单回流、木结构、开口式风洞。其中尺寸为2.1米×1.5米，速度67米/秒的开闭口两用低速风洞，是由当时该院气动组组长兼风洞馆馆长伍荣林主持研制的，该风洞完成测试并进行了研究工作。另一座风洞是尺寸为3.75米的回路风洞。

航空研究院在抗战期间困难的条件下，先后设计试制了4种飞机，并由在成都的空军第三飞机制造厂负责进行试制工作。第一种飞机是"研教一"教练机，它是仿制美制的弗利提飞机，为双翼木质结构，飞机空重1141磅（约518千克），最大速度111英里/小时（约178.6千米/时）。该机经试飞获得成功后，共生产了15架。

"研教一"教练机

第二种飞机是采用竹木复合结构的"研教二"教练机,为单翼机,该机除发动机、起落架和操纵及仪表系统外都用木竹结构制造,该机的试飞也获得了成功。

"研教二"教练机

第三种飞机是"研教三"单翼教练机,该机是将"研教二"飞机的尾翼改用了王助潜心研究的V形尾翼。该机试飞也获得了成功,但未能投入批量生产。

"研教三"教练机

第四种飞机是"研运一"大型滑翔运输机,也是采用了木竹结构,该机可乘载2名飞行员和30名全副武装的伞兵,是当时世界上最大型的滑翔机。

后因抗日战争结束，该机研制工作未能继续下去。

由航空研究院设计研制成功的 4 种飞机中，除"研教一"外，其他 3 种飞机都未能投入批量生产。

此外，航空研究院还与成都空军第三飞机制造厂合作，仿制成功了"研轰三"轰炸机，该飞机在第三次试飞中出现了事故，后被打入冷宫。

"研轰三"轰炸机

抗日战争结束后，由于航空研究院的领导隶属关系发生变化，其地位被降低。同时，航空器材国产化的问题也不再受到重视。加上空军与航空工业部门的矛盾、研究院内部的矛盾不断加剧，航空技术研究和国产飞机研制难以为继。王助辞去了航空研究院副院长职务，清华大学教授秦大钧接任院长。1948 年底，航空研究院迁往了中国台湾。曾在该院工作过的一些航空科研人员留在大陆，后来参加了新中国航空工业和航空教育的工作。

- **一批留学归国的航空技术精英**

从清末民初到抗日战争，旧中国在不同时期以各种方式派出过一批又一批优秀学子，赴欧美国家学习航空工程，以便学成之后用先进的科学知识和工程技能报效国家。在旧中国开办了航空工程系的多所高等学府中，在由政

腾飞之路
——中国航空技术的发展与创新

府主办或合资组建的几家飞机、发动机制造厂中，在成都的航空研究院中，有很多技术骨干或负责人就是归国的留学生，他们为建立当时中国的航空教育、航空工业和航空科研做出了重要的贡献。1948—1949年，当国民党撤离大陆时，他们当中虽然有人去了台湾，但更多的留学归国的航空精英选择留下来，迎接解放，以自己的学识和才华参与新中国的建设。

1943—1944年，痛感中国在空军武器方面的落后，为改变落后挨打的局面，国民政府决定，在国内有关高校航空工程系新毕业的学生中，遴选人才出国留学，学习航空工程。出国留学实习人员被派到波音、麦克唐纳、莱康明、罗罗等美国、英国著名的航空工业企业，他们亲身参与了飞机、发动机的设计研制工作。据统计，各学校派出的人员共计200多人，他们在1949前陆续回国。这些学成归国的航空人才在新中国成立时，大多数选择留下参加新中国的建设。如留美后在空军第二飞机制造厂工作的徐舜寿，拒不执行去中国台湾的指令，辗转奔赴解放区；在英工作的黄志千，拒绝去中国台湾，千辛万苦回到祖国；陆孝彭在美欧学习工作后，冲破阻挠，归国工作；吴大观拒绝随大定厂迁台，留在大陆；昝凌在地下党掩护下，摆脱特务追踪，在上海迎来解放；颜鸣皋不为美国的威胁和利诱所动，毅然返回祖国；虞光裕在英留学后工作，于1949年回到祖国。他们都成为新中国航空工业的栋梁之才。

留学归国的航空技术英才

- **旧中国留下的航空资源十分有限**

从 1910—1949 年,旧中国先后直接购买各种外国飞机超过 1500 架。虽然旧中国的航空工业和航空技术建设开始起步,但是旧中国没有建立起独立自主和较为完整的航空工业体系,航空技术研究能力更是极其缺乏。据统计,在旧中国总共制造的约 700 架各种飞机中,90%是仿制或装配生产的外国飞机产品。

当时由旧中国生产的飞机,主要限于机体的制造和装配,发动机、起落架、金属螺旋桨、仪器仪表,以及重要的金属原材料都需要从外国进口。在由政府和高校建立的少量航空科研机构中,由于缺乏科研和试验手段,除了在将木竹材料用于飞机结构材料方面取得过进展外,没有更多航空科研的成果。所以,从整体上看,旧中国的航空工业和科研资源薄弱,能力有限。1949 年,随着国民党溃退中国台湾,旧中国仅有的航空工业力量,一部分被迁往了中国台湾,另一部分则被人民政府接收。

第六节

红色航空在战火中起步

- **最早的中共飞行员和工农红军的飞机**

中国共产党成立后,很早就认识到航空事业的重要性。1924 年在孙中山先生创办航空学校时,唐铎等中共党员就入校学习。在 1924 年建立的广东飞机学校中,有中共党员参加培训学习,其中刘云任该校首届党代表,他是中

腾飞之路
——中国航空技术的发展与创新

共的第一名飞行员。第一次国内革命战争期间，中国共产党与国民党合作，积极派人去苏联援华的航空学校学习，中共还派出了常乾坤、王弼等人赴苏联学习航空知识。

1931年，国民党空军一架侦察机被鄂豫皖根据地赤卫队俘获，飞行员龙文光参加了红军，该飞机被命名为"列宁"号，是中国工农红军第一架飞机。后来，龙文光驾驶"列宁"号飞机执行过对国民党统治区空中侦察任务，他还在1931年11月的黄安战役中，驾机挂弹轰炸了敌军的指挥所。

"列宁"号飞机

中国工农红军的第二架飞机叫"马克思"号，是一架英国制造的轻型教练机。1932年4月红军攻克福建龙岩，敌军派出一架轻型教练机前往龙岩侦察，返回时被红军战士用机枪击伤，该机后被红军缴获，经修理后恢复使用，被命名为"马克思"号。为使用该机，中央苏区还在瑞金修建了机场。

● **中国共产党培养的航空专业人才**

1938年，中国共产党派出43人赴新疆省办的航空队学习，他们被分成两个班，一个班学习飞行，另一个班学习航空机务。1938年2月他们正式加入新疆航空队，这是人民军队组织的第一支航空队。

赴新疆学习的航空队学员

1938—1939年，党中央将在苏联学习航空技术的常乾坤、刘风等调回国，组建航空训练班，讲授航空课程，从开学时的5人，逐步扩大到后来的12人，该航空训练班到1940年12月结束。

1941年1月，党中央批准在安塞县成立中央军委航空工程学校，它是中国共产党建立的第一所航空学校。同年4月6日，该校正式开学，学员约100人。该校于1941年8月合并进入延安抗日军政大学第三分校。

1945年11月，中国共产党领导的东北民主联军成立航空委员会，同年12月，又成立了航空队。从1946年3月1日起，东北民主联军利用日军遗留在东北的航空器材，创办了"东北民主联军航空学校"，即东北老航校，它是中国人民解放军第一所航空学校。学校收集到30余架飞机，建立了飞机修理厂。据统计，东北老航校先后接收了航空人员2412人，他们先后组织力量对飞机修理厂、航材配件厂等12家工厂进行了修复。东北老航校建立后，克服重重困难，培养出了560多名航空工程、通信、气象等专业的技术人才。后来他们都成为人民空军、新中国航空工业和民航事业第一代创业者和业务骨干。

腾飞之路
——中国航空技术的发展与创新

东北老航校领导

● 为新中国筹集航空技术力量

1949年3月30日,党中央决定在中央军委下设航空局,负责筹建人民空军,同时组织接收国民党遗留的航空资产。此后,党中央派出专人分赴各地,接管国民党遗留的航空装备和资产,收编航空专业人员,考虑修复企业,准备逐步恢复航空产品生产,南京、上海、杭州成为接收的重点。

1949年9月17日,中国人民解放军华东军区航空处将接收到的及从国外归来的航空专业人员集中起来,在上海成立了华东军区航空处航空工程研究室,该室的人员主要来自国民政府空军及下属企业、航空研究院、派往美国和英国各航空工业企业学习回国的航空技术人员,以及国内各大学航空工程专业毕业的学生。研究室下设飞机、发动机、军械、特设仪表电器4个专业组。该室汇聚了徐舜寿、黄志千、昝凌、陆孝彭、许锡缵、王祖浒、虞光裕、齐志焜等众多专家,他们后来成为新中国航空航天科研设计单位的技术骨干。该室的高永寿、王裕齐、余承业、程宝渠、李定夏、徐鑫福、黄克累、曹金涛、张寿宝、王裕平等后来进入新中国的北航、西工大、南航、哈工大等高校,成为知名教授。

至1949年10月底,中央军委航空局共接收各类航空人员2312人,其中工程技术人员约100人，接收和修复飞机113架、发动机1278台，各类航空器材和物资4万多吨，机场40个，工厂12个。这些航空资产大多数已处于瘫痪状态，恢复后只能进行零星的飞机修理，新中国航空工业就是在这样薄弱的基础上建立的。

1949年8月，苏联政府派出220名各行业专家来华考察，其中包括苏联航空工艺与生产组织研究院院长博伊佐夫等航空专家，他们考察了航空工业的建设条件，指导拟订了关于建设新中国航空工业的意见书，从此，揭开了由苏联技术援建新中国航空工业的序幕。

本章小结

1. 航空在中国起步不晚，但发展缓慢

当飞机发明不久后，以冯如为代表的一批航空工程师率先尝试，造出了由中国人研制的飞机。此后，他们又抱着"航空救国"的理想从国外回国，投身中国航空事业。但是，他们的壮举，除了最初得到孙中山先生的大力支持外，后来没有真正得到一心剿共的蒋介石国民政府的重视。抗日战争爆发前后，为抵抗日军的侵略，国民政府采取合资和接受国外援助的方式，开始建立了航空制造企业，组装生产外国的飞机、发动机，但生产的产品数量少，技术水平不高，没有自行研制生产飞机、发动机的能力。

2. 旧中国航空科研机构力量薄弱，科研成果不多

抗日战争期间成立的航空研究院，主要研究将国内的竹木原材料作为战时损伤飞机的结构材料。由于试验条件有限，航空科研人员少且多为刚毕业的学生，该院没有形成完整的航空科研设计能力，设计研制的飞机水平不高，设计的产品大多没能投入批产。当时国内仅有的航空科研试验设施，是分散在高校和航空研究院的几座低速风洞设备，其技术与当时的国际水平差距较大。

3. 一些高等院校开办航空工程系，吸收了一批志在航空救国的莘莘学子

痛感抗日战争中中国空军落后挨打，国内一些高等院校开始建立航空工程系，教育培养立志航空报国的大学生和研究生。一些航空工程专业毕业生后来被派往美英等国留学和实习，他们虽然在旧中国没找到多少用武之地，却在解放后成为新中国航空工业建设的技术骨干。

4. 在中国共产党领导下的红色航空人才队伍建设，起步早，发展快

在中国共产党领导下的红色航空人才队伍建设，起步早，发展快，特别是地处白山黑水的"东北老航校"为人民空军的建立，为新中国航空工业和民航事业的建设和发展储备了大量的航空专业人才。

5. "落后就要挨打"，先进飞机是国之重器

抗日战争期间淞沪会战，中国空军英勇抗击日寇，终因实力不济而损失惨重。此后的中国大地，日军的飞机一度肆意横行，使人认识到了航空的重要性，航空强，国家才强！但在以剿共为先的蒋介石国民政府领导下，中国航空技术的发展之路却是越走越窄，使大批有志于"航空救国"的航空工程人才丧失了信心。

中国航空技术的发展呼唤着新中国的诞生！

思考题

1. 简述冯如对发展中国航空工业所做出的贡献。
2. 简述孙中山先生对建立和发展中国航空事业所做出贡献。
3. 简述旧中国在飞机制造和航空技术发展上的主要特点。
4. 简述旧中国高等院校为什么纷纷开设航空工程专业。
5. 简述中国共产党领导下的红色航空在旧中国所做的主要工作。

— 第三章 —

新中国初创航空工业和航空技术（1949—1960年）

第一节

新中国航空工业的诞生

● 建立人民空军投入抗美援朝战场

1949年11月11日,新中国刚刚成立不久,正式创立了人民空军,刘亚楼担任空军司令员,肖华担任政委。1950年6月,以东北老航校等航空学校的毕业学员为主,组建了人民空军第一支战斗部队——第四混成旅,包括歼击机、强击

毛泽东主席在开国大典上向受阅机群招手

机和轰炸机3个航空兵团。同年9月,又组建了第一支空降旅。此后又陆续新建了侦察、空运等空军部队,航空兵旅改编为航空兵师。中国空军陆续建立教育和培训体系,设立了飞行、地勤、专科航校和空军学院、空军技术学院,培养各类专业人才。同时,空军建立了一批飞机和发动机的专业修理工厂,修理各类飞机、发动机和机载设备。此后,空军还逐步建立起一些自己的航空科研机构。

腾飞之路
——中国航空技术的发展与创新

空军司令员刘亚楼

1950年10月，人民海军成立了海军第一、第二航空学校。1952年1月，人民海军航空部（后改称为航空兵部）成立，同年6月，海军航空兵第一师成立。人民海军陆续建立起歼击机、强击机、鱼雷轰炸机、水上飞机、反潜直升机和侦察、运输等海军航空兵部队，逐步形成了以岸基航空兵为主体的海军空中力量。同时，人民海军逐步建立了专业的航空教育培训、飞机修理、航空科研等方面的机构。

海军航空兵与初教5飞机

1950年10月，中国人民解放军空军建立不久，中国人民志愿军赴朝参加抗美援朝战争，志愿军空军迅速组成，按照"积蓄力量，选择时机，集中使用"的作战方针，开始投入作战。1951年1月，志愿军空军第四师首创击落美军 F-84 战斗机。朝鲜战争中的空战，是喷气飞机发明之后世界上第一场大规模的喷气飞机空战，它锻炼了刚刚组建的志愿军空军。从 1950 年 12 月到 1953 年 7 月，志愿军空军先是投入反击敌方空中封锁铁路运输的战斗，后是集中力量打击敌方机群，夺取制空权。在战斗中，志愿军空军共击落敌机 330 架，击伤 95 架，志愿军空军驾驶苏制米格喷气飞机打出了威风，"米格走廊"的英名流传下来。美国空军参谋长范登堡曾惊叹，红色中国几乎在一夜之间变成了世界主要空军强国之一。

志愿军空军的米格-15 飞机

新中国成立的前 10 年，人民空军屡战屡胜。1954 年 7 月，在解放一江山岛的战斗中，人民空军出动米格-15、伊尔-10、图-2 和拉-11 等作战飞机 288 架次，有力支持了攻岛作战的胜利。1958 年 7—12 月，人民空军参加福建前线作战，击落击伤国民党空军飞机多架，确保了福建前线制空权掌握在人民空军手中。人民空军还多次击落击伤袭扰大陆的美国飞机和国民党飞机，有力打击了敌人的嚣张气焰。

● 开创新中国的民航事业

1949 年 11 月 2 日，党中央做出建立新中国民航事业的决定，建立了人民革命军事委员会民用航空局（后改称军委民航局），首批建立了 5 个民航办事

腾飞之路
——中国航空技术的发展与创新

处和4所民航学校。

1949年11月9日,原国民政府所属的中国航空公司总经理刘敬宜和中央航空公司总经理陈卓林代表两航员工在香港宣布起义,接受中央人民政府领导。两个公司的12架飞机飞回了内地,两航起义促进了新中国民航事业的发展。

两航起义的飞机

1953—1957年的"一五"计划期间,共建成国内航线23条,通航城市36个,开辟了多条国际航线。1957年民航总周转量达到1534万吨公里,比1952年增长2.5倍。防火护林、航空探矿、防治农作物病虫害、抢险救灾作业等通用航空在中国逐步兴起,1957年通用航空完成9168飞行小时,比1952年增长了8倍多。

● **建立新中国的航空工业**

1949年8月,中共中央派空军司令员刘亚楼、副政委王弼等人赴苏联,就苏联援建中国人民空军的各项具体事宜进行谈判。同月,苏联政府应邀派出航空工艺与生产组织研究院院长博伊佐夫等专家访华,考察了中国航空工业的建设基础。人民空军成立后,刘亚楼司令员提出,建立强大的人民空军,必须有强大的航空工业做后盾,只靠零星的旧飞机不能解决人民空军的强大装备需求,必须建立中国自己的航空工业。

1949年11月14日,空军司令员刘亚楼、副政委王弼和苏联驻华军事顾问科托夫,联名向毛泽东主席呈送了《关于中华人民共和国航空工业的建设问题》报告,提出组建航空工业队伍,建设工厂、学校、研究院,开展飞机修理、制造工作的全面建议。其中第五部分专门提出"组织统一的航空科学研究院"。1950年1月5日,重工业部代部长何长工和刘亚楼司令员联名向中共中央呈报《关于航空工业建设的意见书》,其中提出"设立研究院,进行飞机材料、仪器制造、飞机设计、电器制造等研究,设置研究仪器、大风洞"。在提出建立航空工业的同时,对组建航空科技体系也提出了具体构想和建议。

1950年春,党中央经研究认为,新中国刚刚建立,百废待兴,国家财政十分困难,决定暂缓航空工业建设,飞机修理仍由空军负责。此后,刘亚楼司令员与重工业部领导又先后6次提出建议,积极推动新中国航空工业的建立。

志愿军的战斗机机队

1950年6月25日,朝鲜战争爆发,7月7日,以美国为首的"联合国军"参战。当年10月,中国人民志愿军入朝参战,人民空军加入作战行列。为补充飞机装备,1950年8—10月,空军从苏联成建制地购买了14个师的飞

腾飞之路
——中国航空技术的发展与创新

机装备,投入志愿军空军。抗美援朝战场的急需,对迅速提高我国飞机修理和制造能力提出了十分急迫的需求。战争需要航空工业,建立强大的人民空军呼唤航空工业,为了赢得抗美援朝战争的胜利,党中央决策,要加速建立新中国的航空工业。

1950年12月,周恩来总理主持召开会议,研究并确定了中国航空工业创建与发展事项。周总理在会上提出,国家准备五年内拿出60亿斤小米用于支持发展航空工业。60亿斤小米,价值约占当时新中国年财政收入的2%,这是相当大的投入,是当时6亿人民在艰苦条件下勒紧裤腰带省出来的。会后,重工业部代部长何长工率段子俊、沈鸿等人赴苏联,商谈苏联援华建立航空工业事宜。

1951年4月17日,中央人民政府人民革命军事委员会和政务院发出《关于航空工业建设的决定》(简称《决定》)。《决定》指出:"中国航空工业建设在目前阶段上的任务,是全力保证中国空军所有飞机和发动机的修理及飞机零部件、配件和工具的制造,尔后再逐步发展。""航空工业在目前阶段必须实现统一管理和经营的原则,只有在航空工业发展到能集中力量制造飞机时,再把修理和制造分开。"《决定》中还要求,1951年4月20日之前,空军完成向航空工业局移交有关航空工厂、器材和工人的领导关系;航空工业局保证于1951年5月1日起修理空军急需的飞机和发动机。

为加强对航空工业建设的领导,国家成立航空工业管理委员会,由中央军委领导,聂荣臻任主任,李富春任副主任。在国家重工业部下设航空工业局。1951年7月,政务院任命重工业部代部长何长工兼任航空工业局局长,新中国航空工业建设由此起步。

航空工业初创时依据的方针,一是从修理走向制造的方法,二是争取苏联的技术支持。具体措施是,在苏联的援助下,派出领

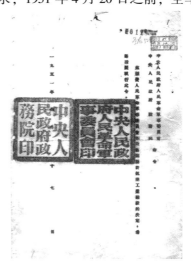

《关于航空工业建设的决定》

导干部和技术工人，调整和重组旧中国遗留下来的飞机修理厂，千方百计满足抗美援朝志愿军空军飞机的修理，以满足作战的需要。同时，依靠苏联的援助建设航空工业，从修理起步，边修理、边学习，进而发展到自己制造，然后再自行设计研制新飞机。走出一条购买、使用、修理、制造、自行设计的航空工业发展新路。

重工业部代部长兼航空工业局
局长何长工

航空维修与修理是航空工程的一个重要领域，也是一个综合性的工程技术学科，它是使飞机、发动机、机载系统和武器保持及恢复到规定工作状态所进行的维护和修理工作。它包括基层级的"小修"、中继级的"中修"和基地级的"大修"。航空维修的内容分为原件维修、换件维修和拆拼维修三类，技术工作内容包括检测、保养、拆卸、故障定位、零部件更换、修复、装配、调校和检验等，在抗美援朝战场航空装备维修中，中国航空工业克服重重困难，调动一切资源，较好地完成了航空装备的维修与修理工作，有效地支撑了中国人民志愿军航空装备的战斗能力。

从1951年6月起，航空工业局所属各工厂开始试修飞机和发动机，工人们在苏联技术专家指导下，逐步掌握飞机和发动机修理技术。到1952年开始承担批量修理飞机、发动机和机载设备的任务，修理水平不断提高，不仅能修理老机型，对过去不能修理的产品也开始能够修理了。

● 在3~5年内从修理转向制造

1951年8月14日，经重工业部党组同意，何长工、段子俊联名向中央军委写报告，提出在3~5年加速完成航空工业从修理转向制造，具体提出分两个阶段造出4种飞机的方案。该方案立即得到了党中央领导同志的积极支持。1951年8月21日，毛泽东主席批准了航空工业局提出的3~5年由修理走向制造的方案。

腾飞之路
——中国航空技术的发展与创新

按照党中央的决定,航空工业局先后接收了空军的16个修理厂和兵工总局的2个工厂,职工总人数达到9984人,其中技术人员554人,各种设备1295台,厂房面积16.5万米^2。

根据1951年初签订的中苏协议,由苏联援建的中国航空工业最初"六大厂",都要在由空军移交给航空工业的工厂基础上组建而成,其中沈阳飞机修理厂(松陵机械厂,简称沈阳飞机厂)、沈阳发动机修理厂(黎明发动机厂,简称沈阳发动机厂)分别负责喷气式飞机和喷气发动机的修理;哈尔滨飞机修理厂(简称哈尔滨飞机厂)、哈尔滨发动机修理厂(哈尔滨东安发动机厂)修理轰炸机及发动机;南昌飞机修理厂(洪都飞机厂,简称南昌飞机厂)、株洲发动机修理厂(湘江机器厂,简称株洲发动机厂)分别负责活塞式教练机和活塞式发动机的修理。1951年6月,"六大厂"的设计工作启动,苏联航空技术专家陆续到达中国。

"六大厂"边设计、边建设、边生产,航空工业局整合资源,将接收的18个工厂中的80%以上人员和70%以上设备集中到"六大厂",并将1951年基建资金97.7%、1952年基建资金83%投入"六大厂"建设,确保各厂迅速形成修理能力,支持抗美援朝战场需要。

除了飞机、发动机厂外,航空工业局还重点建设了几家机载设备工厂,如太原的太行仪表厂(生产空速管和磁罗盘)、天津电器厂(生产航空电器)、新乡的平原机器厂(生产液压产品)、上海华林电器厂(即金城机械厂,生产开关、灯类)和南京的宏光降落伞厂(生产降落伞),它们成为新中国航空机载设备的首批骨干企业。

1951年7月1日,苏联派出波斯别霍夫、戈尔捷也夫出任中国航空工业局总顾问,并派出首批102名航空技术专家来华,分赴"六大厂"和航空工业局机关指导飞机修理工作。"六大厂"于1951年航空工业创建当年就形成了飞机和发动机的修理能力,第二年完成修理各型飞机297架、发动机2020台。新中国航空工业出色完成了支援抗美援朝作战和空军训练的需求,先后修理完成数千架飞机、上万台发动机和大量的机载设备,为从修理走向制造奠定了基础。

第二节

新中国航空工业的早期发展

● 苏联援建中国"一五"计划中的航空工业项目

1951年1月,何长工率领的中国代表团赴苏联,就争取苏联支持中国建设事宜进行谈判,得到了积极结果,双方就苏联援华建设航空工业企业,从修理扩展到制造,以及派出顾问、专家等事项达成协议。1951年5月初,从苏联租用的飞机修理流动列车到达沈阳,苏联专家和航空器材逐步到位。1951年8月,航空工业局向党中央提出报告,计划由沈阳飞机修理厂和沈阳发动机修理厂修理喷气歼击机及发动机,哈尔滨飞机修理厂和哈尔滨发动机修理厂修理轰炸机及发动机,南昌飞机修理厂和株洲发动机修理厂修理活塞式教练机及发动机。

1951年10月,中苏两国政府签约,由苏联对中国建立飞机、发动机修理厂予以技术援助。到1952年底,苏联援建的航空工厂数量扩大为13家。1953年5月15日,中苏两国签署了苏联援建中国第一个五年计划项目的协议。随后,苏联向中国航空工业派出349名航空技术专家和顾问,他们当中有列宁勋章和斯大林奖章获得者,有博士,他们经历过二战,有丰富的工作经验,这些苏联专家为中国航空工业的初创做出了重要贡献。

在"一五"计划期间,苏联援建新中国的156个建设项目中,航空工业方面的项目有13项,占总援助项目的8.3%,其中包括飞机制造厂2个、发动机制造厂2个,新建5个机载设备厂,建设4个飞机和发动机修理厂,累计投资10.94亿元,占全国基建总投资的2%,占国防工业基建投资的30%。

腾飞之路
——中国航空技术的发展与创新

1954年10月11日,苏联援助中国建设项目协定签订

表7 航空工业"一五"期间重点建设项目

序号	项目名称
1	建设沈阳喷气歼击机制造厂
2	建设沈阳喷气式发动机制造厂
3	建设南昌教练机制造厂
4	建设株洲活塞式发动机制造厂
5	新建西安飞机附件厂
6	新建西安发动机附件厂
7	新建兴平电器厂
8	新建宝鸡航空仪表厂
9	新建兴平机轮刹车附件厂
10	改建哈尔滨飞机修理厂
11	改建哈尔滨发动机修理厂
12	改建首都机械厂为喷气式飞机修理厂
13	改建沈阳喷气式发动机修理厂

为了早日实现由修理到制造的过渡,各援建厂全力推进建设项目,多数项目提前完成交付验收。通过苏联帮助援建的项目,飞机、发动机修理厂升级为制造厂。此外,包括飞机仪表、电器、电子、救生、飞机附件、发动机

附件等一批机载设备制造企业相继建成投产,中国航空工业最早的骨干企业开始形成。

在科研机构建设方面,"一五"时期,苏联帮助中国开展航空材料研究所、航空工艺与生产组织所和飞行试验研究所3个航空科研机构的建设。从1954年6月起,赵尔陆等中国航空工业的领导人向苏联方面提出,希望苏联帮助中国建立更多的专业航空科研机构。1955年1月,中方向苏联又正式提出了航空科研机构建设的设想。同年3月,苏方回应,建议分两步帮助中国建设航空技术研究所。

1955年4月,航空工业局向二机部党组提出,要把建立航空研究院,发展航空科研设计能力,排在航空工业生产和航空人才培养之前,作为当时中国航空工业三大建设任务的首位。这充分表明,中国航空工业在创建之初,就十分重视尽快建立自己的产品设计和航空科研体系。

● 新中国飞机制造翻开第一页

1954年2月,新中国航空工业开始试制第一架国产飞机——初教5(即苏联的雅克-18)初级教练机,飞机总重1120千克,最大速度248千米/时,最大升限4000米,最大航程1000米。洪都飞机厂是从1951年开始修理雅克-18飞机的,该厂先后完成了240架该机的修理,积累了丰富的经验。在苏联专家的帮助下,洪都飞机厂通过引进试制,有计划地扩大该机自制零部件品种,到1953年已制成除机身骨架和中翼外的全部零部件44种。1953年下半年,洪都飞机厂开始按模线样板制造该飞机的部件,迈出了从修理向制造的关键一步。1954年2月底,苏联提供的全套雅克-18飞机技术图样和资料到达南昌,不到半年时间,1954年6月9日,洪都飞机厂试制的初教5完成飞机总装下线。6月18日,初教5圆满完成了全机静力试验,这是中国航空工业首次完成全机静力试验。7月3日,首架初教5飞机在南昌首飞成功。

腾飞之路
——中国航空技术的发展与创新

初教 5 飞机

株洲发动机厂试制完成供初教 5 使用的 M-11 活塞式发动机。该厂是从 1951 年冬开始修理该发动机的,已经试制生产了该发动机的 322 种零部件。在苏联专家帮助下,该厂开始试制全部发动机零部件,1954 年 7 月 29 日,完成首批发动机制造。由新中国生产的第一台航空发动机诞生了。当年 8 月 16 日,M-11 发动机通过了 200 小时鉴定试车和国家鉴定考核,9 月 18 日,上级批准 M-11 发动机投入批量生产。

M-11 发动机　　　　　　　毛泽东主席的贺信

1954 年 8 月 1 日和 10 月 25 日,为祝贺中国首架飞机和航空发动机的诞生,毛泽东主席亲自签发了给洪都飞机厂和株洲发动机厂全体职工的嘉勉信。

1954—1958年，中国航空工业共生产了379架初教5飞机，这标志着中国航空工业成功从修理走向了制造。

第三节

国家把喷气技术列入十二年科技发展规划

● 国家制订十二年科技发展规划

1955年1月，毛泽东主席在最高国务会议上提出："我国人民应该有一个远大的规划，要在几十年内，努力改变我国在经济上和科学文化上的落后状况，迅速达到世界上的先进水平。"同年3月，国务院成立了科学规划委员会，着手制订新中国十二年科技发展规划，要在自力更生的前提下，先学习世界上已有的科学成就，在此基础上赶上世界先进科学技术水平。

1956年10月，在不到半年的时间里，经过600多名科技工作者的努力和部分苏联专家的帮助，基本完成规划的起草工作，形成了《1956—1967年科学技术发展远景规划纲要（草案）》，其中包括国家建设所需要的57项重要科学技术任务和616个中心课题。在57项重要科学技术任务基础上，提出了优先发展的12项重点，其中前三位依次是：原子能的和平利用，喷气技术，电子学方面的半导体、计算机、遥控技术。同年12月，党中央批准了国家十二年科技发展规划。

军工技术占据了国家十二年科技发展规划的重要部分。规划的"喷气技术"中提出研究超声速飞机、超过100千米射程的地空导弹、射程500~600千米的地地导弹、空空导弹和空地导弹。按后来航空与航天的专业划分，航空技术和航天技术都包含在"喷气技术"的范畴之内。

腾飞之路
——中国航空技术的发展与创新

● 飞机未能像导弹、原子弹一样列入国防尖端技术

通过实施国家十二年科技发展规划，中国的科学技术发展速度显著加快。1958年12月，聂荣臻元帅在全国地方科技工作会议讲话中指出，3年前，中国在原子能、喷气技术、电子学方面还是空白的，现在有了原子反应堆、回旋加速器、导弹、火箭、电子计算机，并将开始研制人造地球卫星。在国防科研方面，取得了长足进步，特别是在导弹、原子弹研制方面，成就喜人。

按照当时党中央提出的"调整、巩固、充实、提高"方针，国家集中力量，全国一盘棋，力争用两三年时间突破"以导弹、原子弹为代表的国防尖端技术"。1963年10月，在国家《1963—1972年科学技术发展规划纲要》中，将国防科技工作的目标定位于"突破国防尖端科学技术"。此时，航空技术已经不在国防尖端技术之列，而是与坦克、火炮等陆军武器装备，舰艇、鱼雷等海军武器装备一起被列入了"常规武器"范畴。

1955年1月15日，毛泽东主席主持召开中共中央书记处扩大会议，决定发展我国的原子能事业，研制核武器，从此揭开了我国发展尖端武器的序幕。1956年党中央决策发展导弹后，原子弹、导弹成为发展国防尖端技术的重点。

国内外出现的重导弹、轻飞机的倾向，直接影响到航空工业"二五"计划中加强科研发展的举措实施。为此，航空工业的各级领导通过各种渠道向党中央领导反映了意见。1958年5月7日，航空工业局分党组在向党中央的报告中提出：航空工业建设的主要矛盾，最突出的是产品设计与科研水平远远落后于生产。因此，大力发展产品设计和科学研究，由仿制向自制跃进，是航空工业执行"二五"计划最基本的发展方针。

1960年初，党中央进一步明确发展国防尖端技术的方针是"两弹为主，导弹第一"。这样，飞机被作为"常规武器"以生产为主，导致开展航空技术研究在一定程度上被忽视了。应该说，在当时的环境下，国家资金有限，国防科技发展不可能齐头并进，集中力量发展投入少、见效快、威慑力大的导弹技术是对的，但把刚刚起步的航空装备排除在国家优先发展的国防尖端技

术之外,确实是历史的遗憾。

国产导弹试验现场

第四节

航空工业开始组建专业科研机构

• 必须自力更生建立航空科研体系

从1954年中国航空工业开始走向制造,科技落后于生产的矛盾显露出来。必须尽快建立自己的航空科研机构,开展航空技术研究,这才是航空工业的发展方向。为此,首先要争取苏联的技术援助。1955年1月22日,中国向苏联提出了航空科研建设的请求,当年3月31日,苏联提交了关于组建中

腾飞之路
——中国航空技术的发展与创新

国航空科研机构的《备忘录》。

1955年5月16日，航空工业局在上报二机部的报告中提出：我国航空工业建设，必须从航空科学研究（建立航空研究机构）、航空工业生产（建设航空工厂）和航空人才培养（开办航空院校）三条战线同时展开。但当时航空工厂和航空院校建设都进行了，而航空研究机构建设却未能展开。1956年1月，航空工业局制订了《航空科学研究工作十二年规划》，提出通过争取苏联的援助，设立7个研究院和10个设计局，要分三个阶段开展工作，建立中国的航空科研体系的设想。然而苏联政府在1956年4月7日与中方签署的援助协议中，关于中国"二五"计划帮助援建的项目只包括了与引进试制和生产相关的3个研究所，未包括帮助中国建设空气动力学与强度、发动机、特设与无线电等设计和研制型航空科技机构的项目。显然，苏联并不希望中国发展独立自主的航空产品设计与研发能力。在苏联同意援建中国航空科研机构中，仅保留了与航空产品引进试制与生产密切相关的航空材料、航空工艺和生产组织、飞行试验3个研究所项目。

此后，以李富春为团长的中国政府代表团访苏，商谈苏对华"二五"计划援助问题时，苏联又一次明确拒绝了中方提出的设想。在苏联援助中国"二五"计划的建设项目中，未列入中方提出的援建空气动力、发动机两个航空研究所的项目，只同意把飞机设备研究所并入飞行试验研究所项目内。由此看来，想要建设完整的中国航空科研设计体系，已经无法依赖苏联的援助，必须走自力更生的道路。

● 航空科研"四所三室"的诞生

随着"一五"时期航空工业的建设和发展，从飞机修理转向制造的过程中，中国航空工业从事科技工作的人数迅速增加，从成立之初的2065人发展到1957年底的14962人。航空工业初步掌握了航空产品的修理、仿制技术，开始开展试验和试飞技术工作。到1960年，中国建立了4个航空科研所和飞机、发动机、仪表特设3个产品设计室。

建立的航空科研所中,第一个组建的是航空材料研究所。1955年4月,航空工业局为解决航空产品引进试制中的原材料技术问题,决定筹建航空材料研究所。它的建设得到了苏联的技术援建。1955年7—9月,苏联专家来华协助该所的建设。1957年春,该所在北京西郊冷泉村兵器工业综合研究所(二机部四所)原址上建立。到1957年10月,全所职工达742人,所内集中了颜鸣皋、荣科等国内知名的材料专家。1960年底,该所划归新成立的航空研究院(国防部六院),成为六院六所。经过几十年的建设,目前的中国航发航空材料研究院拥有员工5000多人,培养产生了4名两院院士。

航空材料研究所

航空科技情报研究所也是第一批成立的航空科研所之一。该所的前身是1952年7月成立的航空工业局编译室,主要负责组织和协调苏联飞机技术资料的翻译工作。1956年2月11日,二机部批准在北京成立航空科技情报研究所,它也是新中国首批建立的专业科技情报研究所之一。1960年6月,航空研究院(六院)又组建了自己的航空科技情报研究所(六院四所)。1970年,两个航空科技情报研究所合并。航空科技情报研究所的杨劲夫、王道荫等成为国内知名的航空科技情报专家。2001年8月,航空科技情报研究所与中国航空系统工程研究所合并,组建成立了中国航空工业发展研究中心。

航空科技情报研究所

腾飞之路
——中国航空技术的发展与创新

航空工艺与生产组织所于 1956 年 11 月开始筹建，1957 年 7 月 1 日在北京正式成立。该所也是列入 1956 年 4 月的中苏协议，由苏联技术援建的单位之一。该所建所的主要任务是协助工厂解决引进试制生产中的工艺技术问题，并为自研国产飞机提供新工艺、新技术。1961 年，该所划归航空研究院，成为六院九所。2016 年，以该院为主体整合有关单位成立了中国航空制造技术研究院。该院培养产生了关桥、邢丽英等中国工程院院士，成为国内有影响力的制造技术研究和专用装备开发的综合性研究机构。

航空工艺与生产组织所

飞行试验研究所是航空工业首批成立的 4 个专业科研机构之一。该院也是 1956 年 4 月中苏协议中，由苏联技术援建的单位之一，专门从事新机性能试飞、鉴定试飞和试飞技术及装备的研制工作。1959 年 4 月 15 日，飞行试验研究所在陕西阎良成立。1961 年，该所划归航空研究院，成为六院八所。该所培养出了以王昂为代表的一大批优秀中国科研试飞专家。经过 60 多年的建设发展，现在中国飞行试验研究院（简称试飞院）已拥军民机兼备的试飞专业人才近 4000 人，拥有上百个技术专业，具备完成每年数千架次试飞任务的组织保障能力，该院还建立了我国唯一的培养硕士试飞员的学院。

飞行试验研究所

第三章 | 新中国初创航空工业和航空技术（1949—1960年）

新中国航空工业创建伊始，组建中国航空工业自己的飞机、发动机、航空仪表设备设计和研究机构，就成为事关航空工业长远发展的大事，航空工业局高度重视，千方百计为建立这些设计研究机构调集全国的优秀人才。为了组建首批成立的3个局管航空产品科研设计室，从全国抽调了近200位优秀航空技术人才，其中包括了曾有海外留学经历、有航空工程实践经验的技术精英，也有一些优秀的大学航空工程专业的毕业生，他们成为建设新中国独立自主的航空设计研制力量的技术核心。

首批建立的航空产品科研设计室有3个。1956年10月建立的沈阳飞机设计室。当年8月2日，航空工业局发布《关于成立飞机、发动机设计室的命令》，决定在沈阳飞机厂建立飞机设计室，行政上委托沈阳飞机厂领导，业务上受航空工业局直接领导。建立该室的目的是汇集国内飞机设计技术骨干，在全面学习和掌握苏联航空产品技术资料的基础上，开展飞机产品的生产试制，并为自行设计和研制飞机做好技术准备，承担国产飞机的设计任务。沈阳飞机设计室汇聚了当时航空工业内部优秀的飞机设计人才，徐舜寿被任命为主任设计师，黄志千、叶正大为副主任设计师。1959年12月，中央军委决定，该室与中国人民解放军军事工程学院（简称哈军工）师生组成的"东风"113设计团队（沈阳飞机厂第二飞机设计室）合并，统称产品设计室。1961年8月3日，该设计室划归新成立的航空研究院，正式组建成立了沈阳飞机设计研究所（六院一所，简称沈阳所）。60多年来，该所研制成功了多种先进的飞机产品，并培养出多位两院院士，成为新中国飞机设计师的摇篮。

沈阳发动机设计室是1956年11月在沈阳发动机厂成立的，其主要任务是汇聚航空发动机设计研制的专业人才，参与航空发动机型号的研制工作，为自主研发国产航空发动机准备技术和人才基础，该室由航空发动机专家吴大观和虞光裕担任正副主任设计师。1960年，该室划归航空研究院，并在1962年8月组建成立了沈阳航空发动机研究所（六院二所，简称沈阳发动机所）。经过几十年的建设和发展，该所先后研制多个型号的涡喷、涡扇发动机，为我国航空工业的发展和空军武器装备建设做出了重大贡献。

腾飞之路
——中国航空技术的发展与创新

徐舜寿

"东风"113飞机模型

航空仪表设计室是1957年3月成立的,由航空工业局直接领导,负责各类航空仪表的设计研制工作。该室始建时,在北京的航空工业局机关暂时办公,设计室主任兼总设计师是航空仪表专家昝凌。成立后,该室先迁往兰州,依托兰州飞控仪器总厂开展飞机自动驾驶仪的研制工作。1960年3月,该室扩编成立航空仪表自动器设计研究所(代号30所)。1960年该所划归航空研究院,成为六院30所。该所工作地点先后在陕西阎良、户县,后在西安定点建设。1979年,该所名称改为西安飞行自动控制研究所(简称自控所,又称飞控所),该所将大气数据中心仪和电子综合显示两块专业分出后,主要负责飞机导航、制导与控制技术的设计、研制和生产,为我国航空工业的快速发展做出了重大贡献。

昝凌

第五节

新中国迈上试制喷气式飞机的高台阶

● 新中国试制出第一种喷气飞机——歼5

　　根据周恩来总理提出的3~5年造出飞机的总体部署,航空工业在完成了抗美援朝飞机修理任务后,立即开始制造飞机的准备工作。刚刚成立不久的航空工业局,把飞机制造生产的目标定在了国内急需的喷气式战斗机上。经过反复调研,航空工业局向中央军委提出了引进试制生产苏联喷气式战斗机和所用的喷气发动机的计划,获得了批准,试制生产的任务由沈阳飞机厂和沈阳发动机厂承担。1954年10月,中苏签署引进试制米格-17F的协议。1955年2月,沈阳飞机厂在苏联技术专家的帮助下,全面启动了试制苏联米格-17F高亚声速喷气战斗机(后命名为歼5飞机)的工作。该机是中国制造的第一种喷气式飞机。

歼5飞机

腾飞之路
——中国航空技术的发展与创新

涡喷 5 发动机

早在1953年,中苏两国曾商定,中国引进试制的第一种喷气式飞机为米格-15,后来考虑到国民党空军已经装备了美国F-86F战斗机,1954年10月,中苏两国商定,中国停止米格-15的引进试制,改为试制性能更先进的米格-17F喷气战斗机及发动机。1954年11月25日,中国获得了米格-17F和VK-1F发动机的制造特许权,沈阳飞机厂和沈阳发动机厂分别承担了仿制任务。1955年3月18日,苏联提供的飞机资料到达沈阳,随后沈阳飞机厂通过四个阶段开始试制工作:第一阶段用苏联提供的部件装配5架飞机;第二阶段用苏联提供的组件和型架装的组件后总装4架飞机;第三阶段用苏联的零件进行部装、初装和总装4架飞机;最后以苏联和国内的原材料自制零件,装配3架飞机,从而掌握全部制造技术。

歼5飞机全机共有1.4万项、25万多个零组件,使用约2000种原材料,这对年轻的中国航空工业是严峻的挑战。在全国各兄弟单位的支持和苏联专家的指导下,1956年7月13日,全部采用国产自制零件组装而成的歼5喷气战斗机完成了飞机总装工作。同年7月19日,试飞员吴克明驾驶歼5首次试飞成功;7月26日,飞机通过了静力试验;9月8日,国家鉴定委员会验收并宣布:歼5飞机试制成功,可以批量生产交付部队使用。

歼5飞机所装的VK-1F(国产型命名为涡喷5)涡喷发动机由沈阳发动机厂和新光机械厂负责引进试制生产。1956年2月,该发动机的零组件全部试制完成；5月28日，首批涡喷5发动机完成100小时试车试验；6月2日，国家鉴定委员会宣布，涡喷5发动机试制成功。同年7月，首架安装了国产涡喷5发动机的歼5飞机在沈阳首飞成功。

歼5飞机所装备的短波指挥电台、无线电罗盘、高度表、敌我识别器、测距器和航空机炮等机载产品先由苏联直接提供，后逐步转为由国内航空机载设备工厂进行国产化。歼5飞机的试制生产全面带动了我国航空发动机、机载设备和武器产业的建立和发展。

1956年9月，国家验收委员会做出结论，歼5飞机可以批量生产，交付空军和海军航空兵使用。1956年9月9日，《人民日报》向全世界宣告，中国试制成功新型喷气式飞机，中国由此跨入了世界上少数几个能够生产喷气飞机国家的行列，党中央、国务院为此专门向沈阳飞机厂和沈阳发动机厂发出贺电。当年国庆节，由我国生产的4架歼5战斗机在天安门参加了检阅。歼5飞机的生产延续到1959年下半年，共计生产767架，该机有力支持了人民军队的建设。

1956年10月1日，待命飞向天安门上空接受检阅的歼5机群（前4架为国产飞机）

腾飞之路
——中国航空技术的发展与创新

《人民日报》的报道

● 完成国产喷气式飞机——歼教1的研制

1956年10月，刚刚组建的飞机设计室在徐舜寿的主持下，提出了开展高亚声速喷气式教练机设计研制工作的建议，这是新中国航空工业第一次自行设计研制国产飞机。1957年4月，航空工业局正式批准了这项研制计划，飞机定名为歼教1。

歼教1飞机设计团队（左三为徐舜寿）

148

歼教 1 飞机为高亚声速喷气式教练机，飞机机长 10.56 米，翼展 11.43 米，机高 3.94 米，最大飞行速度 840 千米/时，实用升限 14500 米，续航时间 2 小时。不同于苏联飞机的传统布局，飞机采用新颖的机头两侧进气布局、串列双座、后掠机翼。机内有液压、燃油、冷气、电气、仪表、无线电等机载设备。飞机为全金属结构，前三点式起落架，装有 1 门航炮和炸弹挂架。歼教 1 飞机的动力装置为沈阳发动机设计室设计的中国第一种自研的喷气发动机——喷发 1A，推力为 1680 千克力。

在歼教 1 的设计研制中，徐舜寿提出要"熟读唐诗三百首"，即要广泛收集消化世界上各种飞机的资料，择优吸收。不要唯"米格"论，歼教 1 不要成为米格飞机的仿制品。他果断地确定不沿袭米格飞机的机头进气，改用两侧进气，为机头雷达留下位置。这一设计后来也被国产强 5 强击机采用，有效地扩大了飞机前视角效能。

在设计歼教 1 飞机时，沈阳飞机设计室先后开展了方案论证、草图设计、初步设计、审查木质样机、详细设计、试制与试验等工作，锻炼了新中国的第一代飞机设计人员，使他们在歼教 1 飞机的设计研制实践中积累了设计、计算和试验的经验。歼教 1 飞机设计图样完成后，交由沈阳飞机厂负责进行飞机试制。1958 年 7 月，该机完成了全机总装工作。1958 年 7 月 26 日，试飞员于振武驾驶首架歼教 1 飞机成功完成首次试飞，标志着中国航空工业成功地迈出了自行设计研制国产喷气式飞机的第一步。

在歼教 1 飞机设计时，徐舜寿提出了飞机的气动布局，年轻的工程师顾诵芬负责飞机的气动设计，设计团队在设计时对进气道参数设计与翼身组合进行计算，广泛参考了苏、美、欧大量的技术资料，经过反复计算确定了技术方案。

在歼教 1 研制时，设计团队开展了一系列飞机两侧进气的风洞试验。为了防止飞机出现发动机喘振，飞机设计室副主任设计师黄志千带领技术人员在哈军工的风洞上进行了两个月的飞机进气道方案风洞试验。他们自制试验装置，用鼓风机模拟发动机抽气，用一排很细的管子在进气道出口处测量总压，用废针头焊上铜管，再用白铁皮包起来，自制成有罩的测压仪。就是在这样艰苦努力下，完成了歼教 1 飞机两侧进气设计的全部风洞试验，证明设计是合理的。

1958 年 8 月 4 日，中央军委副主席叶剑英、空军司令员刘亚楼参加歼教 1 飞机庆功会并观看了飞行表演。通过该机的设计、试制、试验试飞，新中国第一代飞机、发动机设计人才得到了实际的锻炼和成长。虽然歼教 1 飞机后来因使用适用性原因，未能投入批量生产，但它的设计是十分成功的。

第六节

自行研制飞机产品的成功与挫折

● 自行研制初教 6 获得成功

由于空军提出需要前三点的教练机，引进生产的苏联的初教 5 初级教练机于 1957 年 8 月开始停产。航空工业局提出自行研制一种前三点式螺旋桨初级教练机——初教 6，沈阳飞机设计室承担了该机的设计任务。1958 年初，沈阳飞机设计室经过方案论证、总体设计、风洞试验、性能计算和结构、系统打样，确定了初教 6 飞机的总体方案。由于当时沈阳飞机厂正忙于歼 5 战斗机的生产和歼教 1 飞机的研制工作，同年 5 月，航空工业局决定将初教 6 飞机的研制和生产任务移交给南昌飞机厂。南昌飞机厂设计科科长高镇宁担任初教 6 飞机主管设计师，来自沈阳飞机设计室的屠基达、林家骅担任初教 6 飞机的副主管设计师。

初教 6 飞机机长 8.46 米，翼展 10.18 米，机高 2.94 米，空重 1095 千克，最大平飞速度为 287 千米/时。飞机机体为全金属薄蒙皮半硬壳式结构，动力装置是国产活塞 6（后改用活塞 6 甲和活塞 6 乙）发动机。1958 年 8 月 27 日，首架初教 6 飞机首飞成功。此后，在更改发动机后，初教 6 飞机成功完成了最危险的试飞课目——飞机尾旋试飞。1962 年初，初教 6 飞机经国家军工产品定型委员会批准，投入批量生产。

初教 6 初级教练机是一种非常成功的机种，飞机投产后的总产量超过了 2500 架，除交付给空海军部队、航空学校和中国民航使用外，还出口到了不少国家。初教 6 飞机以便捷、可靠的飞行性能，深受军民用飞行初学者的喜爱和欢迎，成为一种有世界影响力和较强生命力的初级教练机机种。有不少国外的航空爱好者收藏了该机，他们纷纷要求中国继续生产初教 6 飞机。2019 年 2 月 28 日，中国民用航空局向江西洪都航空工业集团有限责任公司（简称洪都）颁发了初教 6 飞机的型号合格证和生产许可证，为初教 6 飞机开拓更加广阔的国内外市场奠定了基础。

初教 6 飞机

● 自行研制高空高速战斗机受挫

1958 年，中国正值"大跃进"期间。当年 3 月，航空工业局制定了 15 年发展纲要，提出力争在 15 年时间内实现接近国际先进水平的奋斗目标。在

腾飞之路
——中国航空技术的发展与创新

"大跃进"气氛下,人们错误地认为飞机设计制造很容易,"全民办航空"在国内形成热潮。高等院校竞相设计飞机,北京航空学院(简称北航)设计了"北京"1号轻型飞机,南京航空学院(简称南航)设计了"01"号靶机,西北工业大学(简称西工大)设计了"延安"1号多用途飞机。据统计,当时航空系统和非航空系统都在造飞机,各地首飞了19个型别的飞机,这些飞机中有的是使用现成的发动机,采用部分现成飞机零件组装而成的,它们大多仅试飞了几次,未能投入使用。"全民办航空"虽然普及了航空知识,但没有取得航空技术上的真实成果。

西工大的"延安"1号

北航的"首都"1号

在"大跃进"的环境下,应空军的要求,在航空工业局的领导下,沈阳飞机设计室开始设计超声速全天候喷气式战斗机——"东风"107。为追求飞

第三章 新中国初创航空工业和航空技术（1949—1960年）

机性能的高指标，该机的最大速度确定为 $Ma1.8$（后又提高到 $Ma2.0$），升限 2 万米，采用可变安装角的上单翼，飞机的动力装置采用两台红旗 2 号涡喷发动机。按照设计，"东风" 107 的翼展 9 米，机高 16.4 米，航程 2100 千米。"东风" 107 的设计工作于 1958 年 9 月完成草图设计并开始打样设计。当年 11 月，完成飞机木质样机送审，经批准后，1958 年 12 月，完成飞机的生产图样。后经苏联专家咨询，认为飞机设计方案存在发动机推力不足、阻力估计偏小、横向稳定性不好等重大技术缺陷。1959 年 12 月，根据上级的指示，为了给性能指标更加优异的 "东风" 113 战斗机的设计研制让路，"东风" 107 项目下马。沈阳飞机设计室与哈军工 "东风 113" 设计室合并，成立产品设计室，全力投入到 "东风" 113 战斗机的设计研制工作中。

"东风" 107 战斗机

"东风" 113 是 1958 年初由哈尔滨军事工程学院空军工程系师生作为毕业设计提出的高空高速战斗机方案，起初只是教学活动，飞机性能指标定位于速度 $Ma2.0$，升限高度 2 万米，瞄准对抗美国的 F-105 战斗机。该设计在向中央军委首长汇报后，得到了支持和鼓励。1958 年 10 月 13 日，上级批准将 "东风" 113 飞机投入研制，并成立了飞机试制领导小组，确定由沈阳飞机厂和沈阳发动机厂承担 "东风" 113 飞机和发动机的试制工作。为了能够同时对抗美国最新型的 F-104 高空高速战斗机，"东风" 113 的最大速度提高到 $Ma2.5$，升限提高到 2.5 万米，即 "双 25" 指标，飞机采用了助推火箭。

"东风" 113 的设计采用单座双发后掠翼、两侧进气布局，机头装有雷达，采用一台 814 涡喷发动机（推力 7800 千克力），另有一台 636 液体火箭

腾飞之路
——中国航空技术的发展与创新

辅助发动机（推力 1200 千克力）。助推火箭发动机有 10 次使用寿命。拟以涡喷发动机为常规动力，必要时开动火箭发动机以达到 $Ma2.5$ 的高速。飞机上装有空空导弹和航空机炮。飞机翼展 9.62 米，机长 19.51 米，正常起飞重量 12000 千克，最大航程 2480 千米。显然，"东风" 113 的性能指标要高出当时美国新型的 F-104 和 F-105 战斗机，其性能指标要求相当高。

"东风" 113 于 1958 年 9 月完成了初步方案设计和审查，当年 10 月，上级下达了研制 "东风" 113 的决定。承担该机设计工作的哈军工空军工程系的 400 多名师生们带着 "东风" 113 飞机设计任务来到沈阳飞机厂，组建了沈阳飞机厂第二飞机设计室，专门承担 "东风" 113 的设计工作。1959 年 11 月，国防科委要求加速试制 "东风" 113，争取向建党 40 周年献礼。当年 12 月，航空工业局决定，沈阳飞机设计室开展的 "东风" 107 飞机项目下马之后，原沈阳飞机设计室与第二飞机设计室的人员一起投入 "东风" 113 的设计研制工作。

两个飞机设计室合并后，"东风" 113 的研制进度加快。1960 年 4 月，"东风" 113 的飞机结构设计图和发动机设计图完成，沈阳飞机厂制造出 "东风" 113 飞机的一部分零部件。"东风" 113 飞机的部分机载设备（如机载无线电高度表、超短波电台、测距仪），以及 30 毫米航空机炮等样机试制也取得了成果。但由于飞机设计指标过高，国内在飞机、发动机、材料、机载成品和武器等都需要全新研发，而当时国内在气动热力和热应力等方面缺乏理论基础和试验手段，使得飞机热障等技术难关无法攻克。特别是当时国内耐高温材料的缺乏，现有材料无法达到 "双 25" 的性能要求，现有材料只能支持飞机速度达到 $Ma1.8$，升限达到 1.1 万米，而新材料的研制需要漫长的时间。显然，当时国内的科技水平、基础条件和工艺能力完全无法支撑 "东风" 113 达到不切实际的高性能指标。

1960 年 8 月，"东风" 113 试制领导小组开会，航空工业局领导在会上表示，飞机研制进度慢，最根本原因是设计指标远远脱离了中国当时的工业和科技水平，一系列试验条件、成品和材料无法解决，因此建议，将 "东风" 113 飞机项目改为科研项目。显然，"东风" 113 飞机的研制工作已经难以为继。1961年6月，国防科委向中央打报告，为缩短战线，建议先暂停"东风"113飞机研制，国内飞机研制工作的重点转向引进试制苏联的米格-19和米格-21战斗机项目。党中央批准了此建议，"东风"113项目即告终止。

"东风"113模型

"东风"107和"东风"113的夭折，告诉我们，缺乏坚实的技术基础和储备，忽视客观规律和物质条件，仅凭主观意愿去研制先进飞机，必然遭受挫折。在"大跃进"的环境下，各种新型飞机性能相互攀比，一路走高，必然走不远。"东风"107和"东风"113夭折的教训是极其深刻的。

第七节

引进试制多种苏联航空产品

● 新中国首架小型多用途运输机诞生

1956年4月，航空工业局决定，为满足国内对运输机的需求，由南昌飞机厂与株洲发动机厂承担引进试制并生产苏联安-2小型多用途运输机及其活塞式发动机阿-62 的任务，飞机命名为运 5，发动机命名为活塞 5。安-2 是由苏联安东诺夫设计局研制的单发双翼轻型运输机，载重 2133 千克，最大航程 845 千米，具有低空性能好、起降方便和制造较为简易等特点。

运 5 飞机首飞剪彩

1956 年 12 月—1957 年 2 月，苏联提供的飞机和发动机全部技术资料和技术专家到达两厂，飞机和发动机的试制工作全面展开。洪都飞机厂在试制中没有全盘照搬苏联的图样，而是根据工厂实际，在吃透消化苏联技术的基础上进行局部改进，选用国内已有的机载设备成品，全机自行设计图样占全机的 17.8%。他们还以苏联提供的飞机图样和技术资料为参考，自主编制了飞机制造工艺文件，1957 年 10 月完成了 2 架运 5 样机。当年 11 月 27 日，运 5 完成全机静力试验；12 月 7 日，运 5 飞机在南昌首飞成功；12 月 23 日，国家鉴定委员会通过鉴定；1958 年 3 月，运 5 飞机定型投入批量生产。此后，洪都飞机厂共生产了 728 架运 5 飞机。1970 年，运 5 飞机的生产任务转至新建立的石家庄飞机厂。运 5 系列飞机后来经历了多次改进改型，受到国内外军民用户的广泛好评。用于运 5 的活塞 5 发动机的试制工作于 1956 年 9 月开始，1958 年 6 月，活塞 5 发动机通过了国家鉴定，开始投入批量生产。

• 全力试制歼 6 超声速战斗机

根据军队的装备需求，从"二五"计划开始，中国航空工业根据苏联提供的设计图样与技术资料，全力投入了歼 6 超声速战斗机（苏联的米格-19）、直 5 直升机（苏联的米-4）、轰 6 中型轰炸机（苏联的图-16）等航空产品的引进试制工作。

中国的歼 6（米格-19）超声速战斗机的引进试制是从 1958 年初开始的。米格-19 是苏联米高扬设计局研制的轻型单座双发战斗机，1951 年开始设计，1953 年首飞，1955 年开始装备部队使用，它是苏军装备的第一种超声速战斗机。米格-19 具有结构简单、爬升快、高速性能好、火力强等特点。

歼 6 战斗机

1957 年 10 月 15 日，中苏两国签署的《国防新技术协定》中，苏联同意向中国提供米格-19P 及其发动机，以及 4 种 5 型战术导弹的全套技术资料和制造技术，并提供样机、部分散件和成品。沈阳飞机厂和黎明发动机厂分别作为飞机（歼 6）、发动机（涡喷 6）的承制厂。受当时"大跃进"的影响，歼 6 飞机的研制进度一再提前，上级要求在 1958 年底完成试制工作，尽快交付部队使用。1958年3月，在仅收到苏联提供的飞机说明书、理论图样和少量工艺分离面照片等少数资料，且苏联专家尚未到厂的情况下，工厂就急忙开始了自行绘制飞机模线和设计标样件及型架图样。1958年7月，大量米格-19的俄文飞机图样到厂后，未进行认真对照核查，就动手设计和制造全部工艺装备。当年8月1日，工厂在未制订好合理科学的试制工艺总方案的前提下，投料4架/份开始新机的试制。

在随后展开的歼6飞机试制工作中，工厂大量压缩了标准样件和工艺装备数量，仅达到苏联资料要求项数的14%和42%，又因为材料供应不上，大量采用了代料生产。1958年12月9日，歼6完成静力试验，12月17日，首架中国生产的歼6（米格-19）战斗机首飞成功，整个飞机试制只用了139天，提前9个月完成试制工作。1959年4月，该机通过了国家鉴定。后来该机被正式命名为歼6甲（歼6基本型）。1959年9月30日，沈阳飞机厂根据米格-19P仿制的歼6白天型（命名为歼6）飞机首飞成功，两种歼6飞机都准备投入批量生产。

受"大跃进"的影响，为追求"快速试制"和产值"翻番"目标，1958—1960年，歼6飞机在500多架投料生产的过程中，出现了严重的质量下降问题，导致难以交付合格的飞机产品。为彻底解决质量问题，有关工厂按照中央领导的指示在1960年开始了停产整顿工作，对歼6飞机和涡喷6发动机的质量问题进行全面整改。经过几年时间严格的质量整顿，歼6飞机终于在1964年达到了质量要求，开始正式投产并批量交付部队使用。

洪都飞机厂按照上级要求，于1958年11月也开始引进试制苏联的米格-19飞机。1959年9月28日，该厂试制的歼6飞机首飞成功，洪都飞机厂由此迈入了喷气飞机制造企业的行列。同样是因为质量的原因，洪都飞机厂也没能交付歼6飞机。

歼6战斗机的试制和生产使中国飞机迈入了超声速时代，在后续彻底解决了质量问题后，歼6战斗机后续发展了多种改进改型，成为人民空军和海军航空兵装备数量最多、服务时间最长、战果最辉煌的国产喷气战斗机。2010年6月，歼6战斗机正式退出中国空军装备序列。

第三章 | 新中国初创航空工业和航空技术（1949—1960 年）

● 直 5 成为中国第一种批量生产的直升机

直 5 直升机是引进试制苏联的米-4 直升机。直 5 是中国第一种直升机，可用于空降、运输、救护、勘探、防灾、巡逻等多种情况。为满足军民用直升机的需求，1955 年，中国开始批量引进苏联的米-4 直升机，同时中国向苏联提出了仿制生产米-4 直升机的要求。1956 年 10 月，中苏签订引进生产米-4 直升机的协议，航空工业局决定哈尔滨飞机厂承担米-4 引进试制任务，哈尔滨东安发动机厂承担米-4 的发动机"阿什-82B"的引进试制工作。1958 年 2 月，苏联的技术资料到达哈尔滨飞机厂，苏联派出 5 名专家协助试制，同时，沈阳飞机厂和洪都飞机厂也派出技术人员前来协助引进试制工作。哈尔滨飞机厂在米-4 的试制工作中采取边研制生产工装，边制造零部件的方式，以加快试制速度。1958 年 12 月 14 日，首架由哈尔滨飞机厂试制生产的米-4 直升机首飞成功。12 月 19 日，国家鉴定委员会批准直 5 直升机投入生产。

直 5 直升机

也是受"大跃进"的影响，1958—1960 年，哈尔滨飞机厂引进试制的直

5直升机出现了严重的质量问题。直5的生产被迫暂停,开展质量整顿工作。经过几年时间的严格质量整顿,1963年9月,经航空产品定型委员会验收,直5直升机定型,开始批量生产并交付。由哈尔滨东安发动机厂引进试制的活塞7发动机于1964年定型并投入批产。直5实现了中国直升机产品零的突破,该机基本满足了当时中国国防建设和经济建设对直升机的需求,直5直升机后续进行了多次改进改型,曾在相当长时间内,直5系列直升机是国内唯一在产的直升机产品。

● 试制成功轰6中型轰炸机

轰炸机在空军装备中占有十分重要的地位。早在1955年中苏技术合作协议中,双方就有轰炸机合作的项目,但由于国内的财政压力,暂时未能实施。为加快引进苏联的轰炸机产品,1958年11月,中方派出代表团赴苏谈判引进图-16轰炸机。1959年2月4日,中苏达成引进图-16的协议,按协议要求,苏方分4个阶段向中方提供技术转让(提供部件和系统总装,提供散件成部件总装,提供成品、毛坯和原材料生产零部件后装配,中方自行制造)。为此,苏联要提供图-16飞机的全套资料,并派出专家协助中方引进试制图-16飞机和所用的发动机。

1959年初,我国引进了苏联图-16轰炸机的样机、图样及部分技术资料,哈尔滨飞机厂用苏联提供的部件组装了第一架图-16轰炸机,1959年9月27日该机首飞成功,此后该机交付海军航空兵使用。引进试制的图-16飞机被命名为轰6。按照上级的决定,从1961年起,轰6项目的试制工作全面转给新建的西安飞机厂(陕西机械厂)负责,哈尔滨飞机厂相关的人员一同调往西安飞机厂。1968年12月24日,由西安飞机厂试制、采用国产涡喷8发动机的轰6原型机首飞成功,1969年,轰6投入批量生产。此后,轰6发展了系列改进改型,成为中国轰炸机的主力机型。

西安发动机厂(红旗机械厂)承担了轰6使用的涡喷8发动机的引进试制工作,该发动机是在苏联图曼采夫P-3M发动机基础上研制的,其最大推力达9310千克力。该发动机的尺寸是涡喷6发动机的3倍,全重3.1吨,最大直径1.4米。这个"庞然大物"的加工生产需要数百台精密、专用和大型设备,这对刚刚建立的中国航空工业是极大的考验。每台发动机需高温合金15吨,有色金属9.5吨,原材料、锻铸件毛坯、成品附件达1193项,在1960年有一半需要进口。为此,西安发动机厂与航空材料研究所、上海交通大学等单位密切合作,历时6年,逐步将该发动机的大部分原材料及附件实现了国产化。

轰6轰炸机

第八节

中国导弹的试制生产从航空工业企业起步

1956年2月,在钱学森向党中央建议发展火箭和导弹技术后,党中央决定,今后空中斗争的研究方向应首先集中仅有的技术力量用于火箭、导弹方面的研究制造。同年4月13日,国家航空工业委员会成立,聂荣臻担任主任，统筹领导火箭、导弹和飞机的研制。同年10月8日，国防部第五研究院在北京成立，五院专门从事火箭、导弹的科研工作，钱学森担任首任院长。按照苏联专家的建议，国家确定，由五院负责导弹科研技术抓总，由航空工业为主进行导弹产品的试制生产。

1960年1月，中央军委发布了国防工业建设方针，强调要突出尖端，提出"两弹为主，导弹第一"。为支持新型导弹的研制生产，航空工业将所属的北京南苑飞机修理厂（首都机械厂）划归五院，作为地地导弹的总装厂。同时在沈阳飞机厂、洪都飞机厂设立了地空、海防导弹的生产线，在株洲发动机厂设立了空空导弹生产线，在沈阳发动机厂内建立了导弹发动机厂，并在宝成仪表厂、庆安机器厂、秦岭电工厂等单位内建立了导弹设备生产线。由此，中国导弹工业的生产体系初步建立，航空工业企业开始全面承担国产导弹的试制和生产任务。

1957年10月15日，在中苏签订的《国防新技术协定》中，苏联同意向中国提供4种5型战术导弹，包括近程地地导弹P-2（东风1号）、地空导弹C-75（红旗1号）、空空导弹K-5（霹雳1号），以及海防导弹（岸舰导弹、舰舰导弹）等，苏联同意派出技术专家来华指导导弹的仿制。

东风1号地地导弹是在苏联P-2基础上引进试制的。该导弹的总装交给了首都机械厂负责，液体火箭发动机由沈阳发动机厂负责，宝成仪表厂负责导弹的自动驾驶仪等产品生产。1958年，地地导弹火箭发动机试制成功；1960年，东风1号地地导弹试制成功。1960年11月5日，东风1号地地导弹发射成功，后转入了批量生产。由于苏联停止对华技术援助，从东风2号导弹开始，五院开始独立负责导弹的研制和技术抓总工作。

中国第一代地空导弹——红旗1号是由苏联C-75导弹引进试制而成，沈阳飞机厂负责弹体引进试制和总装生产，其配装的液体火箭发动机由沈阳发动机厂引进试制，自动驾驶仪由宝成仪表厂引进试制。沈阳飞机厂于1958年9月建立了地空导弹车间负责导弹试制，1960年又成立了镁合金、装件和总装测试等车间。1960年苏联专家撤走后，沈阳飞机厂克服重重困难，于1964年取得了红旗1号地空导弹的试制成功，1964年底，该弹经靶试成功后，国家批准投入批量生产。到 1969 年底，沈阳飞机厂共生产了 163 枚红旗 1 号地空导弹。1966 年底，由沈阳飞机厂与航天五院二分院、四机部黄河厂等单位合作研制的红旗 2 号地空导弹通过了定型试验，随后投入批量生产。

株洲发动机厂于 1958 年 10 月开始中国第一代雷达制导空空导弹——霹雳 1 号的试制，以及所用火箭发动机的试制工作。1960 年 3 月，霹雳 1 号空空导弹组装完成，但在空中靶试中未能击中目标。经过多方面合作开展的排故工作，找到了故障原因。1963 年 3 月，霹雳 1 号空空导弹再次靶试获得成功。1964 年 5 月，霹雳 1 号空空导弹被批准定型投产。此后，株洲发动机厂又承担了建立国产霹雳 2 号空空导弹生产线的任务。

红旗 1 号地空导弹

霹雳 1 号空空导弹

1960 年 3 月，南昌飞机厂开始了上游 1 号海防导弹的试制工作，负责导弹的总体设计和弹体加工及总装，沈阳发动机厂负责其所用的液体火箭发动机试制。1966 年 10 月 15 日，上游 1 号在海上试射成功。1967 年，该弹获准定型投产。由南昌飞机厂负责研制的海鹰 1 号岸舰导弹于 1967 年试制成功，1973 年设计定型并开始装备军队使用。另外一种国产岸舰导弹"小火山"的试制工作，由成都飞机厂（峨嵋机械厂）负责导弹试制生产，成都发动机厂（新都机械厂）负责导弹所用发动机的试制工作。

腾飞之路
——中国航空技术的发展与创新

上游 1 号海防导弹

"小火山"岸舰导弹

到 1965 年，由航空工业部门负责的多型号中国第一代战术导弹试制任务全部完成，国产多种导弹产品开始批量装备部队使用。我国的战术导弹工业取得了一批科研生产成果。在党中央的指示下，战术导弹工业相关单位和隶属关系在三机部、七机部和八机部之间变化。1976 年，三机部向八机部和四机部移交 29 个工厂和 7 个事业单位，总人数 4.75 万。从此，航空工业只负责空空导弹和部分海防导弹。中国航空工业为中国导弹产业的建立和装备发展做出了历史性贡献。

第九节
苏联突然撤走技术专家

新中国航空工业创建之初,得到了苏联较全面的技术援助,这种大规模的国家间的航空技术转让,对中国航空工业的创建和初期的发展起到较重要的作用。

由于中苏两党的分歧和两国关系的恶化,1959年6月,苏联政府单方面撕毁了两国签订的国防科技合作协定。1960年6月20日,苏联驻华经济代表处突然宣布,苏联政府要求在中国航空工业部门工作的苏联专家,工作期满者必须按时回国,不得延聘,并指定于当年7月5日前离开。当年7月16日,苏联政府又正式照会中国政府,单方面决定召回全部在华苏联专家。在一个多月时间里,苏联将正在华担任重要工作任务的1390名专家全部撤走,同时撕毁了两国政府间的12项协议、两国科学院间的协议,以及343个专家合同,废除了257个科技合同。

苏联专家和沈阳飞机厂员工在歼教1前合影

腾飞之路
——中国航空技术的发展与创新

当时，正在航空工业部门帮助工作的苏联专家有143人，其中仅16人工作期满，2人由于特殊原因征得中方同意后回国，其余125人的聘期都还有1年以上。由于苏联突然撕毁合同，给中国航空工业带来了巨大的损失。当时，苏联撤走专家，直接影响到航空工业22个工厂和科研所，直接涉及3个机种和2型导弹。同时造成当时中国在飞机、导弹所需要的原材料2.8万项中，有25%的部分或是还不能生产（占13.3%），或是尚处于质量不稳定的试产阶段（占11.7%）。

苏联突然撤走专家给哈尔滨飞机厂的图-16轰炸机引进试制和直5批生产带来了直接的影响。其中，苏方还欠交付图-16飞机的技术资料占总数的62.9%，欠交付的原材料、成品占总数的16.8%。1960年6月，苏联专家撤走时，还带走了沈阳飞机厂正在试制的歼6飞机部分设计图样。苏方还停止了歼6的机载设备和零部件的供应，给沈阳飞机厂留下了大量已部分装好和尚未装好的歼6飞机，沈阳飞机厂的直接经济损失900多万元。株洲发动机厂刚刚试制的霹雳1号空空导弹，还未进行靶试，苏联专家一撤走，直接影响了该型导弹后续的研制和靶试工作。据统计，苏联共撕毁了中苏双方大大小小近600份航空技术方面的合作协议。

苏联专家的突然全部撤离，给刚刚创建不久的中国航空工业发展带来巨大的影响，多型新产品的研制工作面临巨大的技术风险。后来，中央军委提出，将原来归各国防工业部门管理的国防科研机构交给军队，组成由军队统一管理的航空、舰艇和电子等专业国防科技研究院，各国防工业部门主抓国防产品的生产和交付。这使得中国航空工业的管理模式，特别是型号设计研制和航空技术发展的管理模式出现了重要的变化。

本章小结

1. 新中国成立后，在抗美援朝的烽火中，党中央决定建立新中国的航空工业

当时面临的情况是，抗美援朝急需航空工业的支持，但国内技术薄弱、人才缺少和工业基础缺乏。这使得新中国初创航空工业之时，需要依赖苏联的技术援助和支持，并从修理飞机起步，通过引进苏联的技术，在苏联专家的指导下，逐步走向引进试制并生产飞机、发动机等航空产品。当时中国自己的航空技术水平与国外差距巨大。

2. 新中国航空工业从建立之初，就确定了要逐步形成自主研制航空产品能力的目标

航空工业调集技术力量，首先建立了飞机、发动机、仪表等产品的设计部门，正式组建了航空材料、航空工艺与生产组织、飞行试验等专业研究所。航空工业在引进试制生产苏联飞机、直升机及其发动机的同时，依靠自己的技术力量，自行设计并试制成功了歼教1、初教6等国产飞机。

3. 航空技术未被列入国家重点支持的国防尖端技术行列

由于国家将飞机划为"常规武器"范畴，以生产为主，航空技术未被列入国家重点支持的国防尖端技术行列。这使得想尽快从引进试制走向自行研制的中国航空技术的发展步伐放缓。1960年7月，苏联撤走技术专家之后，加快发展独立自主的中国航空技术，已经迫在眉睫。

4. 新中国航空技术的发展是从消化应用苏联的航空制造技术起步

在引进试制苏联产品，开始批量生产歼5歼击机、运5运输机、直5直升机的同时，年轻的中国航空工程技术人员尝试自行设计高空高速喷气式歼击机"东风"107、"东风"113，由于在性能上追求不切实际的高指标、自身的技术储备不足、国内的工业基础薄弱等，"东风"107和"东风"113的研制中途夭折。实践证明，发展航空，必须打牢技术基础，绝不能违背科学规律。

5. 中国航空技术发展脉络之一：主攻喷气式飞机制造技术

1951年建立中国航空工业之后，在航空技术发展方面瞄准了当时世界发展的大趋势——研制喷气式飞机。二战末期初露锋芒的涡喷发动机新技术的发展,推动了喷气式军用飞机技术的诞生与发展。在先后突破声障、热障、亚跨声速高机动飞行等重大难题后,美国、苏联成为航空技术领先发展的国家。中国航空工业创建之初,为适应抗美援朝作战的需求,把掌握引进的苏制喷气式战斗机和发动机的维修技术作为突破口,在修理航空装备的过程中,熟悉并掌握了喷气式飞机和发动机的结构和拆装技术。同时,为制造喷气式飞机和发动机做好了技术准备。在歼5喷气式战斗机及配装发动机引进试制、国产歼教1飞机设计研制、"东风"107和"东风"113高空高速战斗机自行设计等过程中,重点开展了飞机总体布局、空气动力设计与试验、航空结构强度、铝合金材制造等航空关键技术的探索与研究,初步建立起了飞机、发动机和机载设备的生产制造和设计试制的技术队伍。

思考题

1. 简述新中国航空工业创建的背景情况。
2. 简述为什么中国航空工业采取了先修理、后制造的发展道路。
3. 简述新中国试制成功的第一种飞机、自行设计成功的第一种飞机和第一种批量生产的民用飞机。
4. 简述最早建立的新中国航空工业的"四所三室"。
5. 简述"东风"107和"东风"113飞机为什么会夭折。
6. 简述航空未被列入国防尖端技术行列对中国航空技术发展的影响。
7. 简述苏联撤走专家对中国航空工业发展的挑战是什么。

— 第四章 —

从"摸透技术"走向自研
（1961—1977年）

第四章 | 从"摸透技术"走向自研（1961—1977年）

第一节

加快航空工业的建设布局

● 航空主辅机企业协调发展

1961年，根据全国工业调整的精神，国防工业办公室对航空工业的基本建设进行调整。航空工业在调整时期，积极"补缺配套"，利用地方工厂和一些下马的单位进行扩建，在较短时间内建成一批航空仪表、电器、附件工厂，以及螺旋桨厂、高空座舱设备厂、航空磁电机厂等，填补了一大批航空产品的空白，初步形成了较为齐全的航空机载设备配套能力。各机载设备工厂陆续建立本厂的产品设计所（室），开展产品的设计和研制工作，开始向形成自主研制过渡。1961—1962年，航空工业共试制、生产机载设备产品832项。与此同时，按照国家的统一规划，在机械、电子、兵器等工业部门也同期新建了包括雷达、通信、电子、光学仪器和机载武器的工厂，为航空工业创造了良好的配套条件。

1964年初，三机部提出两年内实现"五机三弹"（歼6、直5、运5、歼5甲、初教6飞机和地空、空空、海防导弹）小配套的战略目标，有力推动了航空工业配套生产能力的建立和完善。到1965年下半年，除极少数产品尚在试制外，批量生产机型所需的机载设备已全部立足于国内，中国的航空机载技术能力由此进入了自行研制和发展的新阶段。

在航空主机厂的建设方面，除了在沈阳、南昌、哈尔滨和株洲已经建成的"六大厂"外，从1958年开始，航空工业集中力量开展了在西安建设西安飞机厂（陕西机械厂）、西安发动机厂，在成都建立成都飞机厂（峨嵋机械厂)、成都发动机厂两个飞机和发动机主机生产基地的建设。从而，在内地建立起战斗机、轰炸机、运输机及其发动机的生产基地。

1958年陕西机械厂

经过"一五""二五"两个五年计划的建设，航空机载设备企业建设速度加快，先后在北京、天津、上海、南京、河北、河南、陕西、湖北、安徽、江苏、贵州、甘肃、黑龙江、吉林等地建成了包括航空仪表、航空电器、航空附件、救生和发动机附件的专业化企业，中国航空工业的产品研制生产能力进一步增强。

● 航空工业开展"三线建设"

20世纪60年代前期，党中央根据当时的国际形势，从国防战备考虑，做出了准备打仗的战略部署，其重要的举措是把全国分成一、二、三线。党中央决定，加强三线地区的建设，建立后方的国防工业基地。三线建设历时3个五年计划，覆盖13个省、自治区，全国建设了数千个项目，初步改变了中国内地没有工业的历史。航空工业成为国家"三线建设"的重要组成部分。1964年8—9月，国防工办决定，调整一线，建设三线。1965年初，三机部决定，停缓航空工业一、二线的建设项目，有步骤地把地处一、二线大城市的航空工业企业向三线搬迁。当年就完成了沿海地区的航空电器、灯具、降落伞、发动机附件等 6 个航空机载厂的搬迁工作。

大批职工从东北来到贵州参加三线建设

航空工业大规模的三线建设从 20 世纪 60 年代后期开始,重点建设成套的位于贵州安顺、贵阳、遵义的〇一一基地;在陕西汉中、西安、兴平、安康等地的〇一二基地;在湖南长沙、株洲、岳阳、张家界等地的〇一三基地;在江西景德镇、乐平等地的〇一四基地和位于湖北襄樊的机载基地。这些在三线建设的航空厂所,大多地处穷乡僻壤,大山深处,三线建设的艰辛可想而知。

贵州生产的首架歼 6 飞机在安顺试飞

经过大规模的三线建设,航空工业建成了包括贵州歼击机基地、陕西汉

腾飞之路
——中国航空技术的发展与创新

中运输机基地、湖南〇一三基地、景德镇直升机厂、荆门水上飞机厂等新的生产基地。建成了一大批航空机载设备和专业化生产企业。使得中国航空工业形成了在东北、华北、华东等地区具有较强的飞机、发动机和机载设备生产能力，并且在中南、西南、西北等三线地区也拥有能够制造战斗机、轰炸机、运输机和直升机的成套生产基地。由此，中国航空工业的产业和区域布局大致形成。

航空工业三线建设投资规模巨大，建设投资占同期国防工业总投资额的绝大部分。其中，"三五"计划期间占93.4%，"四五"期间占83.2%。合计投资达40多亿元，建成了上百家科研生产单位。航空工业的一、二线的厂所，分批次为三线输送了包括干部和技术骨干近10万人，他们"先生产、后生活"，为形成航空工业的全国布局，带动三线地区经济发展做出了重要贡献。当然，三线建设中出现的一些问题，也需要在后续发展中逐步解决。

在陕南建设新的运输机生产基地

第二节

党中央决定成立航空研究院

• **航空研究院成立的历史背景**

成立航空研究院有 3 个背景：一是 1956 年制定的国家十二年科学规划中，将喷气技术与火箭列为国家科研的重点，其中喷气技术中包括了喷气战斗机技术。当年，国家率先成立了导弹研究院（五院）、原子能研究院（九院）；二是"东风"107 和"东风"113 两个超声速战斗机研制，由于技术基础和试验条件的不足而受挫；三是 1960 年中苏关系紧张，苏联撤走了在华的全部专家，严重影响了航空工业的新机发展。

1959 年，党中央和中央军委确定了由军队主抓国防科技事业。为加快国防科技发展，国防科委于当年 12 月向党中央提出报告，建议把航空方面的飞机设计、发动机设计、材料、工艺、仪表等研究所（室）组织起来，成立归军队管理的航空研究院。1960 年 12 月，党中央批准了《关于组建航空、舰艇、军事无线电电子学等三个研究院的报告》，决定把航空科研设计工作从航空工业等工业部门分离出去，建立专业研究院，其中航空研究院隶属国防部，由国防科委领导，日常工作委托空军代管，航空研究院的番号为国防部六院。

按照党中央的决策，从 1961 年 1 月开始，航空科研体制进行了调整，组建了航空研究院（六院）。任命唐延杰为院长、王振乾为政委。六院由航空工业局、空军、哈军工等所属的科研单位，以及部队有关单位共 7600 人组成。其中来自航空工业局的有 6961 人。

腾飞之路
——中国航空技术的发展与创新

航空研究院成立大会合影

● 航空研究院组建一批设计研究所

20 世纪 60—70 年代，航空研究院的建设大致分为 3 个阶段：第一阶段是 60 年代初，建立院属的一批科研设计研究单位；第二阶段是在 60 年代中后期，全力加强科研试验条件建设；第三阶段是从 60 年代末开始，填补缺漏，建设航空科研体系。

1961 年 6 月，航空研究院在北京正式成立。1962 年 2 月，航空研究院提出《航空科研十年（1963—1972 年）发展规划纲要（草案）》（简称《纲要》），确定了"成龙配套，形成体系"的航空科技发展思路。《纲要》提出十年航空科研的六大任务是：研制设计一种新战斗机；设计试制一种新强击机；完成一种改型歼击教练机；参加开展轰炸机、运输机和直升机的仿制；仿制和研制飞机使用的导弹和武器；培养航空科研人才并填补空白。聂荣臻元帅批示，航空研究院要以战斗机为主，通过研究米格飞机，再搞自己的新战斗机；通过研究苏联伊尔飞机，再搞轰炸机。

从 1961 年 6 月到 1963 年 12 月，航空研究院首批 11 家研究所和 1 个仪器、设备试制工厂先后成立。沈阳飞机设计研究所位列六院一所，它是新中国建立的第一个飞机设计研究所。该所于 1961 年 8 月 3 日在沈阳成立，组成人员来自原沈阳飞机厂飞机设计室、哈军工从事"东风"113 飞机设计的人员和空军第一研究所的部分人员。沈阳所负责战斗机的设计和研制，该所汇聚了当时国内飞机设计的优秀人才。刘鸿志担任所长，徐舜寿、叶正大等担任副所长，黄志千担任总设计师。1962 年，沈阳所定点于沈阳塔湾。该所按飞机设计专业，设立了总体、气动、强度、机身、机尾翼、操纵、液压、燃油、救生、仪表、电气、电子、军械等设计室，以及结构强度、特设、系统等试验室和加工车间。沈阳所培养出了中国航空工业的大批专家。1964 年 11 月，沈阳所将大型飞机设计室移交给新成立的大型飞机设计研究所，徐舜寿和陈一坚等专家一同调走。

沈阳飞机设计研究所所长刘鸿志

1965 年，沈阳所直升机研究室人员调入哈尔滨飞机厂直升机设计室，该室于 1969 年并入直升机研究设计所。1970 年 3 月，沈阳所从事歼 9 型号研制的 378 人迁往成都，组建了成都飞机设计研究所（简称成都所），王南寿、谢光和宋文骢等专家一同调走。

沈阳发动机研究所（六院二所，简称沈阳发动机所）于 1961 年 8 月在沈阳成立。该所由原沈阳发动机厂发动机设计室和哈军工"东风"113 飞机发动机设计人员组成。首任所长为刘苏，副所长为吴大观，总设计师为虞光裕。该所负责喷气发动机的设计研制工作。该所下设发动机总体、气动、强度、叶片机、燃烧、燃油调节等 14 个研究室、1 个试验件加工厂和试验基地。沈阳发动机所成立后，全力开展了米格－21 所用的 Р－11（涡喷 7）涡喷发动机的技术摸透工作，此后先后开展

沈阳发动机研究所所长刘苏

了涡喷、涡扇十多个发动机型号的设计研制工作，为中国航空发动机和燃气轮机发展做出了重要贡献。

飞机附件设计研究所（六院三所，简称附件所）于 1961 年在西安成立。

该所是由航空工业局有关工厂的设计人员和哈军工东风113飞机负责附件研制的人员组成,首任所长为陈御风。该所成立后参与了米格-21飞机附件技术摸透和仿制工作。该所先后成立了液压、燃油、环控等研究室和试制车间,此后该所的研究专业进一步扩大,形成了设计、生产、试验、计量、检测能力。该所先后辗转西安、洛阳、襄阳到南京,为中国航空工业机电和电子产业的发展做出了重要贡献。该所即为现在的南京航空机电液压工程研究中心。

航空科技情报研究所(六院四所)于1962年6月在北京成立,它是由六院新建的专业科技情报研究所,人员由各所懂专业、外语好的技术人员,空军调来的翻译和专业人员,以及40多名应届大学毕业生组成。精通英、德、俄、日四国语言的杨劲夫担任副所长,并负责组建。1970年,该所与三机部航空科技情报研究所(40所)合并,负责从事航空技术、产品和产业发展等方面的情报搜集、研究和提供等工作。2001年,该所与中国航空系统工程研究所合并,组建中国航空工业发展研究中心。

航空科技情报研究所副所长杨劲夫

航空兵器设计研究所(六院五所,简称兵器所)于1961年10月在西安成立,由国防部五院的部分技术人员、空军留苏归国的空空导弹技术骨干、哈军工东风113相关研制人员和应届毕业生组成。建所之初负责从事空空导弹、航空兵器、航空瞄准具、雷达、火力控制等技术研究和产品设计研制工作,后多个专业调出单独建立了新的研究所。该所成立后东迁洛阳建所,此后经多次专业调整和重组,该所成为中国空空导弹研究院,形成了导弹总体设计、红外制导、雷达制导、固体火箭冲压发动机等上百个专业技术领域的研究、试制和批量生产能力。

第四章 | 从"摸透技术"走向自研（1961—1977年）

航空兵器设计研究所（现中国空空导弹研究院）

北京航空材料研究所（六院六所）是1955年在北京成立的。1960年划归航空研究院，其主要任务是研究航空工业使用的国产金属、非金属材料的性能、生产和检验方法，研究我国气候条件对于航空材料质量的影响，以及金属材料热加工工艺。该所为我国多个型号的航空材料国产化，复合材料技术、多种前沿材料和新材料的发展做出了重要贡献。

北京航空材料研究所

沈阳空气动力研究所（六院七所）于1961年7月在沈阳成立，主要负责航空空气动力研究、飞机和导弹的空气动力试验和试验技术的研究，该所技术副所长兼总工程师为韩志华。沈阳空气动力研究所的前身是1958年建立的

腾飞之路
——中国航空技术的发展与创新

沈阳空气动力研究院,该院是在辽宁省和沈阳市的大力支持下组建的,主要承担飞机的风洞试验和发动机的高空模拟试车工作。1960年,在沈阳飞机厂建设成1号亚、跨、超三速风洞并投入使用。2000年7月,沈阳空气动力研究所与1955年成立的哈军工空气动力实验室(即哈尔滨空气动力研究所)合并,成立中国航空工业空气动力研究院,成为高低速空气动力研究与试验、飞机先进气动布局研究与设计等方面具有较高水平的科研与试验机构。

沈阳空气动力研究所的 FL-1 风洞

飞行试验研究所所长熊焰

飞行试验研究所(六院八所)于1959年在西安成立,1960年划归航空研究院,是专门从事飞机新机性能试飞、鉴定试飞和开展试飞方法、试飞专用设备研制的科研试验机构,熊焰担任技术副所长,后担任所长。该所下设十多个专业和综合性试验研究室,以及飞机改装等多个车间。飞行试验研究所是我国唯一一家国家授权的军民用飞机、航空发动机和机载设备等航空产品国家级鉴定试飞机构和研究中心,为中国航空工业的发展做出了重要贡献。

北京航空工艺研究所(六院九所)于1957年在北京成立,1960年划归航空研究院,首任所长郦少安。1961—1965年,该所以摸透消化米格-21技术为主,兼顾歼7战斗机试制的工艺攻关,有力保证了该项目的成功。该所围绕多种国产新机型开展了新工艺、新技术、新结构和新设备的攻关,在化学铣切、蜂窝结构、电火花加工、钛合金加工、发动机叶片加工等多方面取得了显著成果。2008年,该所整合多家航空科研机构,成立了中国航空制造技术研究院。

成立初期的北京航空工艺研究所

大型飞机设计研究所(六院十所)于1961年11月在南京成立,它是由海军特种飞机研究所划归航空研究院的,负责轰炸机、运输机等大中型飞机的设计研制。该所先后在南京、青岛等地,到陕西的户县、凤翔,最后定点在阎良。原沈阳飞机设计研究所大型飞机设计室并入了该所,徐舜寿担任该所技术副所长兼总设计师。该所成立后,承担多型大中型军民用飞机的设计试制工作,并为运10、ARJ21和C919等国产民用飞机的发展提供了有力的人力支持,为我国国防建设和国民经济发展做出了重要贡献。

航空仪表自动器设计研究所(六院三〇所)是在1957年成立的航空工业局航空仪表设计室基础上,于1961年8月在阎良扩编组建而成的,航空仪表专家昝凌担任副所长兼总工程师。该所成立后承担了摸透消化米格-21飞机飞行导航系统和重点特设仪表技术及产品研制工作,设计完成了我国第一套大气数据计算机和第一套飞机自动驾驶仪。此后,该所迁往陕西户县,后又定点在西安。该所的研究专业经过多次调整后,确定以飞行控制和惯性导航为主。该所为我国航空技术追赶世界先进水平做出了重要贡献。

腾飞之路
—— 中国航空技术的发展与创新

昝凌副所长

三〇所创业初期的职工

负责试制测试航空仪器设备的五合工厂（六院五合工厂）于 1962 年 11 月在上海组建成立，它是由上海五家有较高水平的机械仪表类小型工厂合并而成，具有光、机、电、精密加工能力，承担了航空测试仪器和非标准专用试验设备的试制与加工。该厂为多种军民机的发展做出了重要贡献。1984 年，该厂改为上海航空测控技术研究所，成为承担光学、机械、电子和计算机综合一体化航空测试技术研究与系统开发的科研试验机构。

五合工厂的职工正在工作

航空研究院从 1960 年开始组建到 1964 年底，其直属的 11 个研究所和 1 家工厂陆续组建到位，除了来自航空工业局系统输送的人员和设备外，还包括了来自空军第一研究所、空军科研部和国防部五院二分院等单位的人员及设备。到 1964 年底，航空研究院的总人数达到 15270 人，其中科技人员 7287 人。航空研究院初步具备了飞机、发动机、航空仪表和航空武器的研究和试制能力，但缺乏自主设计研制航空型号产品的经验是该院各科研单位面临的共同问题。

第三节

全面摸透米格-21 技术

• 航空研究院成立后的第一项工作

1961 年 3 月，中苏两国签署协议，苏联同意向中国提供米格-21 飞机的生产特许权及全套技术资料，提供 20 架/份米格-21 飞机的散装件供中方装配使用。至此，中国在引进苏联的米格-17（歼 5）、米格-19（歼 6）飞机技术，并进行批量生产之后，又引进了两倍声速的米格-21（歼 7）的相关技术。按最初的计划，苏联的米格-21 技术资料到达后，国内立即启动歼 7 飞机的引进试制工作。

由于当时航空工业在批量生产歼 6 战斗机时出现了较多的质量问题，歼 6 飞机的批生产工作一度停产整顿。这反映出我们在引进国外技术时，由于充分地消化、吸收工作没有及时跟上，急于求成，造成了引进试制和批生产过程中出现的一些技术问题没有得到解决。同时，苏联提供的米格-21 技术资料不完整，缺少一些重要的技术资料。按照中央的决定，1962 年 5 月，航空研究院和航空工业局下达了"关于共同组织米格–21飞机技术摸底,为仿制及进一步自行设计做好准备的联合指示"。开展对米格–21飞机全面的技术摸透工作,为开展仿制做好技术准备。更深层的意义,是通过全面对米格–21的技术摸透,为今后我国独立开展自行设计研制先进战斗机奠定扎实的技术基础。

米格–21战斗机

● 如何全面摸透米格–21技术

在此背景下,航空研究院成立后开展的首要工作,就是全面摸透米格–21飞机技术,既要摸清飞机设计研制方面的技术,也要摸透该机使用的发动机和所装配的机载设备技术,还要对米格–21的制造技术、所用材料的技术予以充分研究,切实掌握引进试制和制造歼7飞机所需的各项关键技术,为今后自行设计研制中国自己的战斗机做好技术准备。

航空研究院院长唐延杰中将亲自到沈阳所,组织动员米格–21的飞机技术摸透工作。航空研究院要求陆续建立的各个研究所都要开展对应专业的米格–21技术工作。从1961年9月到1963年7月,技术摸底分三个阶段展开,一是消化米格–21的图样资料,找到关键技术;二是围绕关键技术问题进行计算和试验,摸清战斗机的设计思想和方法;三是带着前两阶段的成果参与对米格-21的仿制设计工作，在设计中进一步融会贯通，为今后的进一步改进改型，以及在未来自行设计研制全新的先进战斗机打牢技术基础。

米格-21的技术具体怎么摸透？按照沈阳飞机设计研究所技术副所长徐舜寿的意见，要通过摸透米格-21的全部技术资料，对米格-21来一次反设计。通过计算分析和试验验证，解决"是什么？为什么？怎么办？"的问题，要真正掌握米格-21的结构原理、设计思想和方法。徐舜寿还提出，技术摸透工作，要像"熟读唐诗三百首，不会作诗也会吟"那样下大功夫。

在两年多时间的米格-21技术摸透工作中，有许多令人难忘的经历。例如，沈阳所的科技人员在对米格-21进行风洞吹风试验时，发现飞机方向稳定性数值中吹风值为-0.0037，而苏联提供的设计资料中数值是-0.00045，相差了近10倍！这是怎么回事？负责该项工作的顾诵芬和管德等设计人员找不到答案。后来，顾诵芬把这个问题带到了有钱学森等著名专家参加的国防科委空气动力学专业组技术讨论会上寻找答案，也未能得到一致的意见。后来沈阳所还是在试飞试验中找到了答案。1966年6月，空军特级试飞员葛文墉在对歼7飞机进行试飞时，通过测试弄清楚了，风洞试验数据比设计资料大，是由于飞机在飞行时受到了气动弹性带来的影响。

另一个例子，在技术摸透中发现，米格-21飞机的水平尾翼效率，低速时风洞试验测出的数值为-0.01，而苏联设计资料上的数值是-0.013，相差了30%。采用了苏联设计资料的数据，飞机进行飞行验证表明是对的。那么，风洞吹风数据为什么会小呢？后来才知道，是由于吹风试验时国内没有大雷诺数的风洞，导致喷流试验做不了。此后，在歼7飞机设计时将吹风数据上加大30%。实践证明，对米格-21的技术摸透，起到了"做习题对答案的作用"。沈阳所的技术人员回顾前几年在自行设计试制"东风"107、"东风"113战斗机时遇到过许多无法攻破的技术难题，都在摸透米格-21技术的过程中找到了答案。

腾飞之路
——中国航空技术的发展与创新

试制米格-21时的第一次大部件对合

主持摸透米格-21技术工作的徐舜寿不仅很好地组织完成了这项重要的技术练兵，还在工作实践中创造性地找到了一些技术方法。例如，他提议在沈阳所建立计算机专业，在"摸透"中，计算机辅助设计发挥了重要作用。他提出有限元分析法在求解复杂结构方面有巨大作用，便坚持开展有限元研究，指定沈阳所强度室开展此项研究，该室安排了对机翼进行有限元研究的课题。徐舜寿还开展了蜂窝结构、整体壁板、热应力、矩阵结构分析等方面的研究，通过"摸透"为自行设计提供了技术储备。

在两年多的时间里，航空研究院组织沈阳所等直属研究所通过对米格-21的技术摸底，共完成各专业技术报告100篇，编制补齐了苏联方面欠交的米格-21飞机技术报告256项，编制完成了《设计员手册》等工具书。技术摸透中，仅在飞机方面，就完成了空气动力、强度、结构，飞机战术技术性能等方面共39项课题研究，进行了27项、共3300次风洞吹风试验，同时开展了进气道、共振、液压、燃油、弹射和飞行等方面共64项专项试验。通过对米格-21的发动机进行技术摸透，摸到了七大关键技术，列出了15个研究专题。在材料方面，摸透了仿制米格-21所需的1079项材料。在工艺、机载设备和航空兵器方面，也都逐一开展了技术摸透工作，找到了关键技术，开展了相关的研究和试验验证工作，找到了解决办法。

1963年7—8月，航空研究院在沈阳飞机设计研究所召开了米格-21技术报告会，徐舜寿做了《米格-21飞机设计中的主要技术问题和研究计划》的报告，总结了米格-21飞机主要关键技术的摸透情况，提出研究方向和措施。各单位都提交了摸透米格-21技术报告约百篇，会后，航空研究院整理出版了《摸透米格-21飞机经验汇编》。米格-21技术摸透工作取得了丰硕的实质性成果。

对米格-21的技术摸透，使年轻的航空科技人员懂得了许多超声速飞机设计研制的途径。例如，为解决热障这一技术拦路虎，沈阳所在强度室成立"热组"，由该室副主任李克唐负责组织攻关。为攻克矩阵结构分析的难关，沈阳所在强度室组织有限元法课题组，由冯钟越主任负责课题攻关。沈阳所还在徐舜寿副所长和黄志千总师的带领下陆续开展了蜂窝结构、整体壁板、结构疲劳、新材料应用等课题的研究，为后续自行研制国产歼8超声速飞机奠定了技术基础。

• 有力支撑歼7飞机的引进试制与生产

作为承担飞机设计研制任务的航空研究院，摸透米格-21技术的重要目的之一，就是在技术上有力支撑沈阳飞机厂完成通过引进试制米格-21、设计研制生产国产歼7战斗机的任务。歼7飞机是2倍超声速战斗机，采用了1台国产涡喷7发动机，飞机带有航炮、导弹、火箭弹等机载武器。

1961年6月，13吨重的苏联米格-21飞机技术资料运达沈阳飞机厂，航空研究院组织沈阳飞机设计研究所等研究所和沈阳飞机厂的技术人员马上投入技术资料的翻译消化工作，为打通飞机生产线全力做好技术准备工作。在随后展开的摸透米格-21技术的工作中，通过翻译和消化苏联提供的技术资料，开始多专业的试验、计算和"反设计"工作，科技人员先后解决了飞机图样中的疑难问题249个，更改和补充了飞机设计图样，编制了苏方欠交的试验技术文件，有力地保证了国产歼7飞机的参照设计和飞机试制。

1964年4月30日，由沈阳飞机厂完成的首架用苏制散件装配的米格-21

单座、单发超声速战斗机首飞成功。1966年1月17日，首架由国内参照米格-21设计试制的国产歼7飞机首飞成功，1967年飞机定型投入批量生产。歼7的批量生产和飞机后续改进改型由成都飞机厂承担。歼7系列战斗机包括歼7Ⅰ、歼7Ⅱ、歼7Ⅲ和歼7A、B、M等型号，除大量装备人民空军和海军外，还批量出口到不少国家。

通过摸透米格-21技术、引进试制并生产国产歼7系列战斗机，中国航空工业初步建立了设计试验基础，体验了飞机设计研制流程，为自主设计研制国产新型战斗机打下技术基础，从而实现了航空研究院建院之初，坚持把全面摸透米格-21技术作为第一要务的目标。

歼7战斗机

第四节

部院合并促进航空科研体系不断完善

● 航空科研管理体制几经变化

从1965年开始，航空研究院的管理体制几经调整。1965年1月，为了推动科研与生产工作相结合,国家决定,实现"部院合并",将航空研究院整体划归三机部领导,成为三机部六院。航空研究院的所有科研人员脱下军装,当时六院各研究所的航空科研工作,统一由六院集中管理的科研体系未变。为进一步加强航空科研工作,三机部六院扩建了空气动力研究所,新建了航空发动机研究所和飞机结构强度研究所(简称强度所)。

1968年1月,由于在"文化大革命"期间,航空科研工作受到影响,为了加强领导,国务院、中央军委决定调整国防科研体制,将三机部六院划归国防科委领导,1969年6月,上级又明确将六院划归空军领导。按照"集中统一、分工协作、以军为主、军民结合"的原则,经党中央批准,航空研究院从1968年3月开始,陆续新建了直升机设计研究所、水上飞机设计研究所、机载雷达设计研究所、涡轴发动机设计研究所、航空救生设计研究所、航空火控系统设计研究所、航空电子设备研究所(简称电子所)、航空计算技术研究所(简称计算所)、第二歼击机设计研究所9个科研设计单位和1个试制工厂。这一批专业航空科研单位的组建,使我国航空科技体系更加完善。

三机部办公大楼

1973年8月,为解决航空工业长期存在的科研与生产相分离的问题,国务院、中央军委决定,再次将航空研究院划归三机部领导。为贯彻"部院结合、厂所挂钩"原则,负责主机、辅机产品设计研制的研究所开始脱离六院的直接领导，改由三机部相关产品部门领导。原归三机部直属的标准化研究所、精密机械研究所、计量检定所，以及洪都飞机厂和贵州航空工业基地建立的飞机、导弹、发动机设计单位，与航空研究院已建成的各专业航空设计研究单位，共同形成了较为完善的中国航空科研机构布局。其中，既有以应用研究为主、兼顾基础研究的专业技术研究所，也有以发展新产品为主的产品设计研究所，还有从事计量、标准、科技情报等研究的技术基础研究所，各专业航空科研院所与航空工业企业、航空高等院校密切合作，至此形成了较为完整的中国航空技术设计研究体系。

● 组建技术基础类航空科研单位

新中国成立后，航空工业的政府主管部门几经变化。1951年4月，成立航空工业局时归重工业部管理；1952年8月，航空工业局从重工业部转到刚刚成立的第二机械工业部管理；1958年2月，又转到调整后的第一机械工业部管理；1960年9月，又转到第三机械工业部管理；1963年9月，原第三机械工业部拆分为四个部，其中第三机械工业部即为航空工业部。至此，航空工业局升级为国务院的一个部——三机部。

三机部负责航空产品的生产制造。在航空研究院成立后，原来由三机部负责的航空科研设计工作划归军队管理。三机部保留并新建立了直接为生产服务的技术基础类航空科研机构。其中，保留了1956年2月成立的航空科技情报研究所（代号为40所）。40所的业务除科技情报研究外，还逐步扩大到标准化、新技术推广等范围。1970年10月，三机部下文在北京成立三机部综合技术研究所，其人员来自原40所的标准化研究、新技术推广和部机关负责援外技术资料的人员。1973年，三机部又将部院合并后的航空研究院航空科技情报研究所的标准化工作划归综合技术研究所。此后，综合技术研究所业务进一步扩大到质量工程、可靠性试验、适航技术研究等领域。

1961年4月，三机部决定在北京成立精密机械研究所，主要开展精密工艺研究、精密机床和仪器修理，以及关键设备附件的设计生产。此后，该所的科研方向扩大到各类精密元部件、航空产品精加工,以及测量专用设备研究、惯导测试设备和三坐标测量机等方面,其科研成果解决了大量航空产品研制生产中的难题。

1961年3月30日,三机部成立计量检定所,负责长度、温度、化学、力学的计量检定工作,该所接受国防工办领导,负责国防系统量值的归口管理。1970年12月,该所成为三机部的直属科研单位。经过多年发展,该所已发展成为集计量测试科研、计量标准溯源与计量行业管理于一体的综合性技术研究所。

● 逐步建成航空科研试验基地

航空研究院在组建首批共12个科研所、厂后,1964年12月提出要组建高空模拟试车台。1965年1月,航空研究院并入三机部后,三机部批准成立航空喷气发动机研究所,地点在四川北川县,后改在江油县。组建人员来自六院二所和成都发动机厂,副所长兼总工程师董绍镛。该所的主要任务就是建设高空模拟试车台,提高航空发动机制造水平。1977年12月,该所的高空台实现直接排大气试验;1989年7月,高空台试压一次获得成功;1994年11月,高空台通过国家验收并投入使用,成为"亚洲第一台"。该所成为我国高/中推预研和高性能燃气涡轮动力技术研究与试验的重要基地。

航空喷气发动机研究所松花岭高空台

腾飞之路
——中国航空技术的发展与创新

飞机结构强度研究所于1965年3月在陕西耀县成立,承担飞机结构的静力、动力、疲劳与热强度的试验、研究与鉴定工作,副所长兼总工程师为冯钟越。1966年底,该所建成了亚洲最大、设施一流的静力试验厂房,先后完成了轰6、水轰5、运8、运10、歼8等型号的强度验证任务。此后,该所迁建至西安,并在阎良和上海浦东建设了强度试验基地。该所设有静强度、动强度、疲劳强度、热强度、航空声学、气候环境适应性等十多个专业,完成了我国自研、改进和引进的军民用飞机的静力、疲劳和振动试验。

今日的飞机强度研究所

航空救生设计研究所是1968年3月经中央军委和国防科委批准成立的,其主要任务是负责航空弹射救生装备的设计和试验工作。在新中国航空工业创建之初,各主机厂就开始仿制生产苏式飞机的弹射救生座椅。在湖北襄阳组建航空救生设计研究所时,汇聚了来自沈阳所、西安飞机设计研究所(简称西安所)、试飞所和有关主机厂的从事救生专业的技术人员。该所成立后,开始筹建火箭滑轨试验场,用于弹射救生设备的试验,经过多年努力,1992年,"亚洲第一轨"——1.2倍声速、3132米长的火箭橇试验滑轨正式建成。

位于湖北襄阳的亚洲第一轨

第四章 从"摸透技术"走向自研（1961—1977年）

● 各类航空主机设计研究所陆续建成

直升机的科研设计工作起步于1962年11月，当时沈阳飞机设计研究所成立直升机组，次年6月提升为直升机研究室。1965年5月，哈尔滨飞机厂建立直升机设计室，沈阳所直升机研究室人员调入，该室负责直升机型号设计。1968年，哈尔滨飞机厂直升机设计室独立出来，成立哈尔滨直升机设计研究所。1969年12月，经航空工业领导小组同意，哈尔滨直升机设计研究所与南昌第二歼击机设计研究所合并，在江西景德镇成立直升机设计研究所（简称直升机所）。建所时设有10个研究室、5个试制工厂，人员来自哈尔滨、南昌、西安和洛阳各相关单位。该所成立后，开始了多个直升机型号的论证和设计工作，承担了直7直升机的研制。1973年，开始测仿直8直升机。此后，该所陆续完成了我国多个军民用直升机型号的设计研制工作，为我国直升机设计研制水平的进步做出了重要贡献。

今日的直升机所

水上飞机设计研究所是1968年3月20日经中央军委和国防科委批准成立的。当时航空研究院决定，将水上飞机的研制从大型飞机设计研究所独立出去，并调配科技人员在湖北荆门组建水上飞机设计研究所，首任所长兼总设计师为王洪章。建所后,该所先是承担了别6飞机改装发动机和增设反潜设备的改装任务,1969年又承担了设计研制水轰5飞机项目,在与哈尔滨飞机厂合作下,水轰5飞机于1976年4月3日在荆门漳河水库首次试飞成功。

水轰5试飞现场

航空涡轮轴发动机设计研究所于1968年3月在湖南株洲开始组建。该所人员来自沈阳发动机设计研究所、航空喷气发动机设计研究所、哈尔滨东安发动机厂和湘江机器厂等单位。该所成立后,逐步发展成为中小微型航空发动机的设计研制中心,研制成功的产品包括涡轴、涡桨、涡扇和活塞式等10多种军民用航空发动机。

另一家承担涡轴发动机设计研制的单位——无锡航空涡轮轴发动机设计研究所于1975年1月由无锡市政府组建,该所承担过涡轴5发动机的设计研制工作。在该所划归三机部管理后,其专业方向调整为从事航空动力控制系统、控制软件和电子控制器的研制工作,取得了许多科研成果,为发动机型号的发展做出了贡献。

成都飞机设计研究所是1970年12月成立的,组建人员来自沈阳所和洪都飞机厂从事歼9战斗机研制的人员,当时作为第二歼击机设计研究所,通过建立飞机总体、气动、结构强度、飞行控制、仪表、航电等一系列设计试验专业及设备,形成先进歼击机设计试制和研制能力,该所首任所长兼总设计师为王南寿。该所成立后首先继续了歼 9 歼击机的研制,歼 9 项目于 1980 年下马后,成都所开始歼 7 飞机大改研制工作,此后成都所逐步成长壮大,先后完成了歼 7、歼 10、"枭龙"、歼 20 和翼龙等一系列先进战斗机、无人机的设计研制工作。

歼 9 总设计师王南寿　　　　　　　　　　**歼 9 设想图**

上海飞机设计研究所成立于 1970 年 9 月,原为上海飞机制造厂(空军 5703 厂)所属的 708 工程设计组,负责大型客机运 10 的设计研制。1971—1972 年,三机部从全国各地抽调了大量科技人员支援运 10 设计研制工作,1973 年单独组建了上海 708 设计院,1978 年 10 月,改名为上海飞机设计研究所,熊焰担任行政负责人,马凤山任技术负责人兼运 10 飞机总设计师。运 10 下马后,该所承担了国产新支线飞机——ARJ21 的设计研制。2003 年 6 月,该所曾与西安飞机设计研究所合并,成立中航一集团第一飞机设计研究院上海分院,继续负责 ARJ21 支线客机的设计研制。2008 年,中国商用飞机有限责任公司(简称中国商飞)成立后,该所成为上海飞机设计研究院,承担了 C919 大型客机的设计研制工作。

运 10 客机

1970年9月，山东省为研制701型直升机，建立了济南卫东机械厂。701型号下马后，该厂改为从事航空非金属构件的研制生产，此后该厂投入到复合材料构件的研制生产，并为军用飞机提供雷达天线罩产品。1992年5月改名为航空航天部复合材料特种结构研究所（简称特种所）。该所为多种军民用飞机提供飞机结构部件。

今日的特种所

除了由三机部和航空研究院直属管理的飞机、发动机主机设计研究单位外，航空工业各个大型主机企业也建立了自己的产品设计所，承担本企业主机产品的设计与改进改型工作。有的企业产品设计所规模较大，并有一定的试验能力。

南昌洪都飞机厂飞机设计所的前身是1951年成立的洪都飞机厂设计科，后扩大为设计室、设计所，先后承担了初教6、强5、歼12、K8、L15等一大批飞机的设计研制工作，成为我国教练机、强击机、农用飞机的设计研制中心，并培养出陆孝彭、石屏等院士。洪都飞机厂导弹设计所从1960年起开始设计"上游1号"海防导弹，后又承担了多型导弹的设计研制工作，成为颇具实力的航空机载武器设计研究机构。

哈尔滨飞机厂设计所成立后，先后设计研制了多种直升机、轰炸机、水上飞机和轻型运输机。西安飞机厂设计所先后承担了轰6系列轰炸机、运7/新舟60系列运输机的设计研制及后续的改进改型。成都飞机厂设计所在屠基达院士率领下承担了歼7系列战斗机的改进改型，又设计研制了多种无人机产品。陕西飞机厂（简称陕飞厂）设计所承担了运8系列飞机的设计研制及多种特种飞机的设计研制。贵航飞机设计研究所从1968年起伴随贵州航空工业基地建设而不断发展壮大，先后完成了歼6、歼7和歼教7等飞机和"山鹰"高教机，以及多种无人机的设计和试制工作。贵航发动机设计研究所于1967年建立，承担了涡喷7发动机的系列改进改型，并在温俊峰院士的带领下，完成了涡喷13系列发动机的设计研制，此后又开始从事涡扇发动机的研制。航空工业各飞机、发动机主机企业的产品设计所为中国航空工业的发展和航空技术进步做出了重要贡献。

L15 教练机

运 7 客机

"山鹰"教练机

● 建立健全航空机载技术设计研发体系

  航空研究院在首批建立的 11 家专业科研设计研究所中,属于航空机载设备专业的只有航空仪表自动器设计研究所。随着航空技术的发展,机载设备的品种和技术日益复杂,尽快建立更多的航空机载技术专业研究所提上了议事日程。

机载雷达研究所于1970年3月在四川内江成立,组建时技术人员来自4部分:航空兵器研究所七室317雷达型号设计人员、电子十院十所204雷达型号设计人员、三机部550厂雷达试制人员和中国科学院504所645雷达型号部分设计人员。该所的任务是设计研制飞机、空空导弹和航空兵器系统配装的各种雷达。该所成立后先后完成了多型机载雷达的研制,突破了脉冲火控雷达、合成孔径雷达、PD雷达、相控阵雷达等关键技术,形成了多产品的谱系。

航空火控设计研究所于1969年8月在河南洛阳成立,负责研究、设计、试验飞机的射击、轰炸火力控制系统,红外、激光观察装置,红外雷达和航空照相枪等,开展火控系统的探索性研究工作。建所之初,该所人员除来自航空兵器研究所相关研究人员外,还有来自航空制造工艺所、航空仪表自动器研究所的部分人员及新毕业的大中专毕业生。该所成立后,完成了激光测距机、轰炸模拟台、瞄准系统的设计研发,开展了平显、衍射光学、荧光和液晶显示等光电系统新技术的攻关。在火控与指挥、光电探测与对抗、瞄准显示与任务处理和声呐浮标搜潜等专业逐步形成了技术特长。

航空电子设备设计研究所是1969年7月航空研究院接收的原上海市无线电技术研究所。该所先后研制了惯性导航计算机、多普勒雷达和导航系统。从1979年起,该所进军航空无线电电子总体及综合化研究,重点开展了通信—导航—识别多功能综合技术研究。此后,科研范围进一步扩大,形成了航空电子综合技术、无人机指挥控制、综合通信导航、空管系统装备、智慧航行等技术创新能力,在做好军机科研的基础上,为国产民机、无人机提供航空电子系统产品。

航空计算技术研究所的前身,是1958年建立的中国科学院和西安交大双重领导的中国科学院西安计算技术研究所,1970年2月,该所划归航空研究院,成为航空计算技术研究所。该所成立后,开始由研制晶体管技术向集成电路技术提升,自行研制用于航空工程计算的大型通用数字电子计算机735型。该机以机/弹载计算机、航空专用集成电路、航空信息化支撑技术、CFD计算等技术为支撑,为多项国家重点型号提供产品配套,除服务航空外,也为国防科技其他行业的发展做出了贡献。

1970年，空军下达文件，将北京教学仪器厂改名为574厂。1984年，航空工业部决定将该厂改为航空工业部634研究所（后改称北京长城航空测控技术研究所），从事以计算机为核心的测控系统研制和测试工作。经过多年发展，该所成为状态检测技术、综合测试技术、智能技术、仿真测控技术研究领域的军民结合型科研单位。

另一家从事测试研究的原航空研究院五合工厂，于1984年改名为航空工业部第633所（上海航空测控技术研究所），其专业方向为综合化、系统化、集成化结合的计算机软/硬件技术配套产品，并为国产民机提供装机产品。

● 加快推进航空科研试验设施建设

航空工业从仿制走向自行设计研制，必须加快试验技术发展和试验设施的建设。1964年，三机部部长孙志远在三机部与航空研究院合并之后明确提出："宁可少建几套工厂，也要把科研试验条件建设起来。"在第三个五年计划内，三机部把建设航空科研试验条件当做战略任务来抓，重点建设空气动力研究试验基地、航空发动机高空模拟试车台、飞机结构强度试验基地和飞行试验研究基地四大航空研究试验基地。

在空气动力方面，先后建成了1.2米×1.2米跨超声速风洞、3米×4米和6米×8米大型低速风洞，提高了风洞试验的能力。在飞机强度试验方面，1966年底，建成亚洲最大的1号静力试验厂房，先后完成轰6、水轰5、运8、运10、歼8等飞机强度验证试验，使我国具有了百吨级大型飞机结构强度试验能力。同时建成了地面共振试验、环境振动试验、起落架落震与摆振试验等设施。

在飞机系统方面，陆续建成飞行操纵、液压、燃油、电网络、高空环境系统模拟实验室。建设了直升机主尾桨毂疲劳试验台、水上飞机水动力试验池等试验设施。

航空发动机高空模拟试车台建设，经历了从拟建在四川北川和江油的大山洞中，到后来确定在江油出洞建设的变化，1977年底一期工程完工，实现了发动机高空台直接排大气试验。发动机各系统、各专业的试验设施的建设也随着型号任务的开展，以及发动机专业科研单位的建立开始完善。

航空发动机高空模拟试车台

第五节

歼8飞机使中国走上自行研制之路

● 自行研制高空高速战斗机

1964年5月，在全面摸透米-21飞机技术基础上，航空研究院开始酝酿自行设计研制全新一代的国产高空高速战斗机。如何达到空军提出的速度$Ma2.2$、升限2万米的技术指标，1964年10月，在高空高速歼击机技术论证

腾飞之路
——中国航空技术的发展与创新

会上,沈阳飞机设计研究所根据对米格-21技术摸透的经验,并博采西方先进飞机的技术特点,提出了采用单台发动机和双台发动机两个方案。单发方案立足于采用国产正在研制的新型"910"涡扇发动机;双发方案则采用两台经改进的国产涡喷7("815")发动机。航空研究院经过反复讨论,为避免重蹈发动机研制拖飞机研制后腿的覆辙,同意新机采用成熟的双发布局方案,新机将采用2台带空心气冷涡轮叶片改进的国产涡喷7发动机。新机设计研制由沈阳所黄志千担任总设计师,这就是后来的歼8战斗机。当时,作为"两条腿走路"的备用方案,单发布局的技术方案由沈阳所部分技术人员继续进行,由副所长叶正大负责,即后来的歼9战斗机。

歼8飞机总设计师黄志千在设计时提出,根据米格-21飞机的缺陷,歼8飞机必须突出高空(规定在1.9万米高空的作战时间)、高速($Ma2.2$)、增大航程(最大航程2000千米),提高爬升率(最大爬升率200米/秒),加强火力(安装改进设计的导弹与航炮)。因此,歼8飞机采取了机头进气、双发、薄三角机翼的总体布局。1965年4月,国防科委召开会议,讨论并通过了沈阳所提出的歼8飞机的设计方案。

黄志千总设计师

歼8飞机首飞

在歼8设计中,体现了许多中国航空科技人员的创新。例如,歼8的机载武器设计。当时的国际潮流是导弹至上,苏联后期生产的米格-21上,只有导弹,没有航炮。但黄志千总设计师在部队调研时了解到,部队认为航炮是必须加强的重点武器,后来,在歼8设计时,他将原来拟采用的导弹为主、

航炮为辅，改成了两者并重，增加了一门航炮，炮弹数量由 60 发增至 250
发。后来，歼 8 飞机在投入使用后证明该设计是正确的。苏联之后生产的米
格-21 飞机也加装了 23 毫米双管炮。美国的 F-4 战斗机经过越南战争，也在
后续的 F-4E 改型中装上了 6 管 20 毫米航炮。

1965 年 5 月 20 日，歼 8 总设计师黄志千乘巴基斯坦国际航空公司航班去
欧洲，购买飞机试飞测试设备，飞机在途经开罗上空时，发动机突然起火，
导致飞机坠毁，黄志千遇难，年仅 51 岁。歼 8 新机的后续设计研制工作由叶
正大副所长负责，由以王南寿牵头的技术办公室实施技术领导。

由于装机的部分国产机载设备的研制相对
滞后，沈阳所首先开展了歼 8 白天型飞机的设
计研制工作。飞机采用 2 台歼 7 飞机使用的涡喷
7 发动机，采用直流电和测距器，武器为 2 门 30
毫米航炮，可挂 4 枚空空导弹。在歼 8 设计研制
中，沈阳所的科研人员开展了大量的风洞试验
和数值计算，先后攻克了飞机的超声速方向安定
性、飞机尾翼位置、飞机焦点位置等重大技术难
题。沈阳所的飞机设计师与沈阳飞机厂的工艺科
研人员及工人共同组成了"三结合"现场工作团
队，优化了歼 8 飞机设计和生产工艺方案。

歼 8 首飞试飞员尹玉焕

1968 年 7 月，首批 2 架歼 8 飞机完成总装。1969 年 7 月 5 日，歼 8 白天
型飞机在试飞员尹玉焕驾驶下首飞成功。从方案论证到首飞，歼 8 先后经历
了总体方案设计、详细技术设计、木质样机审查、发图、新机试制、试验试
飞等阶段，历时 4 年 10 个月。歼 8 首飞，标志着中国在独立自主设计研制先
进高空高速战斗机方面迈出了第一步。

● 歼 8 研制中的攻坚克难

在歼 8 研制的过程中，充满了挑战和考验，新中国的航空科技人员不畏

艰险，奋力拼搏，不断攻坚克难。在歼8飞机确定采用双发布局方案后，遇到了使用2台改进的涡喷7发动机推力不足的问题，必须通过提高涡轮前温度，以增加发动机推力。这需要将一级涡轮实心叶片改为气冷空心叶片，才能解决叶片耐高温问题，这项技术在国内属于空白。为攻克这一拦路虎，六院副总工程师、航空材料专家荣科毅然立下军令状："如果不能在一年之内研制出空心叶片和新的高温合金，甘愿把自己的脑袋挂在沈阳发动机所大门上示众。"荣科找到中国科学院金属研究所师昌绪，共同商定采用铸造高温合金制造涡轮空心叶片的方法。在有关厂、所的通力合作下，荣科带领的团队先是研究设计完成了气冷空心涡轮叶片试验件，建立了试验器；接着一个又一个地攻克了选材、精密铸造模具设计、型芯材料断芯故障、脱芯技术、铸件疏松、叶子校正等关键技术，用不到一年时间，研制成功了我国第一片9孔铸造空心叶片。1966年底，该叶片装机试车成功。同时，作为备份方案的锻造空心叶片试验也获得成功。最终决定采用铸造空心叶片为装机定型叶片。至此，中国成为继美国之后，世界上第二个掌握此技术的国家，仅比美国晚了5年时间。

在歼8首飞后的试飞过程中，飞机出现了跨声速纵向振动，使飞行员看不清座舱仪表，不能跨过声速。在风洞试验中，受风洞设备技术性能低的影响，只能初步判定振源在后机身尾部，属于跨声速扰流抖振。虽然采取了相应措施，试飞时仍有余振和突然侧滑抬头的现象。为此，1978年，顾诵芬3次冒险乘坐歼教6飞机，在空中用望远镜仔细观察歼8尾部气流情况，有时空中两机的距离仅30米。通过空中现场观察，终于找到了问题的症结——后机身机尾罩与平尾后缘根部形成锐角区造成了气流严重分流。顾诵芬决定采取局部整流包皮修形来解决，从而彻底排除了歼8跨声速余振和突然侧滑抬头的问题，使飞机很容易就跨过声速。

中国航空工业经过持续的努力，先后采用了40多种新材料、20多项新工艺、200多项新成品，攻克了歼8设计、试制、试验、试飞中出现的一个又一个技术难关。1979年12月，歼8飞机完成了设计定型，中国成功地迈出了自行设计研制高空高速战斗机的关键一步。歼8飞机于1982年9月开始装备部队，其综合性能全面优于米格-21和苏-15飞机，与美国的F-4战斗机性能相当。

顾诵芬（右）与歼8飞机试飞员鹿鸣东

第六节

军机设计研制水平逐步提高

● 自行设计强5强击机

1958年，空军提出要求设计一种超声速强击机，沈阳飞机设计室为此拟定了国产超声速强击机的初步技术方案，此后，航空工业局决定将这一飞机的设计研制工作交给洪都飞机厂，担任该机主管设计师的陆孝彭从沈阳飞机设计室调往洪都飞机厂。当时承担新机设计研制的队伍十分年轻，平均年龄仅二十三四岁。陆孝彭带领大家查阅国外的技术资料，开展研讨分析，提出

腾飞之路
——中国航空技术的发展与创新

了强 5 强击机设计方案。该方案技术上与当时正在生产的苏式歼击机有明显不同：一是采用了锥形机头，便于扩大飞行员视界和搜索地面目标；二是两侧进气，可提高进气效率；三是采用半自动瞄准具，保证飞行员完成飞行—瞄准—投弹任务；四是突出飞机低空性能，飞机安全性、操纵性符合实战要求。强 5 的技术方案凝聚了中国飞机设计师的创新和智慧。

强 5 飞机首飞成功

1960 年 5 月，强 5 开始试制，经过 20 个月的奋战，完成了全套设计图样。由于当时国家国民经济遇到困难，强 5 的研制被迫暂停。最困难的时候，只剩下陆孝彭等 12 人"留守"强 5 项目。但他们"见缝插针"，继续坚持研制，并完成了第一架原型机装配。后来，在空军、三机部和航空研究院的支持下，强 5 研制又继续进行。1964 年 6 月 4 日，强 5 飞机首次试飞成功。随着飞机设计定型，飞机开始投入试生产。

1968—1969 年，洪都飞机厂根据空军在使用中发现的问题，对强 5 飞机的液压、火控、武器和供油等系统进行了设计改进，1969 年底，强 5 开始投入批量生产并交付使用，我军有了中国人自己设计研制的超声速强击机。1977 年起，陆孝彭主持强 5I 的改型设计工作，飞机以加大航程为主要目标，通过换装涡喷 6 甲发动机、增设油箱、更改起落架等，飞机的航程和作战半径明显增加，作战能力进一步加强。此后，强 5 又进一步改进改型，并成功出口到巴基斯坦等多个国家，其生产一直持续到 2012 年。作为有多项自主创新的超声速强击机，强 5 在中国飞机发展史上留下了辉煌的一页。

强 5 甲飞机

● 研制世界上最轻的超声速战斗机——歼 12

1969 年，中国空军提出要研制重量为 4 吨左右的超轻型战斗机，希望这种战斗机具有机动性好、加速度快、中低空性能好、盘旋和爬升性能优异、方便起降、造价低廉等特点。这一要求与当时国外战斗机朝着大型化、设备全和技术复杂的发展方向完全不同。

在周恩来总理的亲自指示下，这种命名为歼 12 的 "小歼" 飞机的设计研制任务下达给了洪都飞机厂，陆孝彭被点将作为飞机总设计师，他在设计中采用了许多新技术、新结构和新材料，如翼身融合式整体油箱、复合材料辅助进气门、直轴平尾、蜂窝结构机身侧壁等。歼 12 采用了机头进气、大后掠下单翼布局，装一台涡喷发动机，机上有两门航炮并有三个外挂点。经过 17 个月的设计试制，1970 年 12 月 26 日，歼 12 飞机成功首飞，1974 年完成了各项试飞项目。此后，根据空军的意见，洪都飞机厂又对歼 12 的设计进行了改进。歼 12 飞机的空重只有 3100 千克，起飞滑跑距离仅 500 米，其爬升、盘旋性能优良，操纵性好，它成为世界上最轻的超声速战斗机。由于歼 12 飞机机体过小，机载火力不强、航程较短，1979 年，在空军装备系列调整时，歼 12 飞机未能被列入装备体系，歼 12 飞机因此终止了研制生产。

陆孝彭总设计师与歼 12 战斗机

歼 12 战斗机

● 改进研制歼教 5 歼击教练机

伴随歼 5、歼 6 战斗机批量装备部队使用，原来从苏联进口的乌米格–15 喷气式高级教练机，无论是数量上还是性能上都无法满足空军飞行员训练的要求，急需一种新的喷气式高级教练机。成都飞机厂设计科长屠基达针对空军的需求，牵头提出了歼教 5 飞机的设计试制方案，获得上级的批准。1965 年 5 月，启动了歼教 5 的试制工作。歼教 5 对歼 5 甲飞机的座舱、弹射座椅、操纵系统和武器系统进行了设计改动，并使用工厂自建的试验场地和设备，对襟翼操纵系统、电气系统和座椅进行了试验。1966 年 5 月 8 日，歼教 5 首飞成功，1966 年底该机设计定型，试飞表明，该机性能全面优于苏联的乌米格－15 高级教练机。歼教 5 投入批产后大批量装备了部队，并向十多个国家出口。

歼教 5 教练机

• 歼 9 和歼 13 战斗机方案

1964 年 10 月，航空研究院在确定新机歼 8 采用双发布局时，也要求采取单发、双侧进气和后掠翼的单发飞机方案继续开展工作，它就是歼 9 战斗机方案。沈阳所先后完成了歼 9 飞机的 6 种布局、8 种机翼的技术方案，翼型从后掠翼、三角翼到双三角翼，速度从 $Ma2.4 \sim Ma2.8$。1968 年，因技术难度大，歼 9 一度停止研制。1969 年 10 月，歼 9 研制恢复。1970 年 5 月，沈阳所从事歼 9 的研制人员赴成都，成立成都所，全力研发歼 9。

由于军方对歼 9 提出了"双 25"和"双 26"的高指标，歼 9 改为鸭式布局、腹部或两侧进气的方案。1976 年，歼 9 完成总体方案设计。1978 年，因歼 7 飞机大改工作启动，成都所将歼 9 改为课题研究，历时 14 年的歼 9 型号研制工作停止。

歼 13 飞机的设计始于 1971 年底，其目的是研制替代歼 6 的下一代空战歼击机。沈阳所召开了多轮歼 13 飞机的论证会。1976 年底，军方提出歼 13 的速度为 $Ma2.0 \sim Ma2.45$，升限 1.9 万米，要求采用国产涡扇 6（"910"）加力风扇发动机。沈阳所开展了歼 13 飞机多种气动布局的风洞试验和计算工作，在飞机的材料、工艺等方面也开展了大量的工作。1977 年 6 月，三机部召开歼 13 方案论证会，认为沈阳所提出的歼 13 飞机总体方案是可行的。1978 年，歼 13 飞机考虑改用国产涡喷 15 发动机作为动力。1981 年，歼 13 飞机方案因国家决策研制歼 10 飞机而停止。

● 轰炸机研制生产能力从无到有

除了战斗机外，国产轰炸机的研制生产一直是中央军委和空军十分关注的重点，也是新中国航空工业科研生产的重点。1963 年，哈尔滨飞机厂在苏联的伊尔-28 轰炸机基础上，经过测绘和部分改进，设计研制了轰 5 轻型轰炸机。哈尔滨飞机厂在设计轰 5 时，对苏联原准机的设计进行了大约 40% 的改进，重新设计了轰 5 飞机的机翼结构。轰 5 飞机上有 60 多种机载成品是用国产新品代用的，包括雷达、炮塔、瞄准具和发电机等。所以，轰 5 研制体现了相当程度的自主研制。1966 年 9 月 25 日，轰 5 飞机首飞成功。1967 年 4 月，国家批准飞机投入批量生产。轰 5 还发展了侦察机、轰炸教练机等改型。

1968 年底，新成立的水上飞机设计研究所与哈尔滨飞机厂合作，启动了水轰 5 水上反潜轰炸机的研制。水轰 5 飞机装 4 台涡桨 5 甲发动机，可载多种炸弹、鱼雷。1976 年 4 月 3 日，水轰 5 飞机在湖北荆门完成了水上首飞。1984 年，水轰 5 飞机完成了试飞课目，开始交付海军使用。

第四章 | 从"摸透技术"走向自研（1961—1977 年）

轰 5 轰炸机

水轰 5 轰炸机

  1958 年，按照中苏双方的协议，苏联向中国提供了图-16 中型轰炸机的生产技术，由中国按部件组装生产苏联图-16 轰炸机，这一任务下达给了哈尔滨飞机厂。1959 年 9 月 27 日，哈尔滨飞机厂用苏联提供的部件组装装配的首架图-16 首飞成功。1961 年 11 月，国家决定将继续引进试制图-16 轰炸机任务从哈尔滨飞机厂转到西安飞机厂，配装的涡喷 8 发动机由红旗机械厂试制。

腾飞之路
——中国航空技术的发展与创新

1964年3月，西安飞机厂开始轰6飞机试制，西安飞机厂在试制中改进了苏联图-16的部分生产工艺和原材料。轰6是当时国内飞机吨位最大的飞机，最大起飞重量达72吨，最大载弹量9吨，可执行常规轰炸或核轰炸任务。全机有零件5万种、25万件，标准件36万件，制造一架飞机需原材料150吨。1968年12月，轰6飞机完成了全机静力试验。1968年12月24日，装有国产涡喷8发动机的轰6甲飞机完成了首次试飞。轰6甲研制成功后，进行了一系列改进改型，使用国产的机载计算机、自动领航仪、多普勒雷达、自动驾驶仪，以及导航、通信、飞控和侦察系统，该机配装国产空舰导弹使飞机作战能力进一步增强。

轰6轰炸机

• 为核武器试验提供航空装备

为配合国家建立空中、海上和地面"三位一体"的核威慑能力，完成我国的核武器试验，航空工业承担了多次核试验的航空装备服务任务，取得了显著成绩。

1963年6月，西安飞机厂将2架国产图-16轰炸机改装为原子弹运载及投放试验机，该机即为轰6甲飞机。1965年5月14日，轰6甲首次空投原子弹获得成功。此后，南京宏光机械厂又承担了研制中国第一代核试验伞的任务。1967年6月17日,我国第一次氢弹空投试验高空爆炸任务圆满成功,试验中使用的是轰6甲飞机(带南京宏光机械厂的核试验伞)。1967年9月起,哈尔滨飞机厂又开始用轰5飞机改装核武器试验机——轰5甲,轰5甲于1968年成功执行了空投核武器试验任务。1969年,洪都飞机厂开始将强5甲强击机改成核武器试验机,1972年1月7日,该试验机成功完成了我国第一颗空中甩投的氢弹爆炸试验任务。航空工业为中国核武器的发展做出了显著贡献。

第七节

建立发动机、机载设备和基础科研能力

● 航空发动机研制支持新机研制

1960年之后,从事航空发动机研制生产的各单位,通过全面开展对米格-21技术摸透,初步掌握了航空发动机的设计和试制技术,通过一系列新型飞机和直升机型号的设计试制拉动,中国航空发动机的试制和生产能力得到了进一步提升。

1964年,沈阳发动机所提出了用于双发布局歼8飞机的涡喷7甲发动机改进方案,该发动机是歼8飞机成功的技术关键。沈阳发动机所在航空材料所、中国科学院金属材料所、沈阳黎明发动机公司等兄弟单位的通力合作下,突破了高温涡轮的关键技术,成功完成了涡喷7甲发动机研制,保证了歼8项目的成功。1970年,沈阳发动机厂与贵航发动机设计所在涡喷7甲基础上,改进研制了涡喷7乙发动机,1979年8月,涡喷7乙发动机正式定型。

从1966年8月开始,作为重点型号任务,沈阳发动机所开展涡扇6

（"910"）发动机的研制工作，中间研制任务经历四次上马、三次下马，以及试制地点的5次改变。在研制过程中，不断出现技术难题，不断攻克难关，研制周期拖了很久。由于歼9和歼13两个目标机型先后下马，涡扇6失去使用对象。沈阳发动机所后来坚持完成了该机地面试车和24小时持久试车，达到了装机上天的条件。涡扇6为中国自主设计研制涡扇发动机打下了技术基础。

涡扇6发动机

在株洲新组建的航空涡轮轴发动机设计研究所则进军另一类型发动机——涡轮轴发动机的自行研制。该所与兄弟单位密切合作，开始为直6、直7直升机设计研制了国产涡轴5、涡轴5甲等涡轮轴发动机。

为配合国产运8运输机的研制，从1969年起，国产涡桨6单轴涡桨发动机的试制工作启动，该机以苏联AH-20M发动机为原型，在没有任何技术资料情况下进行参照设计，先后承担该型发动机研制任务的株洲发动机厂和西安发动机厂，分别攻克了压气机设计、燃烧室点火器、滑油管断裂等方面的技术难题，1973年完成上天试飞。1976年涡桨6完成设计定型，为我国涡桨运输机提供了动力支撑。

涡桨 6 发动机

● 从英国引进斯贝涡扇发动机

20 世纪 70 年代初期，在毛泽东主席和周恩来总理推动下，我国开始从西方国家引进先进成套技术和设备，为此国家累计使用的资金高达数十亿美元。1971 年 12 月，周恩来总理在航空产品质量座谈会上指出，飞机的关键在发动机，发动机是飞机的心脏，航空工业有"心脏病"，要好好治治。此后不久，中国表示对引进英国罗罗公司斯贝涡扇发动机很感兴趣。1973 年 7 月，英国政府授权罗罗公司与中国谈判转让斯贝发动机制造专利。1974 年 8 月，引进仿制斯贝发动机的任务交给西安发动机厂负责。1977 年 8 月，国家将该项目作为重点项目。1978 年底，三机部从沈阳发动机设计研究所调发动机专家吴大观赴西安发动机厂担任副厂长兼厂设计所所长，负责斯贝发动机引进工程。以西安发动机厂为重点，联合全国 50 个厂所院校参与该项目，国家投资达 14.83 亿元。西安发动机厂通过资料翻译、工艺准备和部件试制，于 1979 年装配出 4 台斯贝发动机，该机通过了 150 小时持久试车。1980 年，吴大观带队将发动机送英国进行高空模拟试车和部件考核试验，表明符合技术要求。中方将其命名为涡扇 9 发动机。斯贝技术的引进和涡扇 9 发动机的装配终于实现了当初引进时的目标——有力带动了中国航空发动机技术的提升。

吴大观（中）在英国罗罗公司考察斯贝发动机

● 航空机载设备开始走向自主研制之路

从"二五"计划开始，航空机载行业由修理走向制造。航空研究院陆续组建了多个航空机载设备专业研究所，多个机载专业工厂开始设立本厂的产品设计研究部门，飞机机载设备的发展采取了仿制与自行研制"两条腿走路"，航空机载设备的设计研制能力得到明显加强。

1960年，30所建所后，该所总设计师昝凌首先提出自行研制自动驾驶仪供国产飞机使用，他带领技术人员突破重重技术难关，创造性地在陀螺马达外观设计中采用了内转子设计，又采用晶体管代替电子管用于饱和放大器。1963年7月，我国自行研制的第一型飞机自动驾驶仪"621"配装轰5飞机首飞成功，揭开了中国自行研制机载设备的新篇章。

在摸透米格-21飞机过程中，机载设备单位陆续自主研制了一批新型机载设备。我国自主设计研发的歼8飞机上共采用的机载设备419项，其中新研的机载设备项目有：204火控雷达、射瞄8型航空光学射击瞄准具、HZX型航向姿态系统和液压与环控附件等。

第四章 | 从"摸透技术"走向自研（1961—1977 年）

"621"自动驾驶仪

在运输机机载设备方面，在运 10 客机研制中，航空机载各单位承担了 300 多项新品研制任务，有力支持了运 10 飞机的首飞。在运 7、运 8、水轰 5 等飞机，以及其他的国产直升机、导弹产品的研制中，航空机载系统提供了领航仪、驾驶仪、雷达、大气仪等自行研制的机载产品。

在空空导弹方面，航空兵器设计研究所建立之后，先后仿制成功了霹雳 1 号、霹雳 2 号空空导弹，自行设计研制霹雳 3 号、霹雳 4 甲、霹雳 5 甲/乙等空空导弹，使得中国的空空导弹自行设计研制能力快速发展起来。

霹雳 2 号和霹雳 5 空空导弹

● 航空基础科研能力逐步提升

航空基础科研能力是支撑飞机、直升机、发动机、机载设备、航空武器等一系列型号发展的重要技术支撑。为配合多种国产航空型号的研制,在航空材料方面,试制成功多种高温合金材料,在飞机结构钛合金、机轮刹车材料、飞机座舱材料等方面取得了科研成果。

在飞机制造技术方面,为满足歼8等新机的研制生产需要,在化学铣切、蜂窝结构、电火花加工、钛合金加工与成形、高压金属软管制造、复合材料结构成形、喷气发动机叶片制造与检验等方面取得了一系列成果。例如,20世纪70年代末,航空工艺研究所关桥发明的"低应力无变形焊接法",实现了发动机薄壁机匣结构焊接应力与变形控制的新突破。

在飞机空气动力学研究与试验方面,在先进飞机翼型和飞机三角翼、变后掠翼、鸭式布局、翼梢小翼、襟翼和进气道设计和试验等领域取得了进展,风洞试验的能力进一步提高,逐步建立了多种尺寸、不同速度的风洞,支持飞机的自行设计研制。

在飞机强度试验方面,飞机强度研究所边建设、边科研,先后完成轰6全机破坏试验、运10客机全机静力试验,静强度、动强度、疲劳强度与断裂力学、热强度、强度规范、计算力学等专业水平显著提高。

轰6全机强度试验现场

第八节

国产运输机设计研制的成功与挫折

• 运7开中国支线运输机之先河

自运5引进试制苏联的安-2运输机之后，1966年，国家要求航空工业研制支线运输机，以满足客运和货运的要求，并确定引进苏联安-24运输机样机和技术资料，开始测绘仿制国产运7运输机。这个任务下达给西安飞机设计研究所和西安飞机厂，飞机设计领导小组组长是西安飞机厂总工程师李溪溥，副组长是西安所副所长兼总设计师徐舜寿。

运7飞机生产线

研制运7之初，徐舜寿提出，第一步要以测绘仿制安-24客机为主，更改要慎重，要先进行试验。但后来有人以急需军用运输机为由，按伞兵型运输机要求，在原准机机身腹部开了一个向下打开的舱门，导致飞机强度难以保证。1969年11月，上级要求，运7按安-24客机原样测绘发图。在经过迂回曲折后，重新回到徐舜寿当初提出的起点。西安飞机厂在运7试制制造中采用了许多新工艺和新技术，如飞机整体壁板、喷丸成形、钛合成形、整体油箱等。运7飞机的所有材料和机载设备全部立足于国内。1970年12月25日，首架国产运7首飞成功，中国有了自己的涡桨支线运输机。1972年，西安飞机厂开始单独承担运7飞机后续机型的试制工作，先后换装了涡桨5A-1发动机，补充了飞机静力试验，完成了单发起降试飞。1982年7月，运7飞机设计定型，开始批量生产。

• 运10大型客机研制终未完成

运10飞机大型客机的设计研制启动于1970年8月，该机的定位是载客148~178人，采用涡扇发动机，最大起飞重量110吨，航程6400千米，这在当时具有国际先进水平。为设计研制该机，在全国调集精兵强将，云集上海成立了上海飞机设计研究所（当时称708设计院），调飞行试验研究所所长熊焰担任行政负责人，西安飞机厂设计室副主任马凤山担任技术负责人。运10配装的发动机采用参照美制JT3D-3B设计的涡扇8发动机，前期由成都新都发动机厂完成参照设计并转入试制，1973年转交给新建的上海航空发动机厂继续研制。

运10飞机总设计师马凤山最初曾考虑采用轰6改的设计方案，即在轰6基础上，参考"三叉戟"客机机身，采用尾吊3台发动机。之后发现该方案难以达到使用要求，又改为了采用翼下吊挂4台发动机的布局。为设计运10飞机，设计研制团队开展了171项课题研究，编制了计算机程序138项，编写了各种技术手册200万字。1972年，运10总体设计方案通过评审，1975年完成设计发图，1974年开始试制，1978年完成全机静力试验。

运10研制在技术上取得了多方面的成果，包括首次采用了FAR25部适航条例进行设计，广泛应用计算机辅助飞机设计，采用了破损安全和安全寿命

第四章 | 从"摸透技术"走向自研（1961—1977年）

的设计方法，突破了机翼整体油箱和气密客舱等技术。运10飞机上选用的新成品占70%，运10试制成功后，先后完成了全机静力试验以及多项地面模拟试验。1980年9月26日，运10飞机在上海首飞成功，随后运10飞机在国内多地进行了试飞，曾成功飞赴拉萨、乌鲁木齐等地，表明飞机的稳定性能良好，基本达到了设计要求。1985年2月，由于种种原因，运10飞机和所用的涡扇8发动机的研制工作终止。运10飞机虽未成功，但为中国进军大飞机研制打下了一定的基础。

运10飞机

● 运8运输机研制采用了"反设计"

1968年底，国家决定参照苏联安-12运输机，启动研制国产运8中程中型运输机，最初由西安飞机厂、西安飞机设计研究所等单位承担运8的设计试制工作。西安飞机厂马凤山曾担任飞机设计组组长，运8设计时并没有苏联的飞机设计资料，只有一架安-12样机和随机技术说明，所以设计团队采用了"反设计"的方式来完成运8的设计工作。飞机配装的涡桨6发动机由西安发动机厂负责试制（1969年又转至株洲发动机厂负责生产）。

1969年3月，运8的测绘设计开始，设计工作没有照搬苏联安-12飞机的设计，而且力图"把全世界所有运输机的优点都集中到运8飞机上来"，采

腾飞之路
——中国航空技术的发展与创新

用了多项改进和创新，如运 8 的机头罩采用了轰 6 的设计；尾炮系统、环控系统、空投空降系统、软油箱等都更改了安–12 的原设计；飞机的材料和机载设备都采用了国内产品。但是设计中的有些改进已经超出了当时中国航空工业的能力水平，为此后来又严格按样机进行了测绘和复查更改。1972 年，运 8 的测绘设计工作完成。

1972 年，上级决定，将运 8 运输机的试制工作从西安飞机厂转给地处三线的陕西汉中的〇一二基地，由陕飞厂继续完成试制和生产任务。运 8 的研制历经了飞机和发动机转地试制的不利影响。陕飞厂边建设、边试制，研制全线克服了重重困难。1974 年 12 月，运 8 先在阎良试飞成功，1975 年 12 月 29 日，由陕飞厂完成的第一架运 8 飞机在汉中城固试飞成功。

运 8 装 4 台国产涡桨 6 发动机，飞机最大起飞重量 61 吨，最大航程 5620 千米，其货舱可运送 2 辆"解放"牌卡车或 1 架直升机，可运送 96 名士兵。飞机具有航程长、速度快和油耗低等特点。1976 年 9 月，运 8 完成了全机悬空静力试验。陕飞厂克服技术资料缺乏、设计力量不足和新厂建设缺少条件等困难，以三线人艰苦奋斗的精神夺取了运 8 飞机试制的成功。1980 年 2 月，运 8 飞机设计定型，开始批量生产。运 8 飞机的成功，为后来我国发展多型军用特种用途飞机提供了优质的飞机平台。

陕飞厂试制成功运 8 运输机

第四章 | 从"摸透技术"走向自研（1961—1977 年）

第九节

直升机技术发展一波三折

中国的直升机产业起步于 1956 年，当年哈尔滨飞机厂开始引进试制生产采用活塞式发动机的苏联米-4（即国产直 5）直升机。此后，哈尔滨飞机厂又设计了采用活塞动力的轻型直升机"701"。西北工业大学研制成功了"延安"2 号轻型直升机，但这两种轻型直升机都未能投入批量生产。直 6 和直 7 两种设计研制的新型直升机最终也未能形成批量生产。

● 首架采用涡轮轴发动机的直 6 直升机

1966 年 1 月，国家决定用先进的涡轮轴发动机替代活塞式发动机，研制新的直升机——直 6。直 6 是在直 5 直升机基础上进行了全面改进而设计的多用途直升机，该机使用由哈尔滨东安发动机厂生产的涡轴 5 发动机（由安-24 使用的涡轮螺旋桨发动机改进而成）。

1967 年 3 月，直 6 由哈尔滨飞机厂开始设计研制，完成了图样设计和样机方案审定。1968 年 2 月，哈尔滨直升机设计研究所成立后负责直 6 设计工作，样机试制由哈尔滨飞机厂负责。涡轴 5 发动机的设计由株洲发动机设计所负责，制造由哈尔滨东安发动机厂负责。1969 年 12 月 15 日，首架直 6 试飞成功。1970 年 9 月，由新建成的景德镇昌河机械厂（简称昌河厂）总装的首架直 6 直升机首飞成功。

1977 年 1 月 24 日，直 6 直升机和涡轴 5 发动机完成设计定型。由于该机属于第一代涡轮轴直升机，存在着单发动机的不安全性以及其他技术质量问题，直 6 直升机在完成设计定型后，未能列入部队装备序列。1979 年 2 月，三机部决定停止直 6 试制，1980 年直 6 停产，累计生产了 15 架。

直 6 直升机是由中国自行设计的第一型涡轮轴发动机直升机，并走完了研制工作全过程。虽然该机未能投入批生产和装备使用，但通过该项目，提高了直升机和涡轮轴发动机自主研发能力，锻炼了技术队伍，其经验和教训是十分宝贵的。

直 6 直升机

直 7 静力试验机

• 大型直升机直 7 的研制

早在 1962 年，中央军委提出要研制一种能载运一个加强排的武装士兵的大型直升机。1966 年底，三机部向哈尔滨飞机厂下达了研制任务，1968 年研制工作转至航空研究院。

1969 年底，航空研究院向新成立的直升机设计研究所下达了设计研制大型直升机——直 7 的任务。直 7 装 2 台涡轴 5 甲发动机，是带尾桨的单旋翼大型直升机，采用短翼布局，该机的最大起飞重量达 14.4 吨，可装载全副武装的士兵 35 名。1970 年 7 月，直 7 确定全机研制方案，转入全面设计阶段。1970 年底，直 7 的主要设计工作基本完成，交付试制。

1971 年，因政策收缩，直 7 的研制工作被迫停顿。经科技人员向上级写信反映，得到了国务院领导同志的批示，直 7 的研制工作恢复进行。1974 年，按上级指示，直 7 的试制和总装工作转至昌河厂。到 1975 年，全机零组件完成 97% 的生产，铆装了 2 架直 7 的机体。1979 年，直 7 完成了全机静力试验。

1973 年，上级领导决定启动另一种吨位相近的大型直升机——直 8 的设计研制工作，因为直 7 与直 8 的吨位基本相同，且国家财力所限，无法支持两个大型直升机的研制。1979 年 6 月，直 7 研制停止，直升机所和昌河厂转为全力设计研制直 8 大型直升机。

● 两种轻型直升机——701 和"延安"2 号的试制

1964 年，三机部在《航空工业发展规划》方案中提出要研制轻型直升机。1965 年 3 月，三机部向哈尔滨飞机厂下达任务，以贝尔-47 为原型机，研制 1 型 1 吨级的轻型直升机，代号为"701"。发动机由株洲发动机厂负责改进设计。

1966 年，哈尔滨飞机厂直升机设计组完成了 701 的设计，该机采用单旋翼、带尾桨、滑橇式起落架布局，最大起飞重量为 1300 千克。动力装置为一台国产活塞 6 丙发动机。701 的机身构架采用薄壁钢管焊接件，旋翼根部由 7 层大面积全金属胶结，在试制过程中，哈尔滨飞机厂克服了许多难题，最终获得了成功。1970 年 1 月，701 完成了首飞。后来在"地方办航空"中，701 转至济南和广州生产，济南生产了两架，由于两地的条件所限，701 不得不停产。1979 年，国家决定，701 直升机停产。

1965 年，另一型轻型直升机"延安"2 号由西北工业大学开始设计研制，该机为单桨、双座、前三点起落架布局，采用活塞 6 丙发动机。该机采用了复合材料技术，并在旋翼桨叶固有特性测量和桨叶耦合振动的设计上达到了较高水平。1967 年，西工大制造出静力试验机和试飞样机。1969 年又研制出改进的新的试飞样机。1970 年，西工大直升机设计专业迁到南京航空学院，"延安"2 号的研制工作也迁往了南京。1975 年，"延安"2 号在完成了全部试飞课目后，因缺乏后续研制经费等原因，于 1978 年停止研制。"延安"2

号是我国第一型自行研制并完成初步试飞工作的轻型直升机。

本章小结

1. 航空研究院的成立，将航空科研业务独立出来，划归军队编制并管理

航空研究院的成立，直接带来了航空科研队伍的迅速扩大，航空专业研究所数量增多，航空设计试验条件建设得到加强。航空研究院对于歼8等一批新机的设计研制、航空机载设备和航空武器的技术发展，新材料、新工艺、新技术的研究与应用都起到了明显的推动作用。与此同时，航空科研划归军队管理后，航空科研与生产分离的问题开始显现，因此，党中央决定航空研究院与三机部合并。航空研究院成立后，中国航空工业开始形成了由科研单位负责新产品设计和新技术开发，由生产企业负责完成航空产品的试制和批量生产的格局。

2. 引进苏联米格-21飞机技术之后，航空研究院决定开展全面摸透米格-21技术的工作，通过"反设计"的过程，学习和掌握先进超声速飞机的设计研制技术

"摸透"既可以寻找以前"东风"107/113飞机自行研制失败的原因，又可以为引进试制歼7飞机和准备自行研制歼8飞机打牢技术基础。经过两年多时间的全方位技术摸透，掌握了亚、跨声气动设计与试验、颤振、弹射、高温涡轮、精铸发动机空心叶片等一系列关键技术，使中国航空科技开始具备了自行设计研制两倍声速战斗机的技术能力。航空工业决定自行设计研制歼8战斗机，掀开了中国依靠自身技术设计研制先进航空产品的新篇章。

3. 新型号研制工作推动航空技术同步发展

随着战斗机、轰炸机、运输机、直升机等多种新型号研制工作的全面展开，直接推动了各类航空发动机、航空机载设备、航空武器、航空材料、航空制造，以及空气动力、强度、飞行试验和发动机试验技术的同步发展。较为协调的中国航空工业的产业布局、科研布局开始形成。

4. 缺乏航空技术的预先研究成为影响航空工业发展的明显短板

众多航空新型号边研制、边攻关，面对较高的性能指标，有的型号能够攻克难关，取得成功；有的型号则遇到了挫折甚至下马；有的型号的研制时间拖延了很久。其深层原因都是技术储备不足。由此可见，缺乏航空技术的预先研究，已经成为影响航空工业发展的明显短板。

5. "科研就是搞设计"，这是航空工业在很长时间内形成的错误观念

其实，在型号设计之前，如果没有预先开展的关键技术的科研攻关，型号设计研制就没有技术基础，新机研制就必然会不断遇到难以克服的技术问题。航空科技要彻底改变被动局面，必须转变观念，首先大力抓好科研工作，提前攻克关键技术，才能保证新机设计研制的成功。

6. 中国航空技术发展脉络之二：掌握超声速飞机的设计研制技术

国际上以美国的F-104、F-4，苏联的米格-21、米格-23为代表的高空高速超声速战斗机，其飞行速度达到$Ma2$以上，升限达到或超过2万米，发动机的推重比达到5，分立式航电、机载设备不断完善且性能提高，单脉冲雷达和空空导弹投入使用。为了跟上航空技术的发展步伐，中国航空研究院成立之后，从全面摸透米格-21战斗机的关键技术入手，学习和掌握超声速飞机的设计研制技术。通过专业研究院所的组建，补充和完善了航空技术研究与试验体系。在歼7战斗机的引进制造、歼8战斗机的设计试制，以及强击机、轰炸机、运输机、直升机的研发制造过程中，中国航空技术发展的门类开始健全，并在超声速飞机的设计与试验、涡喷发动机研制、飞机飞行试验，机载雷达和机载设备研制、航空武器设计研制等多个航空技术领域，不断摸索并积累经验，能力不断提高。

腾飞之路
——中国航空技术的发展与创新

思考题

1. 简述为什么要开展摸透米格–21技术的工作。
2. 简述航空研究院的建立对中国航空科技发展所起的作用。
3. 为什么说歼8飞机的设计研制对中国航空工业发展意义十分重大。
4. 简述运7、运8和运10三种运输机研制的不同特点。
5. 简述中国航空发动机、航空机载设备技术是如何不断发展壮大的。
6. 简述航空研究院与三机部"部院合并"对航空科研发展的影响。

— 第五章 —

提出"三个一代"狠抓预先研究
（1978—1998年）

第一节

走出国门看到差距

1978年底,中共中央召开了具有历史意义的党的十一届三中全会,确立了解放思想、实事求是的思想路线,提出将全党的工作重点和全国人民的注意力转移到社会主义现代化建设上。这次全会揭开了党和国家历史的新篇章,是新中国成立以来中国共产党历史上具有深远意义的伟大转折,中国航空工业也由此进入了新的发展征程。

邓小平同志在党的十一届三中全会上讲话

1977年12月5日,党中央任命曾长期在中国冶金工业战线工作并屡有建树的吕东同志担任三机部部长、党组书记。吕东部长上任伊始,在1978年2月15日讨论航空工业(1978—1985年)科技发展规划时提出:"航空工业当前突出矛盾是质量问题,从长远看是科学研究问题。"随后,他又召开一系列专家座谈会,向科技专家请教。

1978年4月4日,吕东部长根据在航空工业调研后形成的设想向邓小平汇报，邓小平给予了肯定，着重指出：科研就是巨大的生产力，在你们那里表现得特别明显。当年6月26—27日，邓小平等国务院、中央军委领导听取三机部汇报时，邓小平再次明确提出航空工业要抓战略目标、抓科研、抓规划、抓技术引进的指示。

航空工业走改革开放之路，首先要解放思想，打开眼界，找到自身的差距。为此，以吕东部长为首的三机部领导向上级提出组团赴西欧的联邦德国、法国和英国的航空工业进行全面考察，以了解其发展航空工业和航空科技的经验，寻求国际合作的机会。国务院和国防工办的领导批准了这一设想。

1978年11—12月，三机部部长吕东和三位副部长率领包括航空工业各方面专家组成的中国航空工业代表团出访联邦德国、法国和英国，历时52天，代表团走访了9家航空科研机构、32家航空企业和4所大学，对西欧的航空科研、试验、生产、教育，以及产品设计、企业管理、质量管理、售后服务和国际合作等多方面进行了全方位的考察。这次考察的重点：一是看西欧现代化的工业和科技水平；二是看军民产品的结合；三是看现代化工业管理。

通过这次考察，代表团总结了主要收获：一是看到了德、法、英三国军民用航空技术的高水平，特别是英国的航空发动机、法国和德国的战斗机和民用客机、法国的直升机技术已走在世界前列；二是三国航空工业拥有从科学研究、新机研制到批生产完整的体系，特别是有深厚的科学技术的支撑，有经验丰富的工程技术人员和现代化的科研生产设施；三是西欧航空工业正走向联合；四是西欧三国都愿意与中国航空工业合作。

1978年，吕东部长率中国航空工业代表团出访西欧

这次出访考察，规格高、规模大、时间长、成果多。通过考察，中国航空工业的管理和技术领军人物真实地看到了我们与西方国家在航空工业和航空技术方面的差距，他们深刻地认识到，必须乘改革开放的东风，把科研先行作为振兴中国航空工业的突破口。1978年底的出访考察在中国航空工业史上具有里程碑的意义。

第二节 提出科研先行

● 天津航空科学技术工作会议

1978年3月，全国科学大会在北京召开，邓小平在会上提出了"科学技术是生产力"的精辟论述，"科学的春天"来到了祖国大地。为贯彻落实全国科学大会精神，三机部党组决定，于1978年7月22日—8月2日在天津召开航空科学技术工作会议。

为筹备这次会议，负责科技工作的三机部副部长兼航空研究院院长徐昌裕用了两个月时间，分期分批召集各航空厂、所、院、校的有关专家、教授300多人次进行座谈，全面总结航空工业20多年来的经验教训。通过座谈，大家认识到，航空工业是技术含量很高的产业，必须坚持科研先行，搞好预先研究，增加技术储备，才能在新机研制时应用新技术，这是航空工业发展的规律。

徐昌裕提出，航空科研工作的内涵划分为基础研究、应用研究、预先研究、型号研制和改进改型5个阶段。其中前3个阶段统称为预先研究，后2个阶段属于发展。他组织与会专家分专业组对世界航空科技发展走向进行了系统分析和整理，根据我国军民发展需求提出了拟重点开展的研究方向。在由徐昌裕副部长负责主持起草的供航空科学技术会议讨论的《1978—1985年航空科技发展规划纲要（草案）》中，首次提出了需要开展预先研究的8个关键研究项目、10个技术研究方向上的199项重点研究课题。这项具有战略性、前瞻性的举措，对后来中国航空工业和航空技术的发展起到巨大的推动作用。

1978年7月22日，航空科学技术工作会议在天津召开，吕东部长在会上提出：航空工业要实行科技先行的方针。会议通过了《1978—1985年航空科技发展规划纲要（草案）》，明确了加强预先研究和加快飞机更新换代的方针。会议理顺了三机部和航空研究院的分工，统一了认识和行动。这次会议以提出科研先行、落实预先研究，成为中国航空工业走上依靠科研发展的一个转折点。

 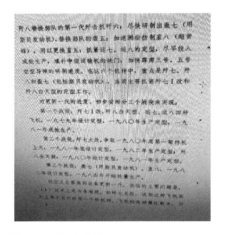

三机部做出关于更新一代飞机的安排

• 抓好预先研究是落实科研先行的基础

航空工业实行科研先行方针，必须处理好预先研究、型号研制和批量生产三者的关系。过去20多年中，航空工业只重视型号研制和批生产，对预先研究工作重视不够。所以，由于缺乏技术储备，新机研制和批生产中不断出现技术难题，新机研制工作中只能不断组织技术力量，边设计、边攻关，采取突击式方式搞研究，"临时抱佛脚"以解燃眉之急。其后果是新机研制风险不断，设计试制进展缓慢，试验试飞的过程很漫长。航空发展面临"无米之炊"。所以，痛定思痛，坚持科研先行方针，必须从切实抓好预先研究抓起。

天津会议在指导思想上明确了开展航空预先研究的必要性和急迫性。但预研工作从何处入手？人们的认识还不一致，有人认为应该从型号研制迫切需要解决的问题入手，先解决型号攻关的问题；也有人认为应该从长远研究着手，不能仅满足现行型号的需求，要着力于超前性、探索性和先导性。科研先行需要在实践中不断充实内涵，特别是解决好预先研究与型号技术攻关的关系问题。三机部党组在吕东部长的主持下，通过讨论决定：将航空科研分为预先研究和型号研制两大组成部分，确立了预先研究的地位和作用，并且决定从科研经费中划出30％的专款用于预先研究工作。这一举措，确保了预先研究工作的地位，防止了型号技术攻关挤占正常的预研经费，保证了航空预研能够致力于对航空工业长远发展有重要影响的新概念、新原理、新技术、新材料、新工艺的研究课题。实践证明，确定预先研究的目标和方向，对于中国航空技术保持持续发展起到了十分关键的作用。

江泽民总书记参观航空预先研究成果展示

• "三个一代"列入航空工业发展战略

1977年12月28日,国务院、中央军委提出,空军要提高以战略要地为中心的国土防空能力,并提高对陆海作战的支援能力。保障主战场的制空权,重点发展中、高空歼击机和低、中、高空防空导弹,积极发展中、近程轰炸机和强击机,相应发展运输机和直升机。

为了贯彻落实上级的决定精神,三机部党组在吕东部长主持下提出了飞机"三个一代"的目标,即"更新一代,研制一代,预研一代"。1980年2月,在航空工业企事业领导干部会议上,吕东部长把航空工业的战略指导方针,概括为"三个一代"和"三个转轨"(转到质量第一、科研先行、按经济规律办事)。从而正式确定把飞机发展的"三个一代"列入了中国航空工业的发展战略。

从改革开放之初,中国飞机的发展在更新一代方面,围绕强5、歼7、歼8、运7等机种的改进改型展开;研制一代围绕歼7Ⅲ和歼8Ⅱ等新机研制,以及直8、直9直升机的试制展开;预研一代则主要针对未来新一代战斗机(即后来的歼10战斗机)开展预先研究工作。

第三节

开展航空关键技术和预研重点课题研究

• 确定关键研究项目和重点研究课题

1978年7月,在航空科学技术工作会议上通过的《1978—1985年航空科技发展规划纲要（草案）》中明确提出："要瞄准新一代战斗机，组织开展以 8 个关键研究项目为中心的预先研究工作和 10 个专业共 199 个重大研究课题研究。" 8 个关键研究项目是：高推重比发动机、主动控制技术、先进火控系统、机载设备电子技术和数字技术应用、断裂力学疲劳理论的研究与应用、计算机辅助设计与制造、钛合金与复合材料、精密高效热成形工艺。

10 个专业研究方向的 199 个重点研究课题包括：空气动力学 10 个、飞行品质与试飞 19 个、结构强度 12 个、发动机 19 个、导弹火控 20 个、机载设备 35 个、材料与工艺 38 个、计算机应用 17 个、测试 12 个、标准与计量 17 个。三机部决定，在"七五"计划期间，航空预先研究工作实现计划单列。此后，航空预研工作列入了正常计划，从而有力促进了中国航空技术的持续发展。

按照"背景需求牵引，技术发展推动"的原则，从 1978 年之后，航空预研工作进入了有目标、有计划的发展阶段，航空科研院所、航空生产企业的设计部门、航空高等院校等单位相互合作，瞄准研制未来新一代战斗机所需的关键技术，围绕主动控制技术、高推重比发动机技术、先进火控系统技术、断裂力学和疲劳理论的应用研究、计算机辅助设计与制造技术、航空电子综合技术，以及未来战斗机布局研究等重大预先研究领域开展了持续、深入的预先研究工作，取得了一系列突破性成果，有力支持了航空工业的持续发展。

1986 年 4 月，航空工业部召开科技发展规划会议，通过了 1986—1995 年航空预先研究及基础技术的发展规划。将预先研究的重点滚动推进。新的规划中提出了世界新一代战斗机（以 F-16、米格-29 为代表）的五大关键技术：先进飞机总体技术（含先进气动布局和结构）、高推重比航空发动机技术、主动控制技术、航空电子综合技术、先进材料和制造技术（含复合材料和 CAD/CAM）。会议提出要尽快攻克这五大关键技术，为我国航空工业的持续发展打好技术基础。

从 1978 年的八大研究项目，到 1986 年的五大关键技术，航空预先研究工作方向明确，重点突出，安排合理，成果明显。通过持续研究，在许多领域取得了重要成果。

• 空气动力学研究推进先进气动布局优化

通过在空气动力学的基础理论、实验技术、计算方法和飞行力学等领域开展研究工作，适应了自行开展超声速战斗机、高亚声速运输机、水上飞机、教练机、通用飞机和直升机设计研制的需求，建立了多种超临界翼型、掌握了马蹄涡格网法、面涡法等有限元方法，掌握了模型姿态控制等风洞试验控制方法，有效扩大和提高了风洞试验的范围和效率。

李天院士

在先进气动布局研究方面，沈阳所在李天院士带领下，针对未来飞机型号的技术难点，先是重点开展了复合平面形状机翼、翼身融合体、尖前缘涡襟翼布局的超声速巡航、高机动和短距起落技术的研究，后又完成了以高机动、隐身为目标的先进战斗机布局方案研究。通过这些研究工作，为新机研制和现役飞机的改进改型提供了技术支撑。

• 主动控制技术研究取得重大突破

从20世纪70年代起，主动控制技术（ACT）作为先进技术成为第三代（以F-16为代表）和第四代（以F-22为代表）战斗机的主要技术特征。主动控制技术的研究与应用基础是全权限、全时工作的电传飞行控制系统，又有模拟式电传飞控（F-16A/B采用）和数字式电传飞控（F-16C/D采用）

第五章 | 提出"三个一代"狠抓预先研究（1978—1998年）

两类。它是航空强国必争的关键航空技术之一。

航空研究院专门设立了 ACT 处，主抓主动控制技术预研工作。最初的规划，先由试飞院的歼教 6 作为验证机，由附件所和自控所分别研制单纵轴模拟式和数字式电传飞控系统；然后再以歼 8 作为验证机开展三轴数字式电传飞控系统研制和试飞。后来由于种种原因，歼教 6 的验证试飞未能进行，从 1983 年转为以歼 8 为验证机，对航空附件所和自控所先前分别开展的模拟式和数字式 2 种四余度纵向单轴电传操纵，进行验证机的系统研究和试飞，先后于 1988 年 12 月和 1990 年 12 月完成了 2 个纵轴的预研任务。

从 1988 年底开始，研究工作进入第二阶段，由顾诵芬和李明主持，自控所、计算所、附件所、沈阳飞机制造公司（简称沈飞）等多单位开展合作，在歼 8 Ⅱ ACT 验证机上开展放宽稳定性等功能的三轴数字式多余度电传操纵系统研制和飞行验证工作。此后，顾诵芬于 1989 年 11 月带队赴法国达索公司和英国马可尼公司寻求合作未果。自己的预研还要不要继续进行下去？预研团队认为坚持自力更生、自主开发才能不受制于人。在林宗棠部长、王昂副部长力排众议之后，上级领导机关于 1990 年决定，接受"八二工程"受挫的教训，坚持完成歼 8 Ⅱ 三轴数字式电传飞控验证机计划，并为国产战斗机后续使用做好备份。

单轴模拟式电传操纵系统试验现场

该项目工作团队在总设计师李明率领下，采用歼 8 Ⅱ 原型机 03 架作为验证机，按照技术先进性、工程实用性、改装可行性、功能扩展性和对歼 10 系统功能覆盖的原则，确定了全时全权、放宽静稳定性等系统功能。在确定系统采用四余度配置结构还是三余度加自监控结构时，李明决策，采用结构更复杂，但更安全可靠的四余度结构。为保证放宽静稳定性试验成功，李明又决定为验证机加装一个可控偏转的前翼，经过风洞试验后，又决定去除原机的后退式襟翼，在机翼两边各装一块后缘机动襟翼并与副翼同时偏转，加上平尾配合实现直接力控制。

歼 8 Ⅱ ACT 技术验证机

ACT 预研团队于 1996 年完成飞机改装。1996 年 12 月 29 日实现首飞。1999 年 9 月完成了全部飞行验证。歼 8 Ⅱ ACT 验证机三轴数字式电传飞控系统是完全依靠国内力量自主研发完成的，其总体技术水平与 F-16C/D 相当，优于苏-27 的飞控系统。该项目获得了国家科学技术进步奖二等奖。此后，结合歼 10、歼 11 等型号需求，各相关单位开展并完成相关的主动控制功能和综合飞行/火力、综合飞行/推力控制的研究和试验任务，使得中国在电传飞控技术方面快速赶上了世界先进水平。

• 高推重比发动机研究取得明显进展

1979年6月,航空研究院召开高推重比发动机预研工作会,筛选出88项研究课题并落实到责任单位,确定航空喷气发动机研究所为预研抓总单位。国内有跨行业的24家单位近1000名科研人员参加了这一以推重比8为目标、以高压压气机、短环形燃烧室和大负荷跨声速高温涡轮三大核心部件为重点的预研项目。1980—1982年以基础研究为主,此后以部件技术研究为主,到1989年底完成了各种技术报告2000多份、试验件200多台(套),不少成果填补了国内空白。

高推重比发动机的预先研究工作有力支撑了国产发动机的设计研制工作,在国产"太行"涡扇发动机从1987年正式立项研制后,该型号发动机总设计师张恩和在"太行"发动机几大关键部件设计中,直接选用了数十项有预研成果的新技术、新材料和新工艺,例如,带进气可变弯度导向叶片的三级风扇跨声速气动设计;复合倾斜弯扭的两级低压涡轮三维气动设计;空心低压涡导向叶片、三联整体无余量精铸结构;复合材料外涵机匣;平行进气式加力燃烧室;全程无级可调收敛-扩散尾口设计等。"太行"发动机设计研制的成功,得到了先前扎实的预先研究强有力的支撑。

"太行"涡扇发动机

• 开展先进火控系统研究

1979年8月,航空火控设计研究所(现称光电所)开始衍射光学平视显示综合武器火控系统研究工作,它使机载武器具有多种攻击方式,可显示复杂光电图像,能全天候使用,适用于多种机型。该火控系统与机载雷达等电子设备关联后,具有全天候、多功能、综合化等显著特点。1980年11月,直径200毫米的透镜率先试制成功,为研制反射型透镜奠定了技术基础。

1982年,由光电所研制的中国第一代平显火控原理样机试飞成功,使用方一度担心其技术不成熟,在新机研制时仍将瞄准具作为第一方案,平显火控系统只作为第二方案。为此,光电所没有放弃,坚持攻克了平显火控系统的关键技术,终于通过样机试飞,得到了用户的认可。此后,平显火控系统装机使用。1990年,上级领导要求"火控系统应能够满足发射和制导导弹",光电所在平显火控系统中研制并加装导弹接口和离轴组件,光电所与兄弟单位合作完成了相关改进。由光电所研制的新型平显火控系统设计定型后,几经改进改型,成功被各型作战飞机使用。

光电所第一代飞机瞄准系统调试现场

• 断裂力学与疲劳理论研究助力飞机安全与增寿

早在1975年,飞机强度研究所和航空材料研究所等单位就开展了断裂力学和疲劳理论的研究工作,1978年之后该研究被列入航空预研的重点项目。围绕断裂力学在损伤容限设计中的应用,研究了典型件的断裂分析和加筋板的剩余强度分析,针对运10、轰6和歼7等飞机的破损-安全特性研究结果,编写完成了《应力强度因子手册》。疲劳理论的研究主要针对现役飞机使用寿命的预测、应力应变疲劳理论的应用研究、连接件疲劳寿命研究和航空材料疲劳性能参数的测定等。

《应力强度因子手册》

中国航空科技人员在疲劳断裂理论和方法研究方面取得了一些高水平的成果。例如,航空材料研究所颜鸣皋院士通过开展疲劳裂纹萌生和初期扩展的力学行为与微观机制研究,为新材料选材、老机种故障分析与延寿提供了有实用价值的操作方法。航空材料研究所通过研究钛合金在系统变化下裂纹扩展的行为,提出了改进的材料寿命预测模型,并将其应用于飞机材料的寿命估算。

• 率先开展计算机辅助设计与制造技术研究

1980年3月，作为航空预研的重点研究方向之一的计算机辅助设计/制造（CAD/CAM）项目，在航空研究院的组织下，由计算所等多个航空厂所与西工大合作，在国内率先开展了 CAD/CAM 的研究，并利用计算所与西安飞机制造公司（简称西飞）的计算机网络工程，开展了相关的系统研究工作，包括几何设计、结构优化、静动力分析、数控软件编程和数据库管理等。

在进行了计算机辅助设计之后，如何进行数据传递，为计算机辅助制造及管理所用，必须解决计算机集成的问题，当时美国正在尝试进行计算机的网络集成。1983年，航空工业在"六五"计划中将计算机辅助设计/制造及管理（CAD/CAMM）列入了预研重点课题，西安地区的计算所、西安所、强度所、西飞和西工大的上百位专家教授在强度所所长冯钟越、西安所总师陈一坚、西工大教授杨彭基等率领下，共同研制成功了当时国内集成度最高的 7760CAD/CAMM 系统，该成果后来被评为了 1986 年国家科技十大成就之首，并荣获国家科学技术进步奖二等奖。在该研究中，利用西门子 7760 计算机完成了 1140 多万语句的软件，完成了 CAD/CAMM 程序。后来该系统的成果首次在陈一坚担任总设计师的"飞豹"飞机研制中得到实际应用，对该机的总体优化、结构有限元非线性分析等发挥了十分显著的效果。此后，该系统被广泛应用于航空工业多个飞机型号的设计、试制和制造与管理工作。这标志着航空工业在 CAD/CAMM 技术方面在国内处于领先地位。

"飞豹"飞机总设计师陈一坚院士

第五章 | 提出"三个一代"狠抓预先研究（1978—1998 年）

● 航空电子综合系统研究使中国飞机进入信息化时代

1979 年 7 月，三机部批准航空电子综合系统研究规划，其目标是开展机载计算机可靠性、系统结构及通用化、兼容性和专用软件研究，以实现机载计算机的网络系统用于火控、导航和飞控等机载系统中。

多路传输数据总线是这项预研的核心部件，航空电子所、航空计算所和北航共同负责总线预研，北航负责理论研究，航空电子所完成单元电路试验、总线接口部件和验证机联试，航空计算所负责总线系统原理样机研制。1981 年 10 月，该项研究进一步扩展到航空电子综合系统总体、机载计算机、通信-导航-识别多功能综合系统和多功能天线等方面。这项由多单位合作开展的研究工作对中国航空机载技术追赶世界先进水平起到了重要作用。

航空电子综合系统的预研成果在轰 6 飞机的航电系统综合验证、歼 8 全天候飞机航电系统验证中得到了认可，随即展开的 1553B 多路传输总线技术、机载计算机技术、综合显示技术、软件技术等关键技术攻关，也陆续取得成果，为后续启动的"873 综合航空电子综合项目"打牢了技术基础。此后开展的 873 项目分为研制基本型、为歼 8 全天候飞机服务和支持新歼飞机航电设备研制三步走。航空电子所与有关单位合作，于 1993 年完成了试飞样机的验证，随后开始应用在军机的改进改型。预研成果成功转化成为型号实用技术。

● 瞄准未来战斗机技术的"预研一代"

1979 年底，三机部副部长兼航空研究院院长徐昌裕在成都主持召开了新一代战斗机预先研究座谈会，共有 34 个单位的代表参加。会议提出要针对新一代战斗机所需的高推重比发动机、新的气动布局、主动控制技术、先进武器系统、复合材料等关键技术，组织开展预先研究。同时，还安排开展捷联惯导、高过载座舱和航空电子综合系统等的预研工作。

按照会议要求，有关战斗机设计研究单位开展了围绕未来战斗机的预研总体工作，对新机的战术技术指标、动力装置等研究和论证工作全面展开。通过提早开展预先研究工作，有力支撑了新型战斗机型号设计研制工作的开展。

● 航空预先研究和关键技术攻关成果显著

从1978年8月天津航空科学技术工作会议提出航空预研目标后，航空工业实现了从重点抓批量生产转向重点抓科研的战略转移，预研工作开始走向有目标、有计划的发展阶段。1979—1995年，航空工业共取得部级以上科技成果3500多项，其中国家发明奖127项，国家自然科学奖7项，国家科学技术进步奖180项。在完成的600多项预研课题中，约20%达到国际80年代中期的水平。

航空工业全行业充分认识到预先研究工作的重要性，科研先行，狠抓预研成为航空工业上下的共识。航空技术在航空综合电子系统技术、高推重比发动机技术、飞机主动控制技术、机载武器与火控系统技术、直升机关键技术、复合材料应用技术、先进制造技术、机电系统关键部件、CAD/CAM/CAPM技术等方面取得重要突破。航空预研的成果和关键技术攻关在新机研制、现役飞机改进改型和技术服务等方面发挥了重要作用。

先进直升机头瞄火控系统

预先研究多年的成果——
采用矢量发动机技术的歼10飞机

1993年，航空工业总公司成立后提出了加强预研工作的若干意见，要求各单位要像抓型号研制一样抓好预研工作。同时，提出了航空预研管理程序，包括编制预研发展战略、五年计划和年度计划。航空预研工作坚持"背景需求牵引，技术发展推动"原则，成立了航空预研专家组，部分项目开展了系统工程管理。经过几个五年计划的持续攻关，航空预研工作取得显著成效。1995年10月，航空"八五"预研成果展示会在北京举办，江泽民、李岚清、吴邦国、刘华清等党和国家领导人参观了这次展览，充分肯定了航空预研工作取得的巨大成就。

第四节

改革开放促进航空科技的发展

● 航空科技管理体制进一步调整

1979年起，根据三机部的决定，已并入三机部的航空研究院，把原来负责的新机设计研制和型号改进改型工作，划归三机部部机关的相关产品管理部门负责。航空研究院将主要精力投入到航空预先研究的组织管理上，除负责部内各单位的航空预研工作外，还归口管理北航、西工大和南航等航空高校的航空预研工作。三机部要求，各航空科研院所在完成好各自承担的型号设计研制工作的同时，都要积极组织专门的科技力量从事航空预研工作。由航空研究院同时负责航空高校的航空预研工作，便于把"产、学、研结合"落到实处。

1982年6月，航空研究院在政府机构改革中被撤销，保留了中国航空研究院用于国际航空科技合作与交流。1988年8月，航空工业部与航天工业部合并成立航空航天工业部，同时成立了航空航天工业部科学技术研究院，由何文治副部长兼任院长。航空航天部科学技术研究院下属14个航空基础类研究所和1个工厂，并下设北航、西工大、南航3个分院。该研究院主要负责航空预先研究和技术基础研究的组织管理工作。

1988年，航空航天工业部成立

1993年，航空工业总公司成立

1993年，国家机关改革中，航空航天工业部被撤销，成立了航空工业总公司，航空航天部科学技术研究院同时被撤销。航空科研管理工作由航空工业总公司相关司局归口管理。1999年7月，中国航空工业总公司分拆为中国航空工业第一集团公司和中国航空工业第二集团公司，两个公司分别管理各自企事业单位的航空科研工作。2008年11月，中国航空工业集团公司成立后，中国航空研究院又一次成为直属单位之一。

为了推动专业科研院所为生产企业服务，从80年代中期开始，先后在航空工艺研究所、航空材料研究所、航空精密机械研究所等单位建立了航空工业技术、航空材料/热工艺/理化检测技术、航空机载设备制造等专业研究中心，起到密切联系科研机构与企业，推动基础技术管理的作用。

● 广泛开展航空科技国际合作与交流

抓住改革开放的机遇，中国航空研究院积极开展与国外著名航空科研机构的科技合作与交流。1979年3月，联邦德国航空航天研究院院长约尔尼率团访华，与中国航空研究院签订了科技合作协议。当年 10 月和 11 月，瑞典航空研究院院长逊丁、英国皇家飞机研究院副院长罗杰斯分别率团访华，与中方达成航空科技合作共识。1980 年 6 月，美国 NASA 副局长莱斯率团访华，1983 年 5 月中国航空研究院与美国 NASA 签订了航空科技合作协议。中国航空研究院先后与德国、瑞典、美国、法国、印度、俄罗斯和波兰等国家级航空科研机构建立战略合作关系，采取派出去、引进来等方式，开展了包括空气动力学研究与试验、结构力学、推进技术、飞行控制技术、航空机载设备技术、航空材料、航空制造技术、计算机网络、飞行试验、空中交通管理等众多专业的航空科技合作项目。通过这些合作项目，引进国外的先进技术，培养了一批具有国际视野的航空科技骨干，有力支持了中国航空技术的发展进步。

顾诵芬院士在中俄航空科技合作交流会上讲课

• 开始招收航空专业硕士和博士研究生

1981 年，国务院批准的首批硕士授予学位单位中包含多家中国航空研究院所，此后，每年由各个航空科研院所招收和培养的航空工程各专业研究生人数越来越多，到 1988 年，博士、硕士研究生招生单位已达 24 个，专业达

21个。据统计，从改革开放到2020年，中国航空研究院累计培养研究生3774名，其中硕士3522名、博士252名，覆盖了主要航空专业技术领域，他们为中国航空的创新做出了重要贡献。

● 建立航空科学基金支持基础科研

1985年11月18日，航空工业部设立了航空科学基金，专门用于支持航空科技的基础研究。1991年，航空科学基金办公室成立，负责基金管理工作，航空科学基金的资金规模、资助单位和资助范围逐步扩大。该基金除了支持几十家航空科研院所外，还面向上百所国内的高等院校、数十家中国科学院的科研院所，成为国防科技工业中规模最大、影响力最深的科研基金。设立航空科学基金后，重点支持航空应用基础科研、前沿技术研究和探索类科研项目，催生出一大批创新成果，有力地支撑了航空科技的创新发展。据统计，1985—1994年的十年间，航空基础科学基金资助经费总额4320万元，资助项目1559项，有105项获得省部级以上奖励。

● 及时开展海湾战争研究明确航空科技发展方向

1991年1月，以美国为首的多国部队发动了伊拉克战争，美军出动10万架次飞机，投弹9万吨，仅用42天时间就迫使拥有120万兵力、5600多辆坦克的伊拉克军队举了白旗。这场战争向世界展示了高技术环境下现代战争新的作战模式，让中国人对现代战争、具有信息化特色的武器装备（特别是隐身飞机、精确制导武器、武装直升机等先进武器装备）有了重新的认识。在航空工业部机关的组织领导下，航空科技情报研究所等单位及时开展了对海湾战争中航空武器装备作用的综合研究，航空工业部科技委还组织召开了专题研讨会。通过研究分析，针对我国航空武器装备和航空科研的发展现状，以航空工业部科技委常委、航空情报所研究员王道荫为首的航空科技情报研究所海湾战争研究组提出"必须加强航空武器装备超视距作战能力、对地攻击能力、电子战能力和夜战能力等 4 种能力"的具体建议。该报告上报后，得到了军队领导机关的高度重视，对调整我国"八五"航空武器装备发展规划和促进一系列先进航空武器装备的立项起到了重要影响。中国航空武器装备和航空科技发展进入新的发展阶段。

参加海湾战争的美国 F-117 隐身飞机

● 航空科研条件建设速度加快

1979 年 12 月，三机部批准了航空研究院提出的重点试验设备建设规划，重点建设飞行试验、飞机结构强度、航空发动机、弹射救生等试验研究基地，同时适当充实飞行控制、火力控制和航空计算技术等的研究试验条件。这一举措使长期以来航空科研试验条件不能适应新机研制的局面明显改善。

在试飞条件建设方面，围绕飞机平台飞行试验、发动机飞行试验、综合航电飞行试验、试飞测试、目标测试等重点开展了建设工作。1982—1984 年，试飞院引进了平显/武器瞄准计算机系统，开展空投武器投放的评估，成功完成了歼 8 Ⅱ 火控系统的定型鉴定试飞。试飞院开发的试飞测试系统开始与国际接轨，建成华山试飞测试系统，它是一种大型磁、遥、视三合一的分布式综合测试系统，使中国飞机试飞进入了综合测试阶段。

在发动机科研条件建设方面,航空发动机高空台的建设从1983年起加速推进,1989年7月,冷却器一次试压成功,1994年全部建成,该项目获得国家重大科技设备建设奖。1978—1998年,为保证"昆仑"涡喷发动机、"太行"涡扇发动机等新机研制,沈阳发动机所先后新建了强度试验、燃烧试验、气源等厂房,改造了简易试车台,补充了试车台测试系统,增加了计算机辅助设计能力。此外,航空动力控制系统研究所(简称动控所)开展了发动机数字电子控制的试验条件建设。

在气动科研试验设施建设方面,航空工业在沈阳建成了高速1.2米风洞(FL-2风洞)、$Ma0.3 \sim Ma2.25$的三声速进气道试验台(FL-3风洞)。在国家统一规划和建设下,在军方、各国防工业部门、中国科学院和高校形成了分层次、有特色和有配套的空气动力研究试验体系。

在飞机结构强度试验设施建设方面,航空强度研究所等单位在全机静力/疲劳、起落架落震、飞机结构热强度、飞机壁板试验等方面,新建或补充了一批新型试验设施,为型号研制和技术演示验证提供了有力保证。

FL-2风洞

1987年6月,火箭橇滑轨试验场在湖北襄樊动工兴建,于1996年12月进入试运行。这条3132米长的滑轨,使中国成为继美、俄、英、法之后,第5个拥有此类大型试验设备的国家。该试验场的设备最大起动重量7500千克、

最大时速达 $Ma1.5$。

● 数字化技术开始进入航空工业

从 20 世纪 80 年代后期开始，数字化设计与制造技术在航空工业开始全面应用，通过实施"甩图版工程"、CIMS 工程、金航工程等，计算机信息技术进入到飞机设计生产全过程，航空工业的数字化技术应用开始由点到面逐步展开。

"甩图版工程"于 20 世纪 80 年代在航空工业展开，成都所、沈阳所、直升机所、西安所、导弹所、昌河厂等单位在多个型号设计中，应用先进的大型计算机进行数据分析，开展计算机辅助飞机设计，替代了过去的手工图版设计，首先完成电子二维设计制图，把应用了几十年的手工图版彻底甩掉。此后，航空工业通过引进国外先进技术，开始应用计算机辅助飞机及工装的三维设计，逐步突破了数字化定义与预装配、产品数据管理、设计与制造信息集成等技术难关。

数控加工技术伴随着计算机辅助制造的开展，从 20 世纪 80 年代中后期开始进入到航空工业生产制造领域，它在飞机复杂结构件生产领域发挥了重要作用，通过工艺分析、型面测量、曲面构造、数控编程到加工工艺流程，数控加工技术在制造精度和质量上达到了非常高的水平。西飞、成都飞机工业（集团）有限责任公司（简称成飞）、沈飞等企业通过承担波音、麦道、空客的民机转包生产，提高了与国际先进水平相适应的数字化设计/制造/工艺技术水平。航空工业开展了柔性制造系统（FMS）技术的研究，建成了中国第一条生产型航空结构件柔性制造系统。

CIMS 工程是国家高技术研究发展计划（"863 计划"）的主题之一，1989 年，成飞作为中国第一家 CIMS 应用工厂，建成了有中国自主知识产权的飞机制造集成软件体系，支持了企业实现计算机集成制造系统能力。沈飞、西飞、昌河厂等飞机企业，以及自控所、电子所等机载单位也开发了各自的计算机集成制造系统。中国航空工业在计算机集成制造技术方面走到了国内前列。

1995年，金航信息工程启动，其目标是建设两大应用系统和一个支撑系统，即基于网络环境的计算机辅助设计/工程/制造系统、行业信息管理系统，支撑系统是行业综合网络系统。金航网络采用了在国家公共通信信道上建立航空工业专业虚拟专网方式建设。"九五"期间，金航网络一期以北京的航空工业信息中心（航空科技情报研究所）为网络中心，建成了沈阳、成都、上海、西安、阎良五个地区中心的主干网，实现涉密信息安全传输。"十五"期间，持续推进了二期网络工程建设，在完成所有主机厂所接入后，向所有企事业单位全覆盖。中航二集团成立后，及时启动了"兴航网络工程"建设，也建成以航空工业信息中心联通集团各下属单位的虚拟专网。金航工程和兴航工程的建成，为航空工业在企业内网上开展异地协同工作、型号联合研制提供了平台支撑。

• 航空工业成为国家高技术产业

航空技术是现代科学技术和工程技术的结晶，但航空工业始终未被列入国家高技术产业之列，这影响了航空技术在国内的快速发展。1986年，国家启动"863计划"高技术研究发展计划时，航空技术又一次未能位列其中。为改变这种状况，中国航空工业总公司党组和航空工业内外的专家学者一直在向党中央积极呼吁。1995年9月，在中航总党组的组织协调下，王大珩、师昌绪、马宾、高镇宁、庄逢甘、张彦仲、顾诵芬等专家联名向党中央、国务院领导写信，建议将航空工业列入国家高技术产业。1995年9月，在党的十四届五中全会通过的《中共中央关于制定国民经济和社会发展"九五"计划和2010年远景目标的建议》中，首次将航空列入了高技术领域，确认了航空技术在国家的战略定位，这对于中国航空技术的发展具有深远的历史意义。

第五章 | 提出"三个一代"狠抓预先研究（1978—1998年）

第五节

用高新技术完成"更新一代"

● 歼7战斗机的改进改型

1978—1998年的20年间，航空武器装备合理安排"三个一代"，型号科研攻关不断取得新的突破。属于"更新一代"的重要机种——歼7战斗机自1966年在沈阳首飞成功后，陆续转至成飞和贵州航空工业基地继续生产。成飞在成都所所长屠基达主持下，先后开展了歼7Ⅰ和歼7Ⅱ的改进改型工作。1979年9月，歼7Ⅱ飞机设计定型并开始批量生产，该机逐步替代了歼6战斗机。从1979年起，成飞抓住改革开放的机遇，引进英国的平显、雷达、机载计算机和敌我识别器等7项航电火控设备，发展了出口型的歼7M战斗机，该机从1985年起批量出口到多个国家。

歼7M战斗机

腾飞之路
——中国航空技术的发展与创新

歼7Ⅲ战斗机

在歼7飞机的系列改进改型中，有许多技术创新。歼7通过换装涡喷13F发动机、JL-7A火控雷达和新型国产导弹进行了一系列改进改型。其中，在歼7E的改进中，成飞采纳西工大飞机系沙伯南老师提出的带外翼边条的三角翼的机翼改进设想，使歼7由三角翼改为双三角翼，同时配装了前后缘机动襟翼。歼7E飞机的中低空和亚跨声速机动性能明显提高，从而显著提升了歼7E的瞬时盘旋技能，达到与F-16A飞机盘旋性能基本相当的水平。该机于1993年定型交付，并稳定生产了10年。2002年6月首飞的歼7G飞机，在雷达、平显和头瞄等30多个方面进行了改进，使飞机综合性能跨上新台阶，成为低成本、高效能的战斗机平台。歼7系列飞机不仅成为了中国空、海军的主力战斗机，还有数百架飞机出口到世界十多个国家。

歼7主要机型谱系

• 歼 8 II 研制全面提高战斗机设计水平

歼 8 II 战斗机的研制不属于改进改型，严格意义上讲，属于在原歼 8 战斗机平台上研制了一型新机。为了增强歼 8 战斗机的中低空机动性和跨声速性能，由顾诵芬担任总设计师，沈阳所启动了歼 8 II 战斗机的研制工作。对比原型机，歼 8 II 属于飞机大改，总更改率达到 70% 以上，仅吹风试验就进行了 1.1 万次。歼 8 II 研制主要包括：改机头进气为两侧进气；重新设计飞机前机身；换装涡喷 13 新发动机；增加 2 个外挂架，装备中距空空导弹；更换新的瞄准具；增强电子对抗能力；装备自动驾驶仪等。改进后的歼 8 II 低空机动性和跨声速性能显著提高。1983 年 4 月，该机完成设计发图。1984 年 6 月 12 日，歼 8 II 飞机首飞成功。1988 年 10 月，歼 8 II 飞机设计定型。

歼 8 II 首飞试飞员曲学仁（左一）

在歼 8 II 的设计中，有许多技术创新。例如，歼 8 II 由机头进气改为两侧进气，这对于两倍超声速的飞机缺乏把握，顾诵芬经计算、分析和风洞试验，决定采用垂直放置于机身两侧的二元三波系外压式可调节超声速进气道，采用线性调节和两级迎角补偿调节，经过 800 多个起落、589 小时试飞表明，进气道性能优异，全面达到设计指标。为解决歼 8 II 副翼效率低、横滚特性差的

腾飞之路
——中国航空技术的发展与创新

问题，顾诵芬提出采用差动平尾增加滚转效率，他亲自参与风洞试验，确定偏转规律，改进舵机和操纵系统，使歼8Ⅱ的滚转特性达到了较高的水平。

顾诵芬院士　　　　　　　　李明院士

为了增强歼8Ⅱ战斗机的对地攻击能力，改变歼8Ⅱ飞机未配装平显火控系统、火控雷达未采取脉冲多普勒体制、不具备下视下射能力的现状，航空工业又启动了对歼8Ⅱ飞机的8项加、换、改装，包括引进中距拦射空空导弹、改装平显火控系统等，改进成为歼8Ⅱ的02批飞机，该机于1995年12月设计定型，该机整体达到了国际上"二代半"战斗机的技术水平。歼8Ⅱ成为20世纪90年代中国空、海军的主力战斗机机种之一。

在歼8Ⅱ问世之后，为提高歼8Ⅱ战斗机的航电和火控系统水平，抓住改革开放之机，在中美两国政府的支持下，1986年中美合作的"八二工程"启动，拟使用美国的电子火控系统改装歼8Ⅱ，使其性能接近F-16A。按照中美双方的协议，美国格鲁门公司负责将先进的电子火控系统用于改装中国的歼8Ⅱ战斗机，包括采用美方的APG-66火控雷达和1553数据总线等。中方派出了以沈阳所李明总设计师为首的技术团队赴美参与"八二工程"。1989年6月之后，由于政治原因，中美"八二工程"合作终止。1993年1月，改装用的2架歼8Ⅱ飞机运回中国。这再一次表明，依靠别人实现中国航空技术的飞跃是难以实现的。

第五章 | 提出"三个一代"狠抓预先研究（1978—1998年）

歼8与"八二工程"

1991年，在歼8Ⅱ的基础上，以换装国产化的航电火控系统和新型涡喷14发动机的"八三工程"启动。1993年12月，首架原型机——歼8C试飞成功。1998年，飞机、发动机开始定型试飞。后来，歼8C的技术成果继续应用到歼8后续的改进改型中。

1988年12月，歼8系列又启动了歼8D受油机的研制，1990年11月，歼8D首飞成功，1996年4月完成设计定型。歼8系列战斗机又先后发展了歼8F、歼8G、歼8H等改进改型，以及歼侦8F侦察机改型，不断将新型国产航空电子、航空机电、航空武器和新材料、新工艺的最新成果应用到歼8系列飞机上，使之不断提高作战使用效能。完全依靠自己技术设计研制的歼8系列战斗机，成为中国航空工业根据用户需求，不断使用新技术、新成品改进改型主战飞机的典型代表。歼8系列飞机先后衍生出16种型号和技术验证机，装备部队350多架。歼8与歼7形成了中国第二代战斗机的"轻重搭配"格局。

歼侦 8F 飞机

• 轰 6 轰炸机旧貌换新颜

　　轰 6 轰炸机是不断使用新技术"更新一代"的另一个典型机种。为增强海军使用轰 6 飞机的攻击能力，西飞启动了轰 6 丁飞机的改型，在飞机两侧机翼下各挂一枚空舰导弹，同时增加了导弹瞄准火控系统、自动领航轰炸系统和新型雷达，对飞机结构也进行了加强。受"文化大革命"影响，轰 6 丁飞机的改进启动后一度停止，后来于 1975 年重启。1981 年 8 月 29 日，轰 6 丁飞机首飞成功，1985 年底，该型号通过了设计鉴定，开始批量装备海军航空兵部队，有力增强了人民海军的空中作战能力。

轰 6 丁轰炸机

　　从 1989 年 6 月起，西飞又承担了中国首架空中加油机——轰 6 空中加油机的研制任务,它是中国军机"走出去"的关键装备。轰6通过改进机头整流罩、改进机载系统、加装翼下软式加油吊舱和增加加油管等工程完成了空中加油机的试制。1991年6月,轰6加油机——轰油6首飞成功;同年12月23日,轰油6与歼8D受油机空中加油试验圆满成功,使中国航空武器装备有了"力量倍增器"。此后,轰6轰炸机的系列改进改型没有停步,1998年12月2日,装载先进空地导弹的轰6空地导弹改型机首飞成功,此后该机完成了导弹靶试,轰6系列飞机的使用范围和作战能力得到进一步扩大和加强。

轰油6加油机与歼8受油机

第六节

"研制一代"——中国军机技术实现跨代发展

- 中国自行研制"飞豹"歼击轰炸机

1978年,为满足空、海军对突防和对海攻击的需求,西安所开始自行研

腾飞之路
——中国航空技术的发展与创新

制超声速歼击轰炸机——"飞豹"。在仿制还是自行设计之间,西安所选择了自行设计。"飞豹"没有原准机,采用常规布局、两侧进气和蜂腰形机身的设计方案。在陈一坚总设计师的带领下,"飞豹"研制中首次采用了先进的设计规范代替旧的苏联规范,大胆采用了计算机辅助飞机设计的方法。"飞豹"飞机在数据传输总线、航电系统、飞行控制、火控武器、对地雷达等方面都果断应用了国内航空预先研究的最新成果。为了使用飞控所最新研制的飞机惯导系统,"飞豹"不惜更改设计、重新发图。

在"飞豹"研制中,体现了许多技术创新。例如,飞机应力分析方法上,陈一坚提出用有限元法取代传统的工程梁法,解决了从局部求解到飞机全机求解的飞跃。陈一坚还首次提出,在全机静力试验中,达到67%设计载荷即可开展首飞的科学判断,推翻了过去必须达到100%设计载荷才能首飞的传统观念,既科学合理,又缩短了研制周期。

"飞豹"原型机

1988年12月13日,"飞豹"飞机首飞成功,1998年完成设计定型,配装涡扇9(即引进英国的斯贝)发动机的"飞豹"歼击轰炸机,以航程远、载弹量大为中国的海、空军保卫祖国领土和领海提供了新的空中利器。此后,"飞豹"的改进型——歼轰7A展开研制,新机减轻了结构重量,增大了载弹量、航程和作战半径。歼轰7A的设计中采用了三维数字化设计,诞生了中国第一架飞机三维数字化样机。2007年，歼轰7A完成设计定型。

歼轰7A飞机

• 歼10实现中国战斗机"代的跨越"

从1978年起，航空工业通过持续开展针对下一代先进战斗机的预先研究工作，为中国自行研制第三代战斗机（即美国定义的第四代战斗机）打牢了技术基础。在启动中国新一代战斗机（"十号工程"）之前，已有歼9改进和歼13两个"新歼"布局方案，歼9改进是无尾机翼前加一对小翼的鸭式布局；歼13是边条翼、上单翼、主翼下反和前翼机动襟翼的布局。1982年初，上级领导机关组织了"新歼"的方案评审工作，沈阳所做了采用边条翼布局方案的介绍，成都所介绍了采用鸭式布局的方案。经过多个专业组的反复讨论和方案评估，上级决策由成都所承担"新歼"的设计，由成飞承担飞机试制生产。

1986年1月，命名为歼10的"新歼"飞机的设计工作正式启动，宋文骢担任飞机总设计师。当时歼10面临着四大关键技术需要突破：放宽静稳定度的短间距鸭式气动布局、四余度数字式电传操纵系统、高度数字化和综合化的航电系统、计算机辅助设计与制造。为采用放宽静稳定度的短间距鸭式气

腾飞之路
——中国航空技术的发展与创新

动布局，成都所进行了十分艰苦细致的科研工作。静不稳定飞机在我国没有理论和实践基础，美、英等国都不敢采用。歼10飞机的设计是鸭式布局加腹部进气，无平翼、固定前翼、全动前翼。成都所在宋文骢总设计师带领下，进行了多轮高速、低速风洞试验和流谱观测试验，硬是把需要3年时间才能做完的3900多次试验，用1年就做完了。他们编制了机翼复合弯扭计算和设计程序，解决了复合弯扭机翼工程化问题，保证了鸭式布局的成功。

歼10研制期间，正值航空工业"军转民"的时候，歼10研制工作资金短缺，当时在飞机主起落架"外八字"形状的设计遇到难题时，成都所曾想通过国际合作解决，但外方要价太高，成都所下定决心，自己干，经过艰苦奋斗攻关，完成了起落架的设计研制。1998年3月23日，歼10首飞成功。2004年，歼10飞机设计定型，开始交付使用。歼10创造了中国航空科技多项第一：国内第一次腹部进气道设计，国内独一无二的气泡式座舱，具有国际先进水平的数字式电传飞控系统铁鸟试车台，国内第一个综合化航电武器系统动态模拟试验台……歼10的成功，得益于航空工业多单位、多专业长期开展的预先研究和型号关键技术攻关，歼10的研制成功标志着中国战斗机实现代的跨越。

歼10总设计师宋文骢院士

歼10首飞成功

歼10战斗机除了设计上有代的突破外，在制造技术上也有许多突破。S形蒙皮成形技术就是歼10研制中的一个关键环节，S形蒙皮在制造过程中需要反向拉伸，对材料状态、化学铣切的要求都是我国航空工业从未出现过的。成飞研制团队与北航联手，成立攻关组，共同开展攻关。他们在现有蒙皮拉伸机工作台上附加一个可以转动的上压装置，达到了反向拉伸的效果。在第一次成形试验中，300吨重的上压装置缓缓落下，蒙皮拱起的脊背瞬间被压成S形，S形蒙皮成形成功了！歼10飞机的试制成功显著带动了中国航空工业制造水平的提升。

● 引进苏-27生产线提升重型战斗机研制能力

1996年初，中国与俄罗斯签署协议，中国引进俄罗斯苏-27生产线，在沈飞制造苏-27CK重型战斗机（"十一号工程"），这一引进使得中国在重型战斗机的制造能力上实现了跨越式发展。

"十一号工程"的总目标是：在2000年前后，通过对俄引进、国内配套和科研生产，建成苏-27CK飞机生产线和年修理50台发动机的大修线，分阶段完成不同工艺状态散件21架飞机的组装生产，打通飞机生产线，形成年产15架飞机的生产能力。

通过技术引进和科研攻关，该工程明显提升了我国第三代重型战斗机的研制生产能力。以沈飞为例，苏-27CK生产线的引进使沈飞在飞机钛合金部件的加工、大型复合材料制件加工成形、重型战斗机的部装和总装等关键制造技术水平显著提高。1998年12月16日，首架沈飞生产的苏-27CK首飞成功。2002年9月，第一架全部中国制造、零件达数万项的苏-27CK完成交付，标志着"十一号工程"取得全面胜利。航空工业的多家科研院所和生产制造企业通过打通苏-27CK飞机生产线，全面提高了研制生产第三代重型战斗机和三代机机载设备的研制、试验和生产制造能力，为中国航空工业发展自己的重型战斗机积累了技术基础和实践经验。

"十一号工程"是新中国成立以来，我国军事装备技术引进规模最大、投资最多、科技含量高、组织协调复杂的大型工程，对后继衍生发展歼11系列战斗机，与歼10系列飞机形成"轻重搭配"格局，起到了决定性作用。

腾飞之路
—— 中国航空技术的发展与创新

歼 11A 战斗机

为了实现苏-27战斗机的全面国产化，在沈阳所李明和孙聪两任总设计师的率领下，航空工业开展了为解决飞机机载设备兼容和弹药自主保障的加改装工程，同时换装了国产"太行"涡扇发动机，为飞机新研制了国产综合航电系统和新型空空导弹。同时，通过科研攻关，使飞机的结构材料的国产化率大幅提高，实现了标准件国产化，提高了飞机的综合后勤保障能力。2003年12月6日，经过研制全线的共同努力，换装国产发动机、采用国产数字式电传飞控系统和新型国产综合航电系统、广泛采用国产材料的歼11B战斗机首飞成功。中国重型战斗机完成了跨越式发展，使中国空军和海军在先进重型战斗机装备上得到了显著提升。

歼 11B 战斗机

第七节

国产直升机技术快速提升

● 规划发展中国直升机产业

1979年,国家考虑引进国外先进直升机以满足国内的急需。为此,直升机所向三机部提出《关于引进国外直升机的几点初步想法》的报告,三机部组成专项调查组,走访了22个军民用需求单位,得出4吨级是当时主要急需的直升机产品。1980年8月,三机部领导提出,我国直升机型号发展需要有一个规划。1982年,直升机所和昌河厂联合向三机部呈报建议:我国直升机系列以吨级分类,不以用途分类,以此形成未来15年中国直升机发展的设想。

1985年8月,国务院、中央军委下达《关于直升机系列发展和"七五"规划的批复》,明确直升机的发展要按大、中、轻和超轻型系列的路径。该规划对各吨级的军民用直升机的型号发展,以及专用武装直升机的预研进行了统一部署,使中国直升机走上有目标、有步骤的发展之路。后来在航空工业总公司制订的《腾飞计划纲要》中,又首次将直升机与固定翼军民用飞机并列纳入规划,标志着中国直升机走上了稳定发展的道路。

● 直8填补国产大型直升机空白

为满足军民用直升机快速增长的需要,20世纪70年代中期,中国直升机的技术发展步伐显著加快。1976年3月,最大起飞重量13吨的直8通用直升机项目立项启动，该机以法国"超黄蜂"直升机为原准机，结合国内需求开展参照设计，该机采用单旋翼带尾桨构型，配装6片主旋翼桨叶和3台涡轴6发动机，属于第二代直升机水平。

尽管直8项目启动后曾因计划调整一度停顿，但直升机所和昌河厂的职工们坚持不懈，持续工作。1985年12月11日，直8直升机首飞成功。1989年4月，混装型直8直升机通过国家技术鉴定。1989年8月，飞机交付海军使用。1995年10月，直8直升机和其装备的涡轴6发动机完成设计定型。中国终于有了自己的军民多用途大型直升机。

在几任总设计师的带领下，直8研制过程中先后攻克了主桨叶、尾桨叶、主桨毂、尾桨毂、自动倾斜器五大动部件的设计与制造、主桨叶静动平衡计算等关键技术，完成了动部件疲劳及适应性、操纵系统动刚度等试验，使中国在直升机设计、试制、试验试飞和生产制造等方面的技术水平在直8研制生产中得到明显提高。直8使中国直升机成功地实现了从参照设计走向自主研发，直8后续发展了陆基运输型、舰载运输型、搜索营救型、救护型等一系列型别，满足了我国对军民用大型直升机的使用需要。

直8直升机首飞

● 直9多用途直升机提升国产直升机技术水平

1979年，直5直升机停产，航空工业在发展国内急需的4吨级直9多用途直升机时,采用了从国外引进产品技术专利,然后开展国产化,并逐步改进改型的方式。1980年,中国与法国签署协议,进口50架法国"海豚"Ⅱ多用途直升机在哈尔滨飞机厂组装生产,其中哈尔滨飞机厂负责主机、株洲南方公司负责发动机、东安公司负责传动系统、惠阳公司负责主桨毂和尾桨。

"海豚"直升机是1978年才在法国开始投入使用的,其复合材料的使用量占全机重量80%,具有很高的技术水平,属于技术先进的第三代直升机。1982年1月,哈尔滨飞机厂成功装配出第一架"海豚"直升机。此后,分阶段推进直9生产,到1992年上半年,直9生产合同执行完毕。

1987年,上级批准启动国产化直9A直升机的研制工作,所需的科研经费采取国家和企业各承担一半的方式筹集。直9A的攻关任务十分繁重,有航空工业系统的31个厂所、系统外59个单位参加研制工作。各参研单位要完成570种材料、1206种标准件、305种成品的研制和54项重大技术攻关。哈尔滨飞机厂与各单位集智攻关,相继攻克多个技术难题。1992年1月16日,首架国产化的直9A-100直升机首飞成功,1992年底,国产化率达75%的直9A通过了技术鉴定,开始批量生产。1996—2003年又攻克了直9国产化的"硬骨头"——主桨叶等动部件采用国产复合材料预浸件。

直9直升机

直9在国产化过程中,先后攻克了主桨叶使用复合材料预浸件、复材机身主承力结构制造、复合材料尾段结构整体设计、大开口大模块制造技术、共固化技术等一系列技术难题，直9的成功显著缩小了中国直升机技术水平与世界水平的差距，同时也为中国的直升机用户提供了一种先进的直升机产品。直9的研制成功，是中国航空工业实施"引进—消化—吸收—再创新"战略的一个成功典范。

● 自行研制直11轻型直升机

1989年2月，直升机设计研究所负责的2吨级轻型多用途直升机——直11研制项目获得立项批准。为研制直11，直升机所通过预先研究，掌握了直升机旋翼设计等关键技术。在直11研制中，先后突破了主旋翼、尾桨、传动系统等设计和制造关键技术。在直升机所与昌河厂的合作下，1994年12月22日，直11直升机首飞成功；1998年8月，首批混装型直11交付部队使用，2000年，直11完成设计定型，开始批量生产。直11直升机标志着中国完成了直升机从设计、研制到生产交付的全过程。直11除交付部队使用外，还有警用型、高原型、农林型、电力型等多种改进改型。直11成为中国第一型具有完全自主知识产权的军民通用轻型直升机。

直11直升机

第八节

国产运输机研制取得新成果

● 参与中德合作 MPC-75 支线飞机项目

1985年10月,在航空工业部的支持下,中国航空技术进出口总公司(简称中航技)与联邦德国MBB公司签署合作研制MPC-75支线飞机的协议,以西安飞机设计研究所为中方项目总设计单位,西飞为中方项目生产制造单位。1986年1月,中德双方联合启动了MPC-75支线飞机可行性研究工作。开展这一合作项目的目的是掌握现代民用飞机设计技术,学习德方先进的飞机设计、制造、适航、质量控制、市场销售、产品支援的技术。中方先后派出了多人参与MPC-75的技术转让工作,他们通过与联邦德国技术合作,学习并掌握了大量新知识和新技能,培养了一批技术骨干。通过中德MPC-75项目合作,中国飞机设计师们更新了观念,学习了现代民机的先进设计研制技术。因此,该合作项目的开展对于中国民机技术发展有着重要的促进作用。

● 运8改进改型取得突破

为了提高运8运输机的适用范围,陕西飞机工业(集团)有限公司(简称陕飞)提出将运8飞机改成气密型飞机。1986年,上级批准陕飞启动运8改进为气密型的研制工作。陕飞科技人员通过运动轨迹计算和反复试验,对运8的机身结构进行了加强设计,重新设计了飞机货舱门。通过气密大口框的设计,成功地将运8尾部两扇内开式大门改为一扇下开式大门。通过对飞机空调系统、环境控制系统进行重新设计,将飞机整个货舱改为了全气密舱。

腾飞之路
——中国航空技术的发展与创新

运 8C 运输机

1990 年 12 月 17 日，运 8 气密型——运 8C 首飞成功。运 8C 的成功，为运 8 运输机打开更广阔的应用前景。此后，民用货机型运 8F 研制成功并取得了适航证。1991 年 11 月，运 8 运输机成功完成了从新疆赴阿联酋运载 317 只活羊的空中运输。运 8 飞机从单一机型逐步发展成十多种改型，从单一装备空军发展成适用于各军兵种、多种特种飞机、民用运输、出口的"多面手"。

执行"运羊任务"的运 8 飞机 B-3105 号机组及工作人员

● 运 7 改进型成功进入客运市场

为了使运 7 运输机能够顺利进入国内民航运输客运市场,从 1980 年起,西飞通过换装涡桨 5A 涡桨发动机,补充进行了飞机的静力试验,完成了运 7 飞机的单发起降试飞。1982 年 7 月 24 日,运 7 飞机完成设计定型,交付使用。

为提高运 7 飞机作为客机使用的安全性、经济性和舒适性,1984 年 11 月,西飞决定引进国外的民机通信、导航、雷达和客舱装饰等先进设备和技术,在香港对运 7 客机进行全面改装工作,包括机翼上加装翼梢小翼,改装飞机的电子设备、空调设备,增加失速告警系统,驾驶舱改为 3 人体制,载客增加到 52 人。改装后的运 7-100 客机可满足在复杂气象条件下起飞、航行和进场着陆的使用要求。这是中国民用飞机在技术上的一次大胆且成功的尝试。1985 年 8 月,运 7-100 在香港完成改装,经过适航试飞验证,中国民用航空总局于 1986 年 1 月向运 7-100 客机颁发了适航证,运 7 系列飞机开始批量进入国内民航客运市场。此后,运 7 系列客机一度成为国内最大的民航客机机队。同时,西飞将运 7 飞机改成了民用货机。除了供国内客货运输使用之外,运 7 飞机还在航空测绘、资源勘探和出口销售等方面取得了订单。

中国北方航空公司的运 7-100 客机

腾飞之路
——中国航空技术的发展与创新

- **运 12 取得国际适航证**

哈尔滨飞机工业（集团）有限责任公司（简称哈飞）抓住国内外市场机遇，从 1980 年起，自筹资金，在运 11 轻型飞机的基础上研制了新一代多用途轻型运输机——运 12。运 12 选装了两台加拿大 PT6A 涡桨发动机，全面采用国际通用适航标准进行设计和研制，增加了国内民机从未做过的电磁兼容、发动机吸雨、燃油系统热气候等专项试验，全面提升了飞机设计的水平。1982 年 7 月 14 日，运 12 首飞成功。此后，运 12 发展了客运型，也在香港进行了改装工作，换装了空调、座椅、内装饰等设备，1985 年 12 月，运 12Ⅱ型飞机获得了中国民航的型号合格证，这是中国民用飞机获得的第一个型号合格证。

运 12 飞机从研制开始，就采用美国联邦航空条例作为设计规范，其飞机适航水平居于国内领先水平。为使运 12Ⅱ飞机进军国际市场，该机于 1990 年 6 月获得英国民用航空局（CAA）适航证。1992 年，按照美国最新的适航条例，运 12 再次改型，增加了剪切翼尖、后行李舱门，改善了液压、电源、防除冰和辅助操纵等系统，使飞机安全性、可靠性明显提高。1995 年 3 月，运 12Ⅳ取得了美国联邦航空管理局（FAA）颁发的型号合格证，这是中国第一种取得国际权威适航证的民用飞机。运 12 系列飞机累计交付 200 多架，成功出口到世界 30 多个国家，总出口量超过 100 架。运 12 在适航取证和商业成功方面为中国民机树立了榜样。

运 12Ⅳ飞机

对国产大型客机研制工作的探索

1985年运10客机下马后,中国开始通过国际合作发展大型客机。1985年3月,上海航空工业公司与美国麦道公司签订协议,在上海组装生产了MD-82大型客机,此后又组装生产了MD-83客机,使上海飞机厂在大型客机的装配、生产和质量保证等方面逐步达到了国际水平。

此后,中国启动了国产干线飞机项目,并同时向波音、空客和麦道等公司发出了联合研制的邀请。1992年,中方与美国麦道公司签订协议,在MD-90基础上合作发展中国的干线客机,并确定由上飞、西飞、成飞、沈飞按分工完成干线客机的机体制造。1996年12月15日,波音公司兼并了麦道公司,中国干线客机研制宣告中止。

1993年,航空工业总公司组织专家进行调研后认为:通过国际合作研制100座级的AE100民用客机,市场上有需求,技术难度适中,贴近中国航空工业的实力,也有利于从研制阶段开始,掌握现代民机的设计技术、试验技术和项目管理技术,走完中国民机研制的全过程。1993年起,中国航空工业总公司提出通过国际合作研制100座级的AE100喷气式客机,1998年6月,中国采取国际合作的100座级的AE100喷气式客机项目停止。

中国东方航空公司 B-2256 号机是仅有的 2 架国产干线客机之一

第九节

航空发动机技术取得长足发展

● 确立预研和部件研发在发动机发展中的地位

中国航空发动机从仿制起步，由于技术储备不足，未能取得自行设计研制的技术突破。1978年起，三机部把高推重比发动机技术研究作为预先研究的重点项目，该项研究分为定向基础研究和先进部件研究两个阶段，到20世纪80年代中期，航空发动机三大核心部件的预研工作取得显著成绩，特别是取得了在高压压气机、带气动雾化喷嘴的短环形燃烧室、带气冷空心叶片和大载荷高压涡轮等方面的研究成果，相关型号的研制和排故延寿等工作开始应用了预研的技术成果。

1983年初，航空工业部组织编写了《航空发动机研究和发展管理暂行办法》，把航空发动机研发分为研究、预先发展、型号发展和使用发展四个阶段，规范了科研工作要逐步按规范组织开展，这对于后来航空发动机产业发展和技术进步起到了重要作用。航空发动机行业根据自身特点，提出了产品发展必须走先部件、后整机的道路，要充分利用已有的型号基础，充分吸收预研成果和国外的先进技术，一步步地走完型号研制全过程。"昆仑"涡喷发动机的研制，借鉴了在涡喷13和"秦岭"发动机研制的成果；涡桨9发动机的研制，在引进研制的涡轴8发动机基础上进行"轴改桨"。这样既保证了已有成熟技术的延续性，又给新发动机应用新技术提供了技术平台，同时节约了型号研制的资源。

第五章 | 提出"三个一代"狠抓预先研究（1978—1998 年）

涡轴 8C 发动机模型

为了突出技术研发的中心作用，1979—1985 年，航空发动机行业通过结构调整，逐步形成了 1 个试验预研中心，2 个产品开发中心（大、中、小发动机开发中心），3 个专业发展中心（电子控制中心、强度研究中心、减速器开发中心），7 个生产和经营企业的发动机产业新布局。

航空发动机行业抓住改革开放的机遇，积极开展了发动机零部件的国际转包生产，与 GE、罗罗、普惠、霍尼韦尔、斯奈克玛等国外知名企业建立了合作关系，承担了发动机盘、环、轴、壳体、叶片、机匣等的零部转包生产份额，通过转包生产，引进了国际发动机的先进技术和管理方法。

● 涡喷发动机研制取得成果

涡喷 7 发动机是引进试制苏联的产品，沈阳航空发动机研究所等单位克服了国外设计资料严重不足的困难，在沈阳发动机厂的合作下，全部采用国产材料完成了涡喷 7 发动机的研制。在贵州航空发动机厂建成后，涡喷 7 的生产转移到贵州进行。贵州航空发动机厂、所结合完成了涡喷 7 乙发动机的研制，1979年8月涡喷7乙投入小批量试生产。涡喷7乙解决了发动机寿命短的问题，其产品翻修寿命从50小时提高到100小时。此后，又陆续发展了涡喷7乙B、涡喷7乙Ⅲ以及出口型等改进改型。

国产涡轮喷气发动机

用于轰6中程轰炸机的涡喷8是轴流式单转子大推力涡喷发动机，由西安发动机厂负责试制，1967年通过定型试车，后开始批量生产，并持续开展了延寿工作，到1983年，该发动机第一次返修寿命从300小时延长到800小时。

涡喷13发动机是1978年启动研制的新型涡喷发动机，由贵州航空发动机厂（所）和成都发动机厂联合研制。它继承了涡喷7历次改进的技术成果，对压气机改进较大，大量使用钛合金，显著减轻了重量，发动机的推力有了较大提升。涡喷13把锻、铸热强钛合金应用于压气机盘和机匣是一大技术创新。1982年，航空材料研究所曹春晓院士与有关单位的专家共同合作，用TC11热强钛合金用于涡喷13压气机转子盘模锻件获得了成功，开创了将钛合金用于航空发动机模锻盘的先例。涡喷13还成功应用了北航高歌教授发明的"沙丘驻涡火焰稳定器"技术，增大了发动机的推力。1988年2月，涡喷13获得国家批准设计定型，首翻期为150小时。此后，涡喷13进行了系列改进改型，在推力、油耗、寿命和使用维护上有了明显提升，支持了我国战斗机的发展。

涡喷 14 "昆仑" 发动机

"昆仑"发动机是中国第一台具有完全自主知识产权的双转子涡喷发动机，1984 年 6 月启动研制，2002 年 7 月设计定型。该机由沈阳发动机研究所设计，沈阳发动机厂生产。作为自行研制的涡喷发动机，"昆仑"发动机在设计研制中突破了一系列关键技术，开展了大量的试验试车工作，先后用 35 台发动机进行了 360 台（次）整机和高空台（含飞行台）试验，试车时间 4230 小时，另用 4 架飞机进行了 930 小时试飞。"昆仑"发动机的研制和试验为中国航空发动机行业积累了丰富的科研经验。

涡扇发动机研制取得突破

为配合 1964 年启动的国产新型战斗机（即采用单发的歼 9 战斗机）的研制，沈阳发动机研究所开始了涡扇 6 加力式涡扇发动机的设计工作，分为图样设计、验证机试制、发动机调试 3 个阶段。1966 年 4 月完成图样设计，1969 年试制出试验机，经过反复试验，修改设计，突破了 100 多项关键技术，进行零部件试验 3 万多小时，整机试车 300 多小时。1982 年 10 月，涡扇 6 通过了 24 小时"飞行前合格试车"。1976 年 1 月，涡扇 6 发动机被确定作为歼 13 战斗机的动力装置，后由于配套飞机项目的下马，导致涡扇 6 研制终止。

腾飞之路
——中国航空技术的发展与创新

涡扇6发动机18年的研制，培养了人才，积累了经验，推动了中国涡扇发动机技术能力和工艺水平的提高。

"秦岭"（涡扇9）发动机是引进试制的英国罗罗公司的斯贝双转子涡轮风扇加力式发动机。1977年8月，西安航空发动机有限公司（简称西航）组建试制生产线。1991年3月，斯贝发动机部分国产化工作启动；1996年1月，全部国产化研制启动。经过各参研单位共同努力，西航完成了设计、工艺等工程图样和技术文件的下发，累计完成了1800项零组件的试制。2003年7月，国产化的"秦岭"发动机通过技术鉴定，开始批量投产。通过"秦岭"发动机的引进和国产化研发，不仅保证了国产歼轰7"飞豹"有了涡扇动力，也全面提升了中国涡扇发动机的研制生产能力，缩短了国内发动机制造技术与国际先进水平的差距。

"太行"（涡扇10）发动机的立项研制源于1985年12月底，航空工业部科技委召开会议，与会专家们强烈建议，要坚持走航空发动机自行研制的道路。会后吴大观、程华明、宁榥等9位航空发动机专家联名给邓小平同志写信，提出自行研制航空发动机的建议。1986年1月8日，邓小平同志明确批示支持。1987年10月，"太行"发动机验证机研制工作启动，2005年12月"太行"发动机通过了设计定型审查。沈阳发动机研究所作为总设计师单位，联合全国9个部委50多家单位参与了研制工作，研制中采用新材料、新工艺106项，完成58840小时零部件试验，72975小时成附件试验，6244小时整机试车，324小时空中飞行试车。"太行"总设计师张恩和在研发中，敢于创新，在三级风扇设计、两级低压涡轮设计、全程无级可调收敛-扩散尾喷口设计等方面果断应用了预先研究的成果，并第一次使用复合材料外涵机匣，使结构减重约30%。"太行"的研制中遇到过许多困难，如1997年10月，"太行"发动机试车时，叶片从根部断裂使一台发动机报废，张恩和带领团队仔细寻找故障原因，重新修改了设计，终于彻底解决了叶片断裂的问题。2001年6月6日，"太行"发动机装机首飞成功，中国人终于有了自主知识产权的大推力涡扇发动机。

第五章 | 提出"三个一代"狠抓预先研究（1978—1998 年）

"太行"涡扇发动机

● 涡桨和涡轴发动机加快发展

由哈尔滨东安发动机厂研制生产涡桨 5 系列涡桨发动机有多种型别，为国产水轰 5 和运 7 飞机提供了动力装置，并被改装成特种飞机的辅助动力装置。1979 年，为解决运 7 飞机的动力问题，哈尔滨东安发动机厂启动涡桨 5 甲 I 改型工作，1982 年 3—4 月，装有 2 台涡桨 5 甲 I 的运 7 成功完成了单发起降试飞。此后，哈尔滨东安发动机厂又成功完成了涡桨 5E 的改型研制工作。

配装涡桨 5E 发动机的运 7G

另一种单轴涡桨发动机涡桨 6，由株洲发动机厂从 1969 年开始试制生产，1977 年设计定型，并投入了批生产，供运 8 飞机使用。1988 年以后，涡桨 6 开始进行改进改型、延寿和适航取证。1994 年，涡桨 6 发动机获得了中国民航颁发的型号合格证，并供新型的运 8F 飞机使用。

涡桨 6C 发动机

涡轴发动机从 20 世纪 50 年代末期逐步取代活塞式发动机，成为直升机的动力。1975 年，为配装国产直 8 直升机，涡轴 6 发动机研制工作启动，1982 年完成 500 小时试车考核，1986 年开始配装直 8 直升机进行试飞。在涡轴 6 发动机的试制生产中突破了许多技术难关，涡轴 6 的成功使中国有了自己的涡轴发动机。

涡轴 8 发动机是株洲发动机厂按法国阿赫耶 1C 发动机引进的产品，1989 年 8 月，首台国产化涡轴 8A 完成装配，1992 年底通过技术鉴定后开始投产。涡轴 8 技术复杂，零件精密，整体加工件、精密铸造件、焊接件加工难度大。该机试制过程中，企业通过贷款和自筹资金，购买了冲压成形等先进设备，先后攻克了薄壁变形加工、高硬度螺纹滚压和深盲孔零件电火花加工等多项技术难关。1991 年，株洲发动机厂引进法国阿赫耶 1D 生产专利，开始试制涡轴 8D，2001 年底获得民航总局颁发的生产许可证。

● 发动机控制系统研制取得显著进展

作为发动机的"大脑",发动机控制系统通过各种泵、阀、电子设备和管路对发动机的起动、运行进行指挥。航空动控所、西安动控厂、北京长空厂、贵州红林厂和长春航空机载设备厂等相关厂所通过采取基础模块和成熟技术,承担了各型航空发动机的控制系统研发生产工作。例如,西安动控厂1986年自行研制成功了涡喷13的主系统全权限数字式电子控制起动装置。1992年2月,"玉龙"发动机全功能数控系统先期技术攻关项目启动,相关各主机厂所通力合作,在1995年6月完成2套该系统的样件,为"玉龙"发动机验证机达标试车做出了重要贡献。

"玉龙"发动机

第十节

航空机载技术发展明显加快

● 机载技术的发展得到了充分重视

由于中国航空工业从修理起步,从引进试制苏式产品开始生产制造。与主机发展相比,机载设备主要以满足配套为主,自身的技术发展慢,自主设计研制能力低,受重视程度不够,严重制约了航空装备发展。航空工业的这一突出问题在改革开放之后逐步得到了解决。吕东在担任三机部部长后,经过调研后提出,发动机跟不上飞机、辅机跟不上主机是航空产品更新换代的重要问题。他提出了要实现"主机辅机并举"的方针,加强辅机的科研、设计、试验、试制条件和能力。1979年1月,邓小平在听取三机部汇报时,明确支持三机部要自己搞机载设备。1979年底,三机部正式提出实行"主机辅机并举"的方针。1988年,航空航天工业部成立后,林宗棠部长提出把飞机、发动机、机载设备定位在共同发展的层面。航空机载设备的科研、生产能力建设日益得到重视,航空机载设备技术发展的步伐开始提速。

● 瞄准型号需求,发展关键机载设备

抓住航空工业改革开放的重要机遇,航空机载设备行业在积极配合新机研制、改进改型和技术引进的过程中,制定了自身的发展规划,提出要集中力量,开展厂、所、院校的联合,瞄准未来发展趋势,开展机载设备技术预先研究工作。这一举措取得了明显成果。为满足第三代战斗机配装的需求,

航空机载设备行业研制成功了数千项机载设备产品。其中，研制成功了脉冲多普勒雷达，使战斗机的探测能力更强；成功完成了空中加油机工程的机载系统研制，提高了战机的远程作战能力；研制成功红外、激光和低空吊舱系统，使战斗机提高了夜间复杂地形作战能力；主动控制技术、惯性导航技术进一步实用化，使中国各类飞机的综合性能进一步提高；研制成功飞机新一代弹射救生系统，使中国在该领域的技术水平快速接近国际先进水平；加快研制飞机机载计算机及其航空专用软件，有效提高了国产飞机的信息化水平。

多年来，为了推动航空机载技术的发展，许多专家为此付出了艰辛的努力。例如，机载雷达总设计师朱克昕为我国飞机机载雷达发展做出了重要贡献，他先后在南京电子十四所、成都电子十所和航空工业部雷华电子技术研究所从事雷达研制。在204雷达研制时，为克服雷达旁瓣的杂波干扰，他经过计算，决定在飞机机头罩下部贴两层吸波橡胶，加一层金属网，解决了这一难题。在我国第一部全波形机载脉冲多普勒火控雷达——"神鹰"研制时，他带领研制团队在原理样机基础上，增加了功能、减小了体积，研制成功全波形、多功能、数字化程度高的"神鹰"雷达，大幅度提高了我国机载PD雷达的技术水平。

在加强自身研发的同时，中国航空工业机载行业充分抓住改革开放的机遇，积极扩大对外开放。1980年，在上海举办了航空机载设备展览会，中国的航空机载设备厂所开始了对外合作交流的步伐。此后，通过一系列的技术引进和技术合作项目，有力推动了中国航空机载技术的快速发展。1993年，中国航空工业机载行业组织参加了当年巴黎航展的机载设备展，从此，中国航空工业机载行业开始走向世界。

机载雷达总设计师朱克昕

- **抓紧三大机遇推动机载技术能力的提升**

进入改革开放以来，航空机载设备行业牢牢抓住了从英国引进斯贝发动机项目、从俄罗斯引进苏-27CK飞机机载产品、中国自主设计研制歼10战斗机三大机遇，大幅带动了航空机载技术和研制能力的提高。

从英国引进斯贝发动机技术之前，中国航空机载技术发展是以引进、消化和吸收苏联航空机载技术，引进试制或参照设计苏联航空机载产品为主，全行业从技术标准到产品特点都是"苏式"的。1975年底，中英签署引进英国军用斯贝发动机合同，其中包括了与发动机配套的附件、电器、仪表的制造专利引进。斯贝的引进，使航空工业以及机载行业感到了与西方技术的巨大差距。在斯贝引进的第二阶段，材料、毛坯、成件的制造要全部立足于国内，而当时我们在很多方面要么是空白，要么差距巨大。为了担起研制责任，在承担研制的十多家辅机配套企业中，三机部确定对西安发动机附件厂、西安飞机附件厂、长春航空附件厂、北京发动机附件厂和南京航空附件厂等企业开展重点技术改造，并对其他37家机载企业也进行部分设备更新。在这一轮技改项目中，引进了数控加工、热处理、三坐标测量等先进设备，迅速提高了机载企业的加工、试验等技术水平。在斯贝引进生产中，辅机企业承担了斯贝发动机的附件、加力燃油系统、第二动力系统等的试制生产，通过引进相关的技术，不仅较好完成了产品试制生产工作，同时有力提升了机载行业硬件和软件的技术水平。

1995年底，中俄签署关于苏-27CK飞机引进生产线的协议，协议中包括了机载设备引进的100多项产品合同。引进苏-27CK飞机生产线时，机载设备行业确定了"只购买少量关键的非标设备和工装，其余自行研制"的原则，从1998年起，机载设备行业用了不到3年的时间，完成了自行研制非标设备和专用工装的艰巨任务，既节省了国家大量外汇，又培养锻炼了队伍，在满足打通生产线需要的同时，也增加了技术储备。1997—2002年，承担苏-27CK相关机载设备生产的企业进行了技术改造，重点是新增冷热工艺设备、产品试验台和测试仪器，新建了生产厂房。针对引进中存在的工艺技术问题，中航一集团组织进行了全面梳理，开展了200多项工艺攻关。通过引进的苏-27CK飞机机载系统及零部件技术，经过消化吸收后，航空机载设备行业在技术上跨入了能够试制生产第三代重型战斗机机载系统新的发展阶段。

第五章 | 提出"三个一代"狠抓预先研究（1978—1998年）

引进苏-27技术生产的歼11战斗机

我国自行设计研制歼10战斗机的各类机载系统，特别是数字式四余度电传飞控系统、综合航空电子系统、机载雷达/雷达告警系统、预警和干扰系统、机载火控和武器系统等都是典型的战斗机跨代产品，它们全面带动了我国航空机载行业的自主设计、试制、试验和生产能力，有力促进了航空机载技术的换代升级。各机载参研单位在歼10飞机研制初期，克服经费少、技术条件差的困难，确保了歼10飞机研制工作的推进。此后，在上级领导机关支持下，有关机载单位进行了技术改造工作，有力提高了三代机装机机载产品的研制生产能力，既保证了歼10飞机的批量生产，又提升了相关技术开发和产品研制生产能力。

• 航空电子系统走向综合化

从1978年启动预研，航电系统技术一直是预研攻关的重点项目，航电系统由通信、导航和显示等多个子系统组成，其发展也经历了分立式、联合式到综合化的过程。1987年3月，航空工业部在研究中美合作"八二工程"时，就提出了国内也要自主研制航空电子综合系统，这就是后来的"873工程"。"八五"计划期间，航电科研攻关重点围绕航电综合、PD雷达、惯性导航与红外瞄准吊舱、空中加油工程等开展,并在多路传输数据总线、873综合航空电子系统、平显火控系统、PD雷达、三轴数字式电传飞控系统、惯性导航系统、航空机载计算机、大气数据计算机、任务软件等技术和产品领域取得了显著的技术成果。研制成功先进的装机产品,满足了飞机、直升机发展的需要。同时,航空电子系统从分立式向综合化转型,航空电子系统的数字化水平快速提升,为中国航空机载技术快速追赶世界先进水平打下了基础。

● 航空机电系统技术努力适应主机的发展

作为飞机上"摊子大、内容杂"的机载机电系统包括生命保障系统(弹射救生、空降空投、氧气和飞行员防护装备)、飞行保障系统(环境控制、燃油、刹车、电源、第二动力和液压),既有机械特性,也兼有电器装置。随着中国飞机技术的进步,从20世纪80年代起,中国航空机电系统在液压、电源、环境控制和空投空降、弹射救生等方面取得了显著的进步。为满足国产第三代战斗机的装机需求,航空机电厂所研制完成的前缘襟翼驱动系统、数字式电传刹车系统、变速恒频电源系统、高效空调系统、第三代航空弹射救生装备等先进航空机电系统产品先后研制成功并装机使用,不仅满足了先进军民用飞机、直升机的装机需要,有些产品还出口到国外,这标志着中国航空机载机电技术水平有了长足的进步。

航宇救生 HTY-5 弹射试验现场

第十一节

航空导弹研制水平稳步提高

● 空空导弹技术走上自行研制之路

1976年1月，按照国防工办《关于调整战术导弹工厂、研究所的管理建制和归口关系的通知》，三机部陆续完成了将其原来负责的导弹生产向战术导弹工业总局（即后来的八机部）和四机部的移交，共移交了29个工厂和7个事业单位，总人数4.75万。三机部只保留了空空导弹和海防导弹的科研生产业务。利用改革开放机遇，航空工业积极引进国外先进技术，推动空空导弹技术的快速发展，在海防导弹领域也开始进入自主改进改型和新品研发阶段。

中国空空导弹技术发展从引进苏联K-5M空空导弹技术，试制国产霹雳1号短距空空导弹起步，该导弹采用雷达制导，可全天候使用，该产品1964年定型并投产，用于装备歼6战斗机。

此后，在引进苏联K-13M空空导弹技术的基础上，试制成功了红外制导的霹雳2号空空导弹，作为近距格斗空空导弹，供中国空海军装备使用。1978年起，通过改进导引头和引信，研制成功的霹雳2乙导弹，其抗干扰能力和探测距离明显提高，1981年底，该型导弹设计定型并投产。

歼 8 携带霹雳 2 乙空空导弹

从 1962 年开始，我国自行设计研制了第一种红外制导空空导弹霹雳 3 号，该弹于 1979 年装在歼 8 战斗机上进行试射获得成功，于 1980 年 4 月完成设计定型。

由我国自行设计研制的半主动雷达制导的霹雳 4 甲空空导弹经历了较长的研制过程。在研制中，航空兵器所突破了一系列关键技术，基本掌握了第二代雷达制导空空导弹相关技术。霹雳 4 甲导弹于 1984 年因需求变化停止了研制。

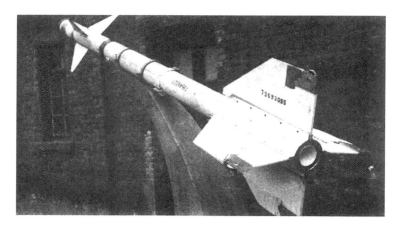

霹雳 3 号空空导弹

由我国自行设计研制的第三种空空导弹霹雳5号，分为半主动雷达制导型霹雳5甲、被动红外制导型霹雳5乙两种。1962年，该导弹由航空兵器所开始研制，霹雳5甲于1982年完成发射试验，后因型号调整而停止生产。第二代红外制导型的霹雳5乙空空导弹研制从1966年4月启动，1986年完成设计定型并开始投产，1989年开始装备部队使用，该弹的出口型还批量出口到许多国家。在霹雳5号系列导弹研制的20年中，相继攻克了发动机、制冷探测器、红外引信等关键技术，试制了样机6批，进行靶试27次，发射各种试验弹196枚。该产品的研制生产有力地促进了中国空空导弹技术的进步。

霹雳6红外制导导弹是在霹雳5乙基础上发展的，具有大过载机动能力，1980年6月，航空兵器所完成了该弹的原理样机研制，后因型号任务调整而停止了研制。

霹雳7号是在引进试制的基础上研制的新一代红外制导空空导弹。该型导弹于1982年由南方动力公司开始试制。1987年，霹雳7号完成设计定型，开始批量生产，该弹随歼7M战斗机出口到国外。另一种采用引进国外先进技术试制生产的国产红外制导空空导弹，实现了高精度、高机动和带头瞄的技术跨越，该产品投入了批量生产。

歼7M战斗机装备霹雳7号空空导弹

具有全向攻击、近距格斗能力的霹雳9号是我国研制的第三代红外制导空空弹。1994年4月，霹雳9号空空导弹通过设计定型。此后，在霹雳9号基础上又改进改型了霹雳9C空空导弹，应用了四元导引头的预研成果，具有了抗红外诱饵干扰的能力。2002年开始，该导弹开始出口到多个国家。

1990年初，中国结合引进的国外半主动雷达制导空空导弹技术，将国产红旗61丙地空导弹改进成机载中距拦射空空导弹——霹雳11号。该导弹为半主动雷达制导导弹。此后，该弹开始在歼8飞机上进行试射，2000年之后完成靶试后设计定型。

霹雳9C空空导弹

中国空空导弹取得的技术发展与众多优秀科技工作者长期刻苦钻研是分不开的。曾担任多型空空导弹总设计师的董秉印是他们当中的杰出代表。他有一句名言："型号研制，天道无亲。"他把尊重科学、实事求是作为指挥导弹科研的根本。1997年8月，他负责的某重点型号定型靶试首发失利，他带着团队顶烈日、忍干渴，采取拉网式搜索，在6千米^{2}范围内找到小到指甲盖大小的上千块导弹残片。他坚持"以残骸为依据，以理论为指导"，经过大小数百次试验，终于找到了造成发射失败的技术原因。

- **海防导弹研制取得新进展**

在海防导弹研制方面，自上游1号成功后，江西洪都飞机厂导弹研究所

（简称导弹所）从 1984 年开始研制上游 2 号海防导弹，1991 年产品定型并投产。该导弹满足了军方升级换代的装备要求，获得了国家科学技术进步奖二等奖。

1995 年 12 月，洪都飞机厂导弹研究所开始研制具有发射后不管、全数字化电视制导的某小型反舰导弹，该型号技术难度大、研制周期短、研制经费少，新技术采用量达到 80%。研制中突破了小型数字化控制系统，发射后不管数字化电视导引头，双室双推力固体火箭发动机等新技术。2002 年底，用户通过了该导弹的评审，型号研制取得了成功。

上游 2 号的出口型飞龙 2 号导弹

本章小结

1. 航空技术终于进入了国家高技术领域

虽然航空工业未能列入"863 计划"，但经过各方面多年的持续努力，1995 年 9 月，《中共中央关于制定国民经济和社会发展"九五"计划和 2010 年远景目标的建议》中，正式将航空列入了国家高技术领域，这对于中国航空工业科技发展是具有划时代意义的一件大事。

腾飞之路
—— 中国航空技术的发展与创新

2. 改革开放，打开国门，中国航空工业通过走出去，看到了自身的差距

航空工业提出了科研先行，狠抓预研的方针。航空工业通过持续滚动地开展瞄准未来型号的预先研究和型号关键技术攻关，逐步增加了自身的技术储备，并在飞机总体设计技术、高推重比发动机技术、主动控制技术、综合航空电子技术、航空武器和火控系统技术、先进航空材料和制造技术、CAD/CAM/CAPM 等关键技术领域取得了突破。航空科技水平的不断提高，有力地带动了飞机、发动机、机载设备产业的协调发展。

3. "三个一代"方针的提出，不仅明确了航空型号的发展目标，也使航空科研的攻关方向更加聚焦

航空工业型号研制带动科技进步的作用明显，在多种飞机、直升机的新型号研制和改进改型工程中，在学习借鉴国外先进技术的同时，充分利用了国内预先研究取得的成果，有针对性地开展型号关键技术攻关，保证了型号研制工作的顺利进行。通过研制歼 8 Ⅱ 战斗机、自行设计研制第三代战斗机歼 10，全面带动了中国航空科技各个领域的升级换代。通过引进、消化和吸收苏－27 战斗机技术，显著提高了中国重型战斗机的研制和生产能力。在科研先行的带领下，中国航空工业在战斗机发展的同时，轰炸机、歼击轰炸机、军民用运输机、直升机等机种的发展速度明显加快。

4. 航空工业领导机关总结历史经验，提出了飞机、发动机、机载设备协调发展、主机与辅机相互促进的发展理念，有效地拉动了发动机和机载设备行业的发展进步

通过开展自行设计研制歼 10 战斗机、引进国外的斯贝发动机、苏－27CK 生产线等重点工程，有力拉动了飞机、发动机和机载设备厂所的技术改造和技术能力的提升。国家高度重视航空基础科研条件和大型试验设施的建设，通过加大投入，使航空工业在强度试验、发动机高空试车台、弹射救生设备试备等方面的试验条件明显改善。

5. 依赖别人不能掌握航空关键技术

改革开放后，中国军机曾有过与美国合作的"八二工程"，中国民机曾有过与麦道、空客合作干线客机和 AE100 客机的经历，但最终都未能成功。历史的经验告诉我们：依赖别人并不能掌握航空关键技术。引进国外先进技术，必须按照引进、消化、吸收、再创新，才能取得成功。

6. 开展航空科技的国际合作

改革开放使中国有了更多的机会开展航空科技的国际合作，通过国际合作，使得中国航空科技人员有更多机会学到先进技术。航空科学基金的设立，支持了航空基础科研工作开展，推动了航空科技"产、学、研"的结合。通过全面推进数字化航空的建设，提高了航空研制生产的水平和效率。

7. 中国航空技术发展脉络之三：突破高机动战斗机的关键技术

从 20 世纪 80 年代开始，以美国的 F-16、F-15，苏联的米格-29、苏-27 为代表的高机动战斗机技术成为航空技术发展的主流，这一代战斗机在保持高速飞行的同时，在中低空和亚跨声速条件下的机动性能明显提高，并普遍配装了涡扇发动机，推重比达到 8。飞机电传操纵、机载数字式计算机、脉冲多普勒雷达、数据总线和综合航电、抗干扰的机载导弹武器等先进技术的应用，标志着飞机的信息化水平显著提高。同期的运输机技术、直升机技术也同步快速发展。中国航空工业抓住改革开放的机遇，通过持续开展航空预先研究，显著加强了航空技术储备，逐步突破了飞机总体设计、高性能发动机、电传操纵、综合航电、机载武器与火控、航空材料与制造等关键技术，保证了歼 10 战斗机设计试制、歼 11 战斗机研制，以及多种国产军民用飞机、直升机的发展，中国航空技术与世界先进水平的差距明显缩小。

腾飞之路
——中国航空技术的发展与创新

思考题

1. 简述改革开放之初，航空工业领导组团访问西欧的主要成果。
2. 简述为什么说1978年召开的航空科学技术工作会议具有历史意义。
3. 简述航空预先研究最初确定的重大研究方向有哪些。
4. 简述歼10和歼8Ⅱ在技术上有哪些创新。
5. 简述歼10飞机研制和苏-27CK生产线引进对推动航空技术发展的作用。
6. 简述改革前20年中国民机发展有哪些经验和教训。
7. 简述中国直升机为什么取得较快速的发展。
8. 简述航空发动机行业在改革开放后取得的主要成就。
9. 简述航空机载技术发展在什么领域取得了较显著的成绩。
10. 举例说明如何做好引进航空技术后的消化、吸收和再创新。

— 第六章 —

快速赶上世界先进水平
（1999—2022年）

第一节

航空在国家的地位更加凸显

● 国家加快先进武器装备的研制发展

为了迎接21世纪的挑战，党中央、国务院和中央军委高瞻远瞩，作出了加快我国国防科技工业发展、研制生产高技术武器装备的战略决策，吹响了发展先进武器装备型号的进军号角。航空工业是国防科技工业的主力军，先进的航空武器装备是强大的国防力量的重要支撑，进一步加快航空技术的突破成为当务之急。一大批新型军用航空武器装备项目陆续上马，中国航空工业迈上了追赶世界航空技术先进水平的新征程。

● 大型飞机和航空发动机列入国家重大科技专项

2006年2月，国家发布《国家中长期科学和技术发展规划纲要（2006—2020年）》，大型飞机专项被列入16项国家重大科技专项之一，并把该项目作为建设创新型国家，提高我国自主创新能力和核心竞争力的重要标志。同年8月17日，国务院成立了大飞机专项领导小组。2007年2月，国务院常务会议通过了《大型飞机方案论证报告》，原则批准包括大型客机和大型运输机两个机种的立项研制。2007年8月30日，中央政治局常委会听取了关于大型飞机重大专项的汇报，决定成立大型客机项目筹备组。为推动大型客机等民机的发展，国家决定专门组建中国商用飞机有限责任公司（简称中国商飞）。2009年1月，中国150座级客机C919正式对外发布，具有完全自主知识产权的国产大型客机项目全面启动,中国民用飞机的发展进入了一个全新的时代。

2010 年,新加坡航展上亮相的 C919

2012 年,国务院成立专家论证委员会,对航空发动机和燃气轮机发展进行论证。2016 年 1 月,国务院正式批复同意组建中国航空发动机集团有限公司。在航空发动机方面,将重点发展涡扇、涡喷发动机,兼顾涡轴、涡桨和活塞式发动机,重点研发大涵道比涡扇发动机等产品。燃气轮机方面瞄准 F 级 300MW～H 级 400MW 燃机的自主研制。

"长江" 1000 商用涡扇发动机

• 航空工业管理体制的重大改革调整

1998年，党中央决定对国防科技工业体系进行改革，国务院重新组建国防科工委，中央军委成立总装备部，将五大军工总公司改组为十大集团公司。航空工业总公司改组为中国航空工业第一集团公司（简称中航一集团）和中国航空工业第二集团公司（简称中航二集团），两大集团公司在国家的大力支持下，在全力完成高技术武器装备研制生产、推动国产民用飞机发展、加快航空科技创新等方面开启了新的征程。

航展上的中航一集团和中航二集团

2008年5月11日，经党中央、国务院批准，承担大型客机发展的中国商飞在上海成立，该公司由国务院国资委、航空工业集团、上海市、中国铝业、宝钢集团和中化集团等共同投资组建而成。原属中航一集团的上航公司、上海飞机厂、一飞院上海分院等单位整建制划入中国商飞，中国商飞承担了C919、ARJ21等国产大中型民用客机的发展工作。

腾飞之路
——中国航空技术的发展与创新

2008年5月11日，中国商飞公司成立大会在上海隆重举行

2008年11月，党中央、国务院决定，重组中航一集团和中航二集团，成立新的中国航空工业集团公司（简称航空工业集团）。这是新中国航空工业有史以来最大的一次战略性整合和专业化重组。航空工业集团成立后，先后组建了航空装备（负责战斗机、教练机、无人机和空空导弹）、飞机（负责轰炸机、运输机和民用飞机）、发动机、直升机、机载设备与系统、通用飞机、航空研究、飞行试验、贸易物流、资产管理、军贸、产融等业务板块。航空工业集团提出了"航空报国、强军富民"的宗旨，确定了"市场化改革、专业化整合、资本化运作、国际化开拓、产业化发展"的发展战略。

中国航空工业集团公司挂牌

2016年8月,中国航空发动机集团有限公司(简称中国航发)在北京成立,该公司集中了中国航空发动机行业的科研、设计、试制和生产制造共27家企事业单位。中国航发负责航空发动机和燃气轮机的自主设计研发、总装集成、试制生产和服务保障工作。

中国航发在北京揭牌成立

第二节

"四个一代"助推创新发展

- 提出"探索一代"形成"四个一代"

进入21世纪之后,随着国家对航空工业投入的显著增加,一系列军民用重点航空型号研制工作陆续开展,我国先进航空武器装备的发展步伐明显加快,民用飞机产业出现了前所未有的快速发展,航空发动机产业也进入了全

腾飞之路
——中国航空技术的发展与创新

面振兴的新阶段。2002 年，航空工业集团在"三个一代"基础上，又增加了"探索一代"。在"更新一代、研制一代、预研一代、探索一代"四个一代方针的引领下，中国航空技术发展进入以自主创新为指引，以探索前沿技术为先导，开展"战略性、整体性、前瞻性、基础性和共用性"研究的新阶段。通过航空科技创新支撑航空武器装备的更新换代和国产民用飞机的快速发展，航空科研工作开始步入梯次推进、顺畅转化、稳步前进的发展轨道。

2021 年初，为深入贯彻党中央关于加强科技创新工作的指示精神，航空工业集团党组出台了《中共中国航空工业集团有限公司党组关于践行集团战略加快构建新时代航空强国"领先创新力"的决定》（简称《决定》），覆盖构建新时代航空科技创新体系、完善航空科技创新机制、发布航空科技创新力指数、筑牢跨代航空装备核心技术、努力掌握自主关键技术等方面。《决定》是全面推进行业科技创新能力的顶层规划和行动纲领。2022 年 9 月，航空工业集团召开科技创新大会，全面部署开展航空科技创新的工作。航空工业在科技创新方面出现了新气象，航空工业组建了人工智能科技总体单位——智航院；组建了鲲鹏软件创新中心；通过整合组建了气动声学、飞机精细化强度与制造联合技术中心。建立新的创新平台和新技术研究中心的目的，是把"领先创新力"落到实处。

航空工业集团公司召开"创新决定 30 条"推进座谈会

● 关键技术预研引领装备跨代发展

航空工业瞄准未来航空技术发展，从1978年开始持续安排了一系列的航空预先研究课题，经过二十多年的滚动开展，重点更加明确，成果越来越多，人才不断成长，有力地支撑了国产新型战斗机设计研制，支持了多种国产军用飞机的改进改型、国产直升机的试制生产、各类航空发动机的研制，以及航空机载设备和武器系统的研制和技术发展。大批预研成果有力地增强了航空工业的技术储备，使更多的新型号发展从过去的"心中无底"变为了"胸有成竹"。在这个大环境下，航空工业及时提出了"探索一代"的新战略，引领航空技术朝着跨越式发展的方向前进。

实现跨越式发展，必须彻底改变中国航空工业长期以来形成的"跟随发展""参照试制"的习惯。2000年以后，在上级领导机关的支持和引导下，航空工业围绕实现装备跨代发展的大目标，分别安排开展了一系列"国家安全重大基础研究项目""武器装备探索研究项目""武器装备重点基金项目"和"机载设备关键课题"的研究工作，陆续取得了一大批高水平的预先研究新成果，为新型航空武器装备的研制工作筑牢了技术基础，有力地增强了航空工业的创新能力。

面对信息技术和新兴技术的快速发展，航空工业通过组织跨学科、大协作的方式，努力推动航空技术与信息技术和新兴技术的融合，开展了5G毫米波通信、量子导航等应用创新研究工作，将基础研究、应用基础研究和技术创新融通发展。

进入21世纪之后，航空预先研究工作的重点既有飞机、发动机、航空机载设备方面的项目，也有新材料、新工艺的研究；既有针对近期型号攻关所急需的关键技术，也有瞄准未来长远发展的探索研究项目，还有针对新兴技术发展的融合研究。这充分体现了中国航空技术在发展中充分考虑到了梯次推进、层层递进、中远期相互兼顾、航空技术与新兴技术相互融合的战略思维。

第三节

航空武器装备朝着体系化方向发展

● 航空武器装备实现跨越式发展

进入 21 世纪以来,世界航空武器装备发展呈现出信息化、智能化、无人化和体系化的发展趋势。

为了适应世界航空武器装备技术的发展,满足我军对国产航空武器装备发展的需求,迈入 21 世纪的中国航空武器装备呈现体系化发展的新变化。其突出标志是:航空武器装备从机械化向信息化的跨越;战斗机从突出机动性的第三代向具有隐身性能的第四代跨越;运输类飞机从中小型向大型化的跨

歼 15 舰载战斗机

越；航空主战飞机从陆基向舰载的跨越；配装国产航空母舰的国产舰载战斗机、直升机和专用飞机协同发展；作战机种从有人机向无人机的跨越，具有侦察/打击能力和攻击类的军用无人机成为装备发展的重点；直升机从引进仿制向自主研制的跨越，国产专用武装直升机和先进通用直升机投入使用。航空技术的自主创新支撑了中国航空武器装备的体系化发展，中国航空工业呈现出国产化、信息化、体系化和规模化的新特征。

直 10 武装直升机

● 中国军用飞机的体系化发展

新中国航空工业自创建以来，始终把满足军方作战需求作为产业和产品的发展方向。我军的航空武器装备从最初的战斗机（歼击机）、轰炸机、强击机、运输机、教练机等基本的机种，逐步向更加系列化、专业化和信息化的方向发展，各种机型的功能随着作战环境的变化和飞机技术的发展，不断提升和完善。

从军用飞机大的类别来说，分为作战飞机和作战支援飞机两大类。作战飞机分为战斗机、强击机（又称攻击机）、轰炸机和电子战飞机。作战支援飞机分为军用运输机、预警指挥机、电子干扰机、空中加油机、观察机、联络机、侦察机和教练机。轰炸机又分为战略轰炸机和战术轰炸机。

随着战斗机技术的发展，多用途战斗机开始覆盖了原来的强击机和歼击轰炸机的作战功能。因此，多用途战斗机（兼顾制空作战和对地攻击的作战用途）、战略轰炸机正在成为作战飞机的发展主体。中国航空工业适应新形势，重点发展了多用途战斗机和具有战略轰炸能力的轰炸机。同时，从歼10、歼11、歼16系列战斗机发展开始，中国已经开始了战斗机的"轻重搭配"。为满足中国海军发展航母装备的需求，歼15舰载战斗机成为中国战斗机家族中的重要成员。随着中国航空工业实力的进一步增强，专门研制了用于出口的战斗机——"枭龙"，该机以优异的性能得到了国际市场的认可。

歼10战斗机与歼16战斗机

在战斗机基础上发展专用侦察机的做法十分普遍，有的国家发展的轻型战斗机本身就具有侦察的功能。我国在歼8F战斗机基础上发展了专用侦察机，充分发挥了歼8飞机高空高速的性能特点。电子战飞机是当今空中战场急需的重要装备，它是在复杂的电磁环境下克敌制胜的利器，为适应这一战场需求，我国成功研制了歼16电子战飞机，该机一出现就引起了世界的高度关注。

歼 16 电子战飞机

教练机分为初级教练机、中级教练机和高级教练机，一些主力战斗机还发展了同型双座型战斗教练机，用于飞行员的作战训练。另外，在高级教练机基础上研发的轻型多用途战斗机或入门级战斗机也是很受欢迎的军机产品。中国教练机的研制生产水平较高，除供国内使用外，中国教练机还广泛出口到世界各地。中国研制的 L15 和歼教 9 两型高级教练机，都满足了高级教练机兼顾战斗入门和多用途使用的需求。

歼教 9 飞机

在运输机方面，中国研制了运 7、运 8 等中型运输机，但一直缺乏大型运输机，随着现代战争对战场机动运输能力需求的提升，以及多种军用特种飞机对飞行平台的要求，加上民用和应急救援对大吨位运输机需求的增长，中国急需起飞重量超过 200 吨级的国产大型运输机。在这一背景下，国家在大型飞机科技专项中包括了运 20 大型运输机，以解决中国缺乏大型运输机的问题。运 20 大型运输机的设计研制成功，不仅增加了中国在国产喷气式大型客机的设计研发能力,更使中国成为继美国、欧洲、俄罗斯、乌克兰之后,世界少数几个能够生产大型运输机的国家之一。

运 20 大型运输机

直升机的设计研制曾一度是中国航空工业比较薄弱的环节,主要依靠对国外产品的参照设计,缺乏自主设计研制的产品。通过直 10 专用武装直升机的设计研发,中国在自行设计研制武装直升机方面取得了重大突破;通过设计研制直 20,中国有了自研的通用直升机。同时,随着国产直升机谱系的拓展,国产预警直升机、反潜直升机、搜救直升机等特种直升机的发展同步加快。

直 20 直升机

特种飞机是经专门设计或改装后具有特殊功能，用于执行特殊任务的飞机，具有生产批量小、单独研制代价高的特点，通常由现有飞机型号改装而成。特种飞机通常包括预警机、反潜巡逻机、电子战飞机等。在舰上使用的特种飞机通常采用直升机或便于舰上起降的机型改型而成。进入 21 世纪以来，通过运 20 大型运输机、运 9 运输机和国产先进多用途战斗机和直升机的改型发展，中国特种飞机有了更坚实的平台基础，促进了陆基和舰载预警机、反潜机、电子战飞机等军用特种飞机快速发展，使中国航空武器装备弥补了短板和空白。空中加油机是专门在空中给正在飞行中的飞机和直升机补加燃料的飞机。中国突破了空中加受油的关键技术，采用轰 6 飞机作为平台研发了空中加油机。在运 20 大型运输机问世后，以其为平台的运油 20 空中加油机于 2022 年投入使用，使得中国的空中加油能力显著增强。

运油 20 为歼 16 战斗机加油

军用无人机是中国航空产品中发展最为迅速的产品之一。无人机是采用无线电遥控或程序控制的不载人飞机，具有远距离攻击、智能化、信息化、隐蔽性强、成本低等特点。早期，无人机主要作为靶机和高空电子侦察机使用，而现代战争中无人机开始用于对地精确打击并发挥了重要作用。在军用无人机发展方面，中国后来居上，"翼龙"系列、"彩虹"系列、"双尾蝎"系列等无人机产品在国际市场销售上取得了显著成绩。我军已开始装备使用察打一体型、侦察型等多种先进无人机,有力增强了中国航空武器装备的实力。近年来,中国在民用消费级无人机发展方面,有"大疆无人机"等产品成功占领了世界市场。中国无人机还在工业、农业、物流运输等方面得到了广泛应用。

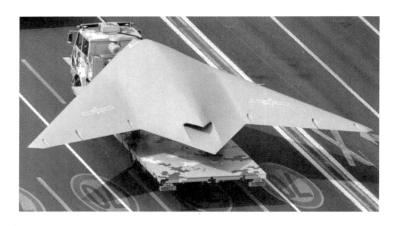

攻击 11 无人机

2019 年 10 月 1 日,庆祝新中国成立 70 周年阅兵在天安门广场举行,中国自行研制生产的共 37 型 172 架先进飞机参加了阅兵式。其中,168 架飞机分为护旗梯队、领队机梯队、预警指挥机梯队、轰炸机梯队、加受油机梯队、舰载机梯队、歼击机梯队等 12 个空中梯队飞过天安门广场,4 架高端无人机随装备方队在地面接受检阅。这批受阅机种中的新机型占比 31%,轰 6N、直 20 等 5 个新机型首次公开亮相。这次大阅兵,体现出中国航空武器装备体系化发展已经基本形成。

表 8 航空装备参加国家级重大阅兵的机型及数量

时间	数量/架	机型	说明
1949 年开国大典阅兵	17	P-51、"蚊"式、C-46、L-5、PT-19	9 架 P-51 两次受阅,观众所见受阅飞机共 26 架次
1950 年国庆阅兵	28	图-2、拉-9	人民空军成立后首次受阅;受阅飞机全部为苏制

表 8（续）

时间	数量/架	机型	说明
1951 年国庆阅兵	135	图-2、拉-9、拉-11、伊尔-10、米格-15	喷气式战斗机首次受阅； 受阅飞机全部为苏制
1952 年国庆阅兵	153	图-2、拉-11、伊尔-10、米格-15	受阅飞机全部为苏制
1953 年国庆阅兵	96	伊尔-28、米格-15 比斯	受阅飞机全部为苏制
1954 年国庆阅兵	111	伊尔-28、图-4、米格-15 比斯	战略轰炸机首次受阅； 受阅飞机全部为苏制
1955 年国庆阅兵	96	伊尔-28、米格-15 比斯、米格-17	受阅飞机全部为苏制
1956 年国庆阅兵	87	伊尔-28、歼 5、米格-15 比斯、米格-17	国产喷气式歼击机首次受阅
1957 年国庆阅兵	81	伊尔-28、歼 5、米格-15 比斯、米格-17	
1958 年国庆阅兵	93	伊尔-28、歼 5、米格-15 比斯、米格-17	
1959 年国庆阅兵	165	伊尔-28、米格-17、歼 5、米格-19	超声速战斗机首次受阅
1984 年国庆阅兵	94	轰 6、歼教 5、强 5、歼 7	受阅飞机全部国产且为首次公开亮相
1999 年国庆阅兵	132	轰 6、轰油 6、歼 7E、歼 8B、歼 8D、强 5、歼轰 7、苏-27、直 9	空中加受油机、直升机和三代战机首次受阅
2009 年国庆阅兵	151	歼 10、歼 11B、歼 8F、轰 6H、轰 6H、直 8 搜救型、直 8 运输型、直 9WA、直 9WZ、"空警" 2000、"空警" 200 等	国产 15 型飞机 12 个空中梯队受阅； 两型预警机首次受阅
2019 年国庆阅兵	168	直 10、直 19、"空警" 500、运 8、运 9、运 20、轰 6N、轰 6K、歼 10B、歼 10C、歼 15、歼 16、歼 20、直 20、教 10、歼教 9、教 8、高空高速无人侦察机、攻击 2、攻击 11 等	34 型飞机 12 个空中梯队受阅； 一批新机型首次公开； 三型 "20" 飞机首次集体亮相

表 8（续）

时间	数量/架	机型	说明
1981 年华北演习	475	轰炸机群、战斗机编队、强击机编队、直升机群和电子干扰机	共飞行 28700 架次、24000 小时
2015 年世界反法西斯战争胜利 70 周年阅兵	183	直 8、运 8 海上警戒机、运 8 指挥通信机、"空警"200、歼 15、歼 10 等	17 型飞机 10 个空中梯队受阅
2017 年建军 90 周年阅兵	129	歼 20、运 20、歼 10B、运 9 等	18 型飞机受阅
2018 年南海海上阅兵	76	舰载直升机、反潜巡逻作战、预警指挥、远海作战、对海突击、远距支援掩护、制空作战等梯队	共 10 个空中梯队
2019 年海军成立 70 周年海上阅兵	39	预警机、侦察机、反潜巡逻机、轰炸机、歼击机、舰载战斗机、舰载直升机等梯队	共 10 个空中梯队
2021 年建党百年庆祝大会飞行表演	71	直 10、直 19、直 8、歼 10、歼 20、教 8	6 型飞机 4 个空中梯队表演；15 架歼 20 集中亮相

第四节

航空技术发展进一步提速

● 筑牢先进装备的技术基础

基础研究是航空装备研制的先行者和奠基石。中国航空工业从国外产品的引进试制起步，在航空技术的储备方面相对薄弱。通过几十年的不懈努力，航空基础科研能力从无到有，不断增强。

每一种新型飞机的气动布局都依赖着气动技术研究和试验。中国航空工业通过飞机翼型、机翼的气动设计到全机气动布局设计，开发形成了先进的核心 CFD（计算流体力学）计算软件能力，拓展了内外流计算、气动热计算、气动噪声计算、结冰计算等技术。全面掌握了高低速风洞试验、结冰敏感性分析评估、气动数据高性能仿真等关键技术。航空工业空气动力研究院（简称航空工业气动院）承担了为国产飞行器研制开展数十万次高低速风洞试验的任务，参与了几乎所有型号的气动试验。经过长期的技术攻关，中国形成了气动技术上自身的技术特点，从歼 10 的"鸭翼+腹部进气+后三角翼"，到歼 20 战斗机的"远距耦合鸭翼+大弦长机翼"，再到运 20 和 C919 采用的"超临界机翼"，都充分体现了我国航空气动研究的成就。在气动研究方法上，中国航空工业完成了高可信度的气动计算软件 2.2 版本开发。对接国际 CFD 技术，实现了 CFD 与风洞试验的综合分析（多轮 CFD 分析优化+风洞定型试验），既提高了气动计算和试验的准确性，又明显缩短了研究试验的周期。

航空工业气动院 CFD 流场分析

结构强度试验是飞机设计研制中的重要环节，其中全机强度试验是保证飞机试飞安全的重要手段，也是飞机试飞的通行证。中国飞机强度研究所（简称航空工业强度所）通过几十年发展，构建了从元件、组件、部件到全机的完善的强度验证体系,承担了各类新研或改进型号的强度试验。该所成功研制了飞机地面强度试验结构健康检测系统、冰雹撞击试验系统、飞机复杂结构刚度计算系统,形成了具有自主知识产权的航空结构分析系统(HAJIF)。在抗疲劳断裂、动强度与振动控制、航空声学、复合材料结构强度等方面,无论是试验设备、试验方法还是科技人员技术能力等都取得了显著提高,在部分领域还达到了国际先进水平。通过运20、歼20、C919、AG600等重点型号的强度试验,不仅保证了型号的如期首飞,同时也把中国的飞机强度试验水平提升到了新高度。

C919飞机在中国飞机强度研究所进行全机强度试验

在支撑航空装备发展的标准化领域,通过引进俄罗斯标准和转化,支持了参照设计和试制;通过引进美军标和转化,支撑了第三代战斗机的设计研制;通过引进6800项民机适用的国际标准,解决了我国航空标准与国际接轨的问题,为自主研发国产民机奠定了技术基础。航空标准化工作围绕支持国产第四代战斗机和其他先进军机产品的设计研制开展了大量工作。航空工业综合技术研究所还通过开展多个型号的可靠性鉴定试验、极端环境分析,以及适航技术研究等工作,为军民用航空产品的试验验证提供了技术保证。

航空工业综合技术研究所

航空计量保障系统坚持"测得到、测得准、测得可靠",保证了型号参数的准确可靠。北京长城计量测试技术研究所(简称航空工业计量所)积极开展了动态测试与校准、纳米测量与校准、飞秒激光测量、非接触测量等前沿技术研究,达到了与国际一流科研机构同台竞技的水平。该所还解决了飞机大型结构件现场对接、叶片测量及全参数定值评估等数字化智能制造等问题,及时满足了装备研发的需求。

航空工业计量所

航空科技情报工作与时俱进，通过对国外情报信息的深加工，在为型号立项和研制提供体系架构设计、效能评估、费用分析、技术可行性论证等方面做出了新的成绩。航空科技情报研究工作为航空工业发展战略、发展规划的制定提供了有力的信息支持，深入开展了关键技术研究和技术预警研究，建立了一批专业数据库，通过网络平台提供了更丰富、更快捷和更有深度的信息服务。针对航空装备体系顶层设计与发展开展了深入研究，开展了新概念飞行器的综合论证工作。

航空工业发展研究中心

● 科研和试验条件建设进一步加快

2000年以来，航空工业瞄准国际水平陆续建成了一些新的科研试验设施。航空工业气动院在沈阳和哈尔滨的新区相继开工，并陆续建成FL-9低速增压风洞和1.6米高速风洞（FL-3）。FL-51风洞一期建成并投入型号应用，FL-61风洞具备了常规试验能力，FL-10风洞填补了我国回流式大型低速风洞的空白，使中国具备了比肩世界先进低速风洞的试验条件。在强度试验方面，一批先进试验设施陆续建成，一批新兴专业填补了空白。航空工业强度所形成了以西安总部为创新中心、阎良新区为军机科研中心、上海分部为民机科研中心的新布局。

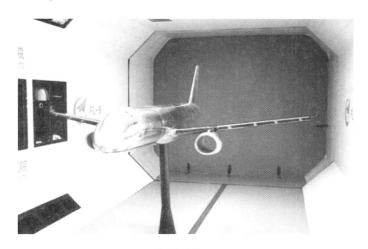

航空工业气动院的 FL-9 风洞

- **飞行试验有力支撑型号的发展**

　　飞机的飞行试验是航空型号发展的关键环节。经过 60 多年发展，特别是近 20 年的加大投入，航空工业试飞院在飞行试验设施方面，拥有两条全长 3400 米的跑道，建成全任务飞机模拟台、天线试验场、激光雷达站、微波着陆系统等大型设备，以及飞行仿真、飞行试验测试等重点实验室。航空工业试飞院自成立以来，承担了我国几乎全部航空武器装备的设计定型试飞和民机适航审定试飞的任务，完成了 60 多型飞机、30 多型发动机、2000 余项机载设备的国家鉴定试飞和适航审定试飞任务。

腾飞之路
——中国航空技术的发展与创新

航空工业试飞院

在型号试飞方面，自改革开放以来，完成了歼7Ⅲ、歼8Ⅱ和歼教7三种新机的鉴定试飞，完成了空中加受油机试飞、"飞豹"、运8C、运7系列改型和多型直升机的鉴定试飞和适航取证试飞。同时，开展了多项试飞预研工作，特别是在变稳飞机技术研究方面达到了世界先进水平。在风洞与飞行试验相关性研究、大迎角飞行特性研究、飞机失速尾旋预测、红外目标特性研究、飞行模拟仿真在试飞中应用等方面也取得了重要成果。

进入21世纪后，歼10飞机的试飞使我国试飞技术取得了重大突破，该机创造了中国试飞多项纪录：试飞架次最多、遗留给用户的问题最少、试飞考核内容最全、试飞包线最大、武器实弹投射最多、机载测试和地面监控参数最多，以及试飞安全性最好。掌握了人机闭环飞行品质、颤振/气动伺服弹性、大迎角特性、综合航电等30多项试飞关键技术，自主研制了雷达电子试验机、空中试车台、6自由度飞行模拟器、颤振激励系统，研制成功了地面数据采集系统（GDAS）实时监控系统、自动数据采集系统（ADAS）监控系统等，具备了特种试验机重大改装设计能力、试验机非标系统的改装能力。试飞院已拥有了飞行力学、飞行模拟、飞行控制等120多个专业构成的完整的研究、试验、设计试制体系。

● 航空制造数字化技术实现质的飞跃

航空产品结构复杂、零部件数量多、材料品种多、加工要求高。通常飞机、发动机的零件采用整体板材或锻件加工时，零件成品重量仅占毛坯的5%~20%，其余材料都变成了切屑。飞机的梁、框、肋、壁板和发动机的压气机风扇、整体叶盘，使用了高强铝合金、钛合金、复合材料等材料，并呈现大型化、整体化，这都对航空制造提出了极高的要求，数控加工技术在航空制造中起到了十分重要的作用。航空工业在歼10、歼11等飞机研制和生产中，以及承担国外民用飞机部件转包生产中，数控加工技术得到广泛应用。2000年以来，航空工业数控设备的类型、数量及规模快速扩大，"十五"末期数控设备数量已达数千台。

沈飞飞机生产现场

航空产品进入了自主设计研制的新阶段以来，飞机制造方式从传统的模线样板物理样机，向全机数字样机、异地协同试制、基于模型的系统工程等新的发展阶段迈进。2003年，航空工业启动"飞机制造业数字化工程"，以打通飞机、直升机研制的数字化设计、试验、制造及管理生产线。突破了飞机三维数字化定义、数字化预装配、产品数据管理、CAD/CAPPC/CAM 集成等关键技术，成飞、沈飞、西飞、昌飞、哈飞、西航和黎明等飞机、发动机企业建立了数字化生产车间或生产线。飞机制造企业初步实现了工艺和工装的三维数字化设计和数字化预装配。在复杂结构件加工方面，开始采用数控弯管、钣金下料、数控高压水切割、数控激光切割等先进制造技术。

航空工业昌飞直升机数字生产线

　　智能制造的研究工作从"十五"到"十一五"在航空工业得到深入展开。2014 年 11 月，航空工业组织专家团队开展智能制造总体发展思路研究，提出了"动态感知、实时分析、自主决策、精准执行"的智能制造特征，构建了包括企业联盟、企业管理、生产管理和控制执行 4 个层面的航空智能制造架构，提出了推进计划和试点单位。2018 年 4 月，航空工业举办了智能制造最佳实践交流会，直升机旋翼系统智能制造车间、数控车间智能制造等试点已经显示了明显成效。

　　增材制造（3D 打印）技术具有自由成形、全数字化、无需模具、材料多样和材料利用率高等显著特点，在航空制造领域可在外形验证、产品复杂形状制造和精密熔模铸造等方面应用，可以较好解决小批量复杂产品制造成本过高和个性化需求的矛盾问题。航空工业沈阳所技术团队在"鹘鹰"战斗机试制中，大胆采用了增材制造技术试制机体复杂结构件，取得显著成效。增材制造技术在未来航空结构制造领域将有广泛的应用前景。

第五节

中国战斗机努力追赶世界先进水平

● 歼20标志着中国掌握了战斗机隐身技术

战斗机的划代,是按其发展过程中明确的技术特征来区分的。从喷气式战斗机问世以来,美国和苏联引领了战斗机技术的发展,因此战斗机的划代通常是以美国和苏联的典型机型为代表而确定的。表9中列出了喷气式战斗机的划代机型和对应的典型技术特征,其中包括了各国的代表机型。

表9 喷气式战斗机的划代

典型特征	传统四代划分	苏联五代划分	美国五代划分		新五代划分	
早期喷气式飞机			第一代	He-178 Me-262 "流星" F-80	第一代	He-178 Me-262 "流星" F-80
高亚声速后掠翼			第二代	F-86 米格-15		F-86 米格-15 歼5

表9（续）

典型特征	传统四代划分		苏联五代划分		美国五代划分		新五代划分	
Ma1.0级低超声速	第一代	F-100 米格-19	第一代	米格-19	第三代	米格-19 米格-21 F-100 F-101 F-102 F-105 F-4 "幻影"Ⅲ 萨伯37	第二代	F-100 米格-19 歼6
Ma2.0级	第二代	F-104 F-4 米格-21 米格-23 "幻影"Ⅲ 萨伯37	第二代	米格-21			第三代	米格-21 F-104 F-105 F-4 "幻影"Ⅲ 萨伯37 歼7 歼8
			第三代	米格-23				
高机动性等性能显著提升	第三代	F-14 F-15 F-16 F/A-18 米格-29 苏-27 苏-35 "幻影"2000 "台风" "阵风" JAS.39	第四代	米格-29 苏-27 苏-35	第四代	F-14 F-15 F-16 F/A-18 米格-29 苏-27 苏-35 "幻影"2000 "台风" "阵风" JAS.39	第四代	F-14 F-15 F-16 F/A-18 米格-29 苏-27 苏-35 "幻影"2000 歼10 歼11
隐身等性能全面提升	第四代	F-22 F-35	第五代	苏-57	第五代	F-22 F-35	第五代	F-22 F-35 苏-57 歼20 歼31

按传统的四代机划分，各代战斗机的技术特征是：第一代（F-100、米格-19）实现了超声速飞行，采用大后掠翼、涡喷发动机；第二代（F-104、米格-21）最大飞行速度达到两倍声速，飞行高度突破20000米，采用小展弦比

薄翼型、三角翼、变后掠翼；第三代（F-16、苏-27）具有优良的跨声速机动性、采用大边条机翼、翼身融合体，选用涡扇发动机；第四代（F-22、F-35）具有隐身、超声速巡航、超机动等高保障性，采用带矢量推力的涡扇发动机。

第四代战斗机技术是航空技术发展的尖端，隐身技术、超声速巡航、高敏捷性和高度信息化是第四代战斗机的典型技术特点，美国的 F-22 和 F-35，俄罗斯的苏-57 是典型的四代机。F-22 于 2005 年投入使用，它对于第三代战斗机形成了压倒性的优势。中国从"八五"计划开始，就安排了针对未来战斗机的预先研究工作，航空工业沈阳所和成都所等单位开展了以发展第四代战斗机为目标的总体概念研究及气动布局的研究和试验工作，对四代机的隐身设计、结构布局、飞行控制、内埋弹舱等关键技术和新结构、新材料开展了集智攻关。

在装备主管部门的主持下，航空工业沈阳所和成都所各自提出了中国第四代战斗机方案，经过反复比较，最终确定中国第四代战斗机——歼 20 由航空工业成都所负责总体设计，成飞负责总装制造。歼 20 飞机设计研制团队，在航空、航天、兵器、电子、材料等众多专业领域和工业部门的兄弟单位的全力支持下，按照验证机和原型机两个阶段开展了歼 20 的设计研制工作。其中，验证机主要集成验证平台基本性能和新结构、新材料、新技术。

在歼 20 研制中，航空工业充分应用了众多专业技术领域多年来开展预先研究和关键技术攻关的大量科研成果，通过多轮技术论证和优化，攻克了设计研制中出现的一个又一个技术难题。歼 20 研制采用了全三维数字化设计和制造技术，采用了基于模型的设计（MBD）。MBD 不仅描述产品的几何特征，还描述产品的材料、工艺、质量特性、单元特性、热表处理、公差、技术注释等非几何属性，满足数字化试制的需求，从而明显缩短了飞机的研制周期。2011 年 1 月 11 日，歼 20 验证机首飞获得成功。

腾飞之路
——中国航空技术的发展与创新

歼 20 首飞现场

歼 20 研制团队在开展验证机研制工作的同时,启动了原型机的方案设计工作。针对新的需求并结合验证机试验试飞的情况,对系统架构进行了重构,完成了歼 20 原型机的设计工作。成飞在歼 20 飞机试制中,解决了钛合金整体框尺寸大、加工难、表面加工精度高和精确装配等技术难题。2014 年 3 月,歼 20 原型机首飞成功。2018 年 2 月 9 日,中国人民解放军空军发言人对外宣布,歼 20 战斗机已经列装空军作战部队,它标志着中国战斗机水平在追赶世界先进水平方面迈上了一个大台阶,也实现了航空工业集团确定的"打造跨代新机、引领技术发展、创新研发体系、建设卓越团队"的歼 20 研制目标。歼 20 的成功,是中国航空技术在自主创新上取得的重大成果。

● 中国成为世界上第二个同时研制两型四代机的国家

在发展歼 20 战斗机的同时,中国另一型完全自主设计研发的、具有四代战斗机技术特征的中型多用途战斗机"鹘鹰"也开启了设计研制工作。"鹘鹰"战斗机研制中,广泛应用了对四代机预先研究的技术成果,在设计中突出了飞机气动、隐身一体化设计、飞机结构的完整性,使"鹘鹰"飞机的机体结构数量和工装数量明显减少。"鹘鹰"战斗机采用了大量新材料、新技术,其中为提高飞机的结构效率,零部件制造大量采用了增材制造技术,包括4种工艺、8种金属材料、13类构件,飞机增材构架用量达3%。"鹘鹰"飞机的结构重量比明显降低,全机的结构疲劳危险部位显著减少。

2012年10月,"鹘鹰"飞机首飞成功。2014年11月,"鹘鹰"飞机在珠海航展上进行了飞行表演。此后,该机以模型展示的方式先后参加了迪拜航展和巴黎航展。"鹘鹰"战斗机的后续发展正在进行中。

"鹘鹰"战斗机进行飞行表演

● 歼15实现舰载战斗机的历史性跨越

随着中国航母工程的开展,歼15舰载战斗机的设计研发工作随之启动。歼15作为中国第一型从航母上起降的舰载战斗机,面临着巨大的技术挑战。舰载机最大的特点是起飞降落在航母上,跑道长度只有100多米,舰载机着舰动作要领是"看灯、保角、对中",稍有差池就可能机毁人亡。所以,歼15的设计必须保证在短距离内实现舰上的安全起降。

与研制陆基战斗机不同的是,研制舰载战斗机需要突破一系列特殊的关键技术,为此中国航空科研人员提早开展了大量科研攻关工作。舰载战斗机在着舰时,其下沉速度非常快,相当于陆基飞机的2倍,可以说是直接"砸"在航母上,这要求舰载战斗机具有足够大的强度,对飞机的结构强度设计提出了极高的要求。为此,航空工业沈阳所等单位的科研人员依靠自己的力量,开展了历时数年的研究试验工作,突破了舰载战斗机全机落震试验的技术难关，搬开了中国发展舰载机的技术拦路虎。像这样的例子，在中国舰载战斗机发展过程中还有很多。

在歼15的设计研制工作中，研制团队先后攻克了飞机机翼折叠、适应航母舰载环境等一系列关键技术。在攻克飞机精准着舰技术时，设计团队通过仿真分析，结合飞机动力响应特性、复飞等要求，定量确定了关键技术参数。为攻克飞机在航母上滑跃起飞时飞行操纵的技术难关，研制团队进行了大量的陆基斜板滑跃起飞试验，取得了良好的效果。航空工业沈阳所与沈飞采取"厂所一体、设计制造一体"的协同攻关模式和联合工作团队，采用三维数字化技术进行设计和协调，实现了产品100%的数字化定义、虚拟装配、产品数字样机，以及设计过程构型管理、设计/制造过程单一数据源管理，显著提高了歼15飞机的研制工作效率。2009年8月，歼15飞机首飞成功。

2012年11月23日，歼15在"航母战斗机英雄试飞员"戴明盟驾驶下，在"辽宁舰"航母上首次着舰并再次起飞获得成功，当天又有两名飞行员先后成功着舰并再次起飞，中国终于有了自己的航母舰载战斗机。

歼15舰载机试飞员戴明盟

就在歼15成功实现在"辽宁舰"上起降的现场,担任歼15舰载机项目现场总指挥的沈飞董事长、总经理罗阳与他的老战友孙聪院士并肩作战。却没有想到两天后,在胜利完成任务返航途中,年仅51岁的罗阳同志因病倒在了工作岗位上。在生命的最后时刻,他惦记的依然是工作,罗阳的身上表现出新一代立志航空报国的航空人对祖国、对航空事业的无限忠诚和无私奉献。

罗阳同志牺牲第二天,习近平总书记作出重要批示:"罗阳同志秉持航空报国的志向,为我国航空事业发展作出了突出贡献,他的英年早逝是党和国家的一个重大损失。要很好地总结和宣传罗阳同志的先进事迹,广大党员、干部要学习罗阳同志的优秀品质和可贵精神。"

罗阳与歼15舰载战斗机

• 技术进步带动歼10战斗机的改进改型

歼10战斗机在2004年通过设计定型后,歼10系列研发团队在总设计师杨伟的带领下,及时采用新技术成果改进和提升飞机作战能力。通过采用国内最新研制的先进机载雷达、航电系统、火控系统,以及新型的机载航空武器,并换装国产"太行"涡扇发动机使歼10战斗机的对空和对地作战能力不断提高。先后发展了歼10A、歼10S、歼10B、歼10C,以及歼10飞行表演机和供出口的歼 10CE 等系列型号。2003 年 12 月 26 日，歼 10S 双座型战斗教练机首飞成功。

歼 10B 和歼 10C 采用了相控阵雷达和新型导弹，使得飞机的综合作战能力明显增强。有源相控阵雷达的有效功率大、探测距离远，且具有强大的独立波束扫描和探测能力。歼 10C 等产品交付部队使用后，其优异的性能和作战能力受到了部队的好评。2018 年 11 月，歼 10B 推力矢量验证机在珠海航展上成功进行了多种过失速机动飞行表演，表明我国突破了战斗机过失速机动作战的关键技术。2022 年 3 月 11 日，首批 6 架歼 10CE 战斗机出口交付给巴基斯坦空军，这是中国先进战斗机出口的重要里程碑。

巴基斯坦空军购买的中国歼 10CE 战斗机

● 歼 11B 和歼 16 重型战斗机带动航空技术全面发展

在引进俄罗斯的苏-27 重型战斗机生产线的基础上，经过消化、吸收、再创新，自行设计研制的歼 11B 是我国发展重型战斗机的一个重大工程。航空工业沈阳所在李明院士、孙聪院士两任总设计师带领下，深入研究分析了重型战斗机的总体布局及重量重心，利用飞机理论图建立飞机几何外形数学模型，建立了相关的数据库。设计团队设计并加工了风洞试验模型开展试验，并对飞机强度设计规范和准则进行了深入研究。

在歼11B飞机上采用国产"太行"涡扇发动机,为此,沈阳所对歼11飞机进气道进行了改进,将金属调节板改为复合材料调节板。歼11B与国产"太行"涡扇发动机相辅相成,强有力地支持了中国自行设计研制先进涡扇发动机。歼11B飞机还配装了国产新型综合航电系统、数字化电传飞控系统、新型机载武器和火控系统,并使用了大量国产新材料、标准件和飞机功能系统,全国有百余家参研单位在歼11B飞机上使用了自己的新技术和新成品,歼11B全面带动了飞机平台、材料、制造、航电、机电、武器和综合保障领域的技术创新及新产品开发。从2001年2月起,航空工业沈阳所的科技人员全力投入,仅用不到一年的时间,就发出了歼11B全部设计图样和数字模型。沈飞采用并行工程方式,提早开始工艺方案制订、工装设备研制和工艺技术攻关,保证了歼11B试制工作的成功。

歼11B 重型战斗机

2002年12月,歼11B首飞成功。2009年,歼11B通过设计定型。至此,歼11B与歼10战斗机形成了"轻重搭配"的装备格局,极大提升了中国军队的远程作战能力。2007年12月,双座型歼11BS战斗/教练机首飞成功,2011年通过设计定型。歼11B/歼11BS重型战斗机的成功研制,实现了引进、消化、吸收和再创新,大幅度提高了我国第三代重型战斗机的研制技术水平,全面带动了中国航空工业多个专业技术的快速发展。

在歼 11B/歼 11BS 基础上，2009 年又启动了设计研制歼 16 重型多用途战斗机的工程。歼 16 飞机装备的武器品种多且数量大、航程远、机载系统性能先进，它是我军制空、对海、对地攻击作战的强大空中装备。在 2017 年建军 90 周年朱日和大阅兵中，歼 16 多用途战斗机首次亮相。随着歼 16 战斗机装备部队使用，我军的远程空空、空面作战能力得到了显著增强。

歼 16 多用途战斗机

- **"枭龙"促进战斗机技术新发展**

"枭龙"战斗机起源于航空工业成飞歼 7 外贸机后继发展项目，经历"佩刀"Ⅱ和"超七"发展阶段，成飞在 1989 年前曾与美国格鲁门公司合作。1993 年，中国与巴基斯坦合作正式启动"超七"战斗机项目，该机由航空工业成都所和成飞合作设计并研制。1995 年，巴基斯坦空军提出战斗机要求 SAR 雷达，"枭龙"战斗机在设计中突出飞机的中低空机动作战性能，飞机采用了中等展弦比边条翼布局，机身采用了超声速面积律，大后掠角边条一直延伸到机尾；采用两侧"蚌"式进气道，略向外倾斜；选装俄罗斯的 RD-93 涡扇发动机，飞控系统采用了液压和电传混合制，飞机装有多模脉冲多普勒雷达，采用新型座舱显示系统，加装国产先进综合航电系统和机载武器系统，具有空中拦射、近距空战格斗和对地、对海目标攻击的能力。

"枭龙"飞机于2003年8月首飞成功，此后飞机飞控系统升级为全电传，雷达升级为相控阵雷达，使其战斗力进一步加强。2005年，中方帮助巴方在其国内建设了"枭龙"飞机生产线，该机已经成为巴基斯坦空军的主力战斗机装备。2017年4月，"枭龙"双座型首飞成功。作为一种轻型、低成本的先进战斗机，"枭龙"在国际市场颇受关注。

在"枭龙"战斗机研制中有许多技术上的创新，一是在国内战斗机设计中首次采用成本目标控制方法，确保飞机具有很高的性价比；二是大量采用新技术，包括"蚌"式进气道技术、综合航电和武器系统、电子战技术等；三是全机结构数控零件的100%数字化定义，实现了设计与制造的数字化共享。

"枭龙"战斗机

● 中国战斗机迈入自主创新发展新时代

经过70多年的发展，在航空技术密集度最高、发展速度最快的战斗机领域，中国已经建成了横跨南北的战斗机设计研发制造基地，围绕国产战斗机发展的航空发动机、机载系统和武器、航空制造、先进材料、试验试飞等配套体系已经形成。以歼 20 战斗机批量列装部队和"鹘鹰"战斗机研制为标志，中国战斗机已经跨入了世界战斗机的第一方阵；以歼 15 舰载战斗机投入使用为标志，中国进入了"以空强海"的新阶段；歼 10、歼 11、歼 16、歼 20 系列化发展，中国战斗机已经形成以三代机为主体、四代机为骨干的装备体系。

形成体系化发展的中国空军装备

新中国航空工业生产交付了上万架战斗机，援助和出口了数千架战斗机，这是中国航空工业对国防建设和国防科技工业发展的重大贡献。70 多年来，以徐舜寿、黄志千、顾诵芬、陆孝彭、屠基达、陈一坚、宋文骢、李明、杨凤田为杰出代表的老一代飞机设计师，和改革开放以来成长起来的一大批新的飞机设计领军人物，引领了中国战斗机大步赶上世界先进水平，使中国成为世界上少数几个能够自行研制先进战斗机的国家之一。中国战斗机技术发展的成就，是中国航空工业坚持自主创新，不断攀登世界航空技术高峰的生动写照。

● 中国教练机技术水平快速提高

说到中国自行设计研制的教练机，引以为荣的是 20 世纪末风靡世界市场的中国 K8 教练机。1982 年，针对国内外对基础教练机的需求，洪都与中航技合作，为发展新型基础教练机寻找国外合作伙伴，1986年巴基斯坦空军同意投资和订货后，启动了K8教练机研制。石屏院士担任K8总设计师，他带领团队在设计中突出低成本和长寿命，全面采用了可靠性设计和维修性设计，使K8教练机的机体结构寿命达到8000小时，成为国内飞机寿命最长、效费比最高的飞机。K8推出后，广受国际市场欢迎，出口到了世界上十多个国家，出口量超过300架，占据当时同类教练机世界市场近70%份额，成为中国外汇收入最多的机种。K8的国内型——教8飞机以优异的性能成为我军基础教练机的主力机种。

教 8 教练机

高级教练机是培训飞行作战能力的机种，由于先进战斗机的技术越加复杂、战斗机同型双座战斗/教练机数量少且造价高，兼顾战斗机飞行员高级飞行训练、战斗机入门训练和多用途轻型攻击机功能的高级教练机成为国际市场上的热门产品。洪都研制的L15和贵飞研制的歼教9"山鹰"就是这类飞机。

L15高级教练机瞄准国内和国外两个市场，为满足先进战斗机飞行训练和基础战术训练需求，兼顾轻型多用途战斗机需求，该机在设计中采用多项技术创新：飞机采用了单垂尾、大边条翼、高度翼身融合，明显减轻了结构重量；选用数字式电传飞控系统，使飞机的操控性、敏捷性和机动性突出；装配涡扇发动机,有加力和非加力两种选择,加力型可适用于战斗机入门和攻击机使用。2006年3月13日,L15高教机首飞成功。此后,装加力涡扇发动机的L15B也完成了首飞。2009年11月,L15首次飞出国门,成功参加了迪拜航展的飞行表演,引起了世人的关注。2014年4月,赞比亚空军订购了6架L15高级教练机。2023年12月,在迪拜航展上,阿联酋宣布购买12架L15高级教练机。在出口型的L15高级教练机基础上研制发展的教10高级教练机也已进入了我军的装备行列。

教10飞机

由贵飞研制的歼教9"山鹰"高级教练机是一种全天候、单发、超声速歼击教练机。该机既满足战斗机训练要求,也具有一定的对空、对地作战能力。该机采用了大长细比机身、两侧肋下进气布局,装有一台涡喷13发动机,配备了国产先进的航电系统、火控与武器系统。2003年12月13日,歼教9"山鹰"飞机首飞成功,随后中国空军和海军都采购了该机。该机的出口型——FTC-2000G于2018年9月28日首飞成功,飞机在出口销售方面也取得了明显成效。

第六节

轰炸机改型和预警机发展取得新突破

● 新技术应用使轰 6 作战能力显著提高

轰 6 轰炸机是在苏联图-16 中程轰炸机基础上发展的一款老装备，能否通过创新设计、应用新技术和新产品，通过改进改型使轰 6 这一老平台发挥更大的作战能力？西飞做到了这一点。西飞通过对轰 6 轰炸机的多轮改进改型，使得改进型的轰 6 轰炸机的作战能力大幅度提高，开始具备了远程打击能力。

2015 年 9 月 3 日，在纪念抗日战争胜利 70 周年阅兵式上，轰 6K 首次公开亮相。轰 6K 换装了大推力发动机，使用了航空工业最新研制的机载综合航空电子系统、电传飞行控制系统、先进的火控系统、雷达探测和瞄准系统、卫星导航系统、数据链系统、电子干扰系统和座舱显示控制系统等，同时增加了翼下外挂点，可以挂载多型导弹武器。轰 6K 还减少了驾驶舱人数，取消了尾部操作员舱。通过采用复合材料和轻型合金新材料，轰 6K 机体重量进一步减轻，延长了机体寿命。轰 6K 飞机实现了在原轰 6 平台主承力结构不改的前提下，通过应用一系列先进技术和设备完成"脱胎换骨"的改进。2015 年 3 月 30 日，中国空军发言人发布消息，中国空军首次组织航空兵经巴士海峡赴西太平洋开展远海训练，在发布会配发的照片上，我们看到了轰 6K 轰炸机参加这次远海训练的英姿。

在 2019 年庆祝新中国成立 70 周年阅兵中，轰炸机梯队中共有 9 架轰 6 系列轰炸机，其中 3 架是轰 6K 基础上改进的新型的轰 6N 轰炸机。

腾飞之路
——中国航空技术的发展与创新

轰 6N 轰炸机

● 中国预警机研制打了翻身仗

早在 1969 年,中国就开始尝试用苏联的图-4 飞机改装成国产预警机,名为"空警一号",但由于当时国产的机载预警雷达技术不过关,"空警一号"预警机的研制于 1979 年下马。1996 年,中国、俄罗斯、以色列三国合作,由以色列承担在俄罗斯 A-50 飞机上安装以色列的费尔康机载预警雷达,研制中国的空中预警机。这一国际合作发展预警机的项目在启动后受到了美国的粗暴阻挠,2001 年以色列宣布终止这一国际合作项目,中国发展空中预警机的计划再一次夭折。

"空警一号"预警机

发展空中预警机,只能依靠自力更生!2002年,国产"空警"2000预警机立项研制,该机以俄罗斯的伊尔-76为飞机平台,安装国产有源相控阵预警雷达。2003年,航空工业集团与中国电子科技集团有限公司合作,启动在运8飞机平台上安装国产预警雷达的"空警"200预警机研制。"空警"2000和"空警"200预警机依靠全国上百个企事业单位的大协作,有上万人参与了国产预警机项目的集智攻关,中国军工终于打赢了国产空中预警机研制的翻身仗。2005年,"空警"2000预警机开始交付使用;2006年,"空警"200预警机开始交付使用。2016年,另一型以新型的运9运输机为平台,并配装全新一代预警雷达的国产"空警"500预警机问世,中国空中预警机的成功是中国军工人依靠自力更生、集智攻关,全力赶上世界先进水平的一个生动缩影。

中国在发展空中预警机的征程上,克服了许多技术难关。例如,研制"空警"500时,在中型特种飞机装大型圆盘天线罩,必须突破重量、空间和供电三个限制,要"装得下、背得动、供得起"。在设计阶段,研制团队在"空警"500设计研制团队攻克了总体气动布局、不可逆助力操纵+控制增稳系统设计、重量控制及减重设计、任务电子系统性能优化设计等关键技术。中型预警机安装大型圆盘雷达天线罩及支架后,飞机气动特性改变极大,设计人员经过数百次计算和仿真,以及长时间的风洞试验,提出了全机气动操稳联合优化技术方案,加装了平尾端板,以增强全机航向和纵向稳定;在尾段和腹部之间加装腹鳍,以满足大迎角时的飞机操稳需求。从而,解决了基本操稳特性的技术问题。

中国空中预警机的研制成功,给予我们许多启迪:一是必须坚持集中力量办大事的体制优势,协同攻关,才能攻坚克难;二是必须坚持科技创新,自立自强,"空警"2000和"空警"200两型"争气机"能够突破西方的技术垄断,靠的就是在技术领域的创新突破;三是必须坚持航空报国的精神,航空工业要打破对西方技术的迷信,坚定走自力更生的技术发展道路。

"空警"500预警机

第七节

大型飞机研制取得举世瞩目的成就

● 运20实现中国大型运输机的历史性跨越

大型运输机是国家大型飞机重大科技专项的两大产品之一。2006年,国家组织开展的大型飞机重大科技专项论证工作认为:大型飞机体现了一个国家总体实力,是科技水平、工业制造水平和基础工业水平的综合体现,是提高国家自主创新能力的战略重点,也是我国建设创新型国家的标志性工程之一。

运20大型运输机由航空工业一飞院承担设计,由西飞为主承担试制和生产。运20飞机起飞重量超过200吨,其研制周期短、技术难度大、涉及领域广，因此研制工作中采用了"调集一切资源，想尽一切办法，采用大军团研制体系"，举全国之力开展运20飞机的研制工作，全国直接参与该机联合设计和工艺审查的科技人员就有5000多人。

运20大型运输机

运20的研制团队先后突破了超临界机翼设计、全权限电传飞控、飞行管理系统等六大关键技术，完成了共400多项关键技术攻关，完成了全机40000余份数字化图样发放，建立了十几万个三维数模及技术条件。在研制中面对"五年首飞、八年定型"的时间要求，面对原材料、制成品等方面国外的封锁，运20走出了一条自主创新的新路。超临界机翼可以显著提高飞机巡航速度和效率，还能降低结构重量、增加航程。运20设计团队对飞机机翼平面形状做了近100个设计方案，进行了8轮迭代优化，每一轮气动设计完成后，都对比结果，挖掘方案的潜力。当临近运20总体方案冻结节点时，失速特性还不够理想，唐长红院士率领总设计团队经过深入讨论分析，终于得到了各方面特性均优的机翼设计方案。经过后续校核，运20的超临界机翼气动性能十分优异，中国在大型飞机机翼设计技术上又取得了重要突破。

在运20的研制中，数字化设计和多单位在线关联联合设计发挥了重要作用，既提高了设计的精度，也提高了研制效率。以西飞为首的6家参研主机制造企业实现了异地协同研制，并对全机6万多项零件、450多万个标准件和1680吨原材料的标准质量进行了有效的控制和管理。在制造技术方面，攻克了大型飞机数字化装配、大型机翼带筋整体喷丸成形、主襟翼滑轨制造等一系列关键技术。2016 年 7 月，运 20 飞机开始列装部队使用，已在军民用运输方面发挥了重要作用。中国成为世界第四个可以设计研制 200 吨级以上大型飞机的国家。

表 10　运 20 大型运输机应用的技术与系统

19 个机载分系统	配置动力、辅助动力、飞行控制、综合航电、任务、液压、起落架控制、燃油、防灭火、环境控制、环境防护、氧气、救生、内饰、水废水、供电、照明、机电管理、中央维护	19 个机载分系统
采用新材料	高性能铝合金、超高强度不锈钢、损伤容限型钛合金先进复合材料、高性能非金属材料、高强度紧固件用高精密丝材等	100 多项新材料
运用新技术	超临界机翼气动力总体设计 重载长寿命大型结构设计及制造 多控制面冗余电传飞行控制系统设计 大功率、高可靠性机载系统研制技术模块化、数字化设计生产 长寿命高可靠性标准件功能试验 新研钛合金紧固件等标准件	30 多项新技术、新工艺
主要零部件	机体	机身、机翼、尾翼、起落架	
	机身	横向隔框、纵向长桁/梁、蒙皮	
		货舱左右登机/跳伞门、五扇门后货舱门	
	机翼	中央翼、左右侧外翼、前后缘、整流罩、前后缘缝翼、副翼、扰流板	
	尾翼	水平尾翼、垂直尾翼	
	起落装置	前起落架、主起落架、尾撑	
参研行业	电子、化工、冶金、材料、有色金属、兵器、造船、航天、纺织等	20 多个工业行业

● C919 开创中国民机发展新时代

2008 年 5 月 11 日，中国商飞在上海成立，150 座级大型客机 C919 的研制工作全面展开。C919 标准航程 4075 千米，混合级座级 156 座。该机要与技术成熟的波音 737、空客 A320 直面竞争，面临的技术难度巨大。在飞机总设计师吴光辉的带领下，C919 坚持中国设计，采取国际标准，广泛国际合作，自主系统集成。C919 的设计研制全面带动了中国民机机体结构、动力、航电、飞控、机电、起落架和适航体系的发展。

C919 大型客机

C919 在设计和试制中有许多技术创新，攻克了飞机发动机一体化设计、电传飞控系统控制律、主动控制技术、全机精细化有限元模型分析等 100 多项核心关键技术。采用了超临界机翼设计；为结构减重，采用了低密度胶，第三代铝锂合金材料、先进复合材料在机体结构中的用量分别达到了 8.8% 和 12%。此外，通过建设大型喷漆厂房提高了喷漆效率；生产线采用了无余量对接、蒙皮镜像铣与自动钻铆等新技术；使用先进数控加工、增材制造用于复杂零件的制造；使用了与设计结合的虚拟化仿真、激光数字化检测技术。

为与 C919 大型客机相配套，航空工业集团组建了商用航空发动机有限责任公司，启动了大涵道比涡扇发动机——"长江"CJ-1000A 的设计研制，迈上了自行设计研制大型民机发动机的新征程。C919 大型客机项目还带动了开展大型客机全机极限载荷静力试验、立足国内进行大型民机防冰试验等方面的技术突破。

为发展民机机载技术，在中国商飞公司支持下，围绕 C919 的飞控、航电、液压、燃油、电源和起落架等系统的研制和本土化制造，中国航空工业相关企事业单位在江苏、上海、西安和湖南等地与 GE、霍尼韦尔、柯林斯、派克、汉胜、利勃海尔等国际知名企业建立了合资公司，使中国在民机机载技术进步方面取得了进展。

腾飞之路
——中国航空技术的发展与创新

2014年以后，C919的试制工作全面加快，作为飞机机体供应商的航空工业西飞、成飞、沈飞、洪都、哈飞、昌飞等全力冲刺，先后交付了机头、前后机身、中机身、垂尾等大部件，中国商飞的C919总装中心开始了飞机总装及地面试验。2017年5月5日，C919首飞成功。此后，6架C919验证机在上海、阎良、东营和南昌开展试飞工作。2022年9月，C919大型客机取得了中国民用航空局颁发的型号许可证。2022年11月29日，C919获得了中国民用航空局颁发的生产许可证。2023年，C919由东方航空公司正式投入航线运营，中国人终于实现了在客运航线上乘坐自己研制的大型喷气飞机的科技梦想。

另一型中国大型远程宽体客机——C929项目，已经启动了初步设计工作。该机基本型设计航程为12000千米，为280座级。

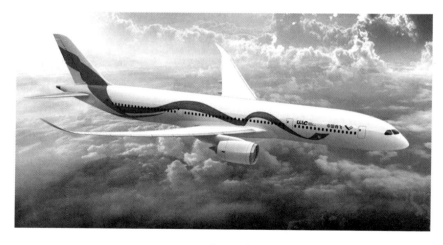

C929客机概念图

第八节

民用飞机研制驶入快车道

● 国产 ARJ21 支线客机取证投入航线运营

2002 年开始启动的 ARJ21 项目是一种 70 座级的涡扇支线客机，采取自主设计、广泛开展国际合作和主制造商-供应商协同发展的新模式。中航一集团在上海成立了中航商飞（现中国商飞），上海飞机设计研究所和西安飞机设计研究所合作参与了设计，上海飞机厂负责飞机总装集成。航空工业西飞、成飞、沈飞等作为飞机大部件供应商，GE、柯林斯、霍尼韦尔等众多国际知名企业作为动力和机载子系统的供应商参与了该飞机的研制。ARJ21 在研制中突破了一批民机设计和制造的关键技术，2007 年 12 月 21 日 ARJ21 总装下线，2008 年 11 月 28 日 ARJ21 首飞成功。

ARJ21 支线客机

中国商飞公司共投入 4 架飞机承担 ARJ21 的试飞任务，中国民用航空局按照国际标准,对飞机进行了全面、系统和严格的适航审查。在航空工业试飞院组织下,ARJ21飞机先后完成了高湿、高温、高寒、高原等条件下的试飞,远赴北美、冰岛完成结冰和大侧风试飞,填补了中国民机试飞多项技术空白。2014年12月30日,中国民用航空局颁发了ARJ21的型号合格证。2015年11月29日,国产ARJ21-700涡扇支线客机正式交付成都航空公司投入使用。2016年6月28日,成都航空公司用ARJ21客机开通的第一个客运航班从成都起飞,在上海降落,这是中国民用飞机发展史的一个重要里程碑。经过13年半的艰苦奋战,ARJ21向祖国交上了合格的答卷。ARJ21现已由国内多个航空公司在多条航线上投入客运航班使用,在ARJ21基础上发展的公务机改型已经启动。

华夏航空公司运营的 **ARJ21** 客机

● 争做涡桨支线飞机技术发展的领航者

为了进一步提升中国涡桨支线客机的技术水平,在运7-100飞机批量交付航线使用之时,西飞启动了运7-200飞机的研制,重新设计了机头和飞机驾驶舱,改为2人驾驶体制,通过减阻、减重和优化设计使飞机结构重量减轻;同时,通过加长机身使飞机商载提高。运7-200实施的"精品工程"产生了新的改进改型——新舟60飞机。新舟60飞机是在运7-200A原型机基础上又进行了数十项改进，使飞机的安全性、经济性、舒适性和可靠性得到了全面提升。该机于2000年2月25日首飞成功。2004年4月，新舟60飞机首次出口到津巴布韦，随后陆续交付国内外的多个用户。除了用于航线客运外，新舟60飞机还发展了遥感机、医疗救护机、人工增雨机等专业改型，并陆续交付给了国内外用户。新舟60飞机在发展过程中，选用了国外的涡桨发动机、螺旋桨和航电设备，并对飞机的内饰进行了全面升级，飞机的安全性、舒适性全面提升。新舟60系列飞机在国内外的累计交付数量已经超过了100架。在新舟60飞机交付使用之后，西飞针对客户在飞机使用中的问题，及时对飞机进行了上百项的设计更改，使新舟60飞机不断完善。

新舟60支线客机

为实现中国争做涡桨支线客机技术领先者的目标，2013年12月西飞启动了全新一代的涡桨支线客机——新舟700飞机的设计研制，该机为70~90座级，主要面向800千米以内中等运量航空运输市场，具有适应高原高湿复杂飞行环境，可短距频繁起降，燃油消耗和维修成本低等特点。新舟700在设计中，采用了大量的新技术，它是第一个在涡桨客机中采用电传飞控系统，采用了高升、低阻的机翼翼型和高效的机身气动设计，具有速度快、短距起降、安全性高、噪声低、舒适等特点，适合在高原、高温地区使用。在西飞和一飞院的支持下，西飞民机公司承担了新舟700的设计，在初步设计阶段遇到了设计超重问题，飞机总设计师董建鸿组织成立了三级结构重量联合攻关团队，针对超重部位，运用设计载荷控制、结构布局优化、传力路线优化、材料更换等方式，实现了全机结构减重超过 600 千克，达到了设计指标的要求。2020 年底，新舟 700 飞机圆满完成全机静力试验的稳定俯仰 2.5g 限制载荷试验。全新一代的新舟 700 有广阔的发展前景。

新舟 700 静力试验机

• 独具特色的 AG600 大型水陆两栖飞机

水陆两栖飞机可以在地面和水面停泊和起降，可用于灭火、应急救援和抢险救灾。2009 年 6 月，国家批准 AG600 大型灭火/水上救援水陆两栖飞机立项研制，航空工业集团新组建的中航通用飞机有限责任公司（简称通飞公司）担起了项目实施主体。在设计研制过程中，研制团队经过大量风洞试验和水动力试验，攻克了气动、水动融合布局设计与试验、高抗浪船体设计与试验、海洋环境下防腐蚀与控制设计、气水密铆接制造、多曲变截面船体结构装配制造、复合材料整体壁板固化变形控制、复杂收放起落架设计与制造等多项关键技术，于 2017 年 12 月 24 日和 2018 年 10 月 20 日分别成功完成了陆上首飞和水上首飞。2022 年 9 月 27 日，AG600M（灭火型）在湖北荆门漳河水库完成了12吨投汲水试验，并签订了首批购机合同。2023年7月，该飞机成功完成了典型灭火场景验证试飞课目，标志已具备执行灭火任务能力。

AG600M 水陆两栖飞机

作为中国大型飞机"三剑客"之一的AG600，其尺寸与波音737和空客A320差不多，是目前世界上在研的最大型的水上飞机。通飞公司在兄弟单位的大力合作下，在AG600飞机的设计试制、地面、水上和海上试飞试验等方面已经取得了重要成果，AG600的研制填补了中国在大飞机和水上飞机设计研制方面的空白，也使中国在自主航空应急救援装备体系建设方面取得新的成就。

第九节

直升机设计研制硕果累累

● 直10实现了专用武装直升机自主研制的大跨越

武装直升机是航空兵作战的重要装备，专门用于执行对地、对空作战，是直升机中的"战斗机",是攻克敌方坦克部队的空中利剑。中国曾在多用途的直5、直9系列直升机上改型过武装直升机,但作为吨位更大、作战效能更强、装备更好、航程更远的专用武装直升机——直10的发展标志着中国直升机技术的重大突破。

早在20世纪80年代,航空工业直升机所就围绕武装直升机的武器火控、抗坠毁和优化设计开展了预研工作,取得了成果。由于技术难度大,为了在预研与型号研制之间搭起桥梁,直升机所提出在预先研究与型号研制之间设置"先期技术攻关"这一过渡阶段,得到了上级批准,1990年启动了研制工作,针对发动机、旋翼、稳瞄和航电综合开展了关键技术攻关。

1998年,直升机所负责的直10专用武装直升机型号的设计研制工作启动。直升机所为总设计师单位,昌飞为总装单位,哈飞负责旋翼系统和尾段制造,发动机、机载相关单位参与研制配套工程。直升机所在没有参考样机的前提下,依靠自己的力量,突破了总体、气动、强度、隐身、抗弹、抗坠毁、信息化作战、旋翼系统、发动机、传动系统的设计、试制和试验试飞方面的关键技术,后期又克服了由于换装国产发动机带来的直升机设计更改的困难,使中国走完了自主设计研制先进直升机的全过程。

直10武装直升机

直10武装直升机于2003年4月29日首飞成功。直10经过换发,采用了国产"玉龙"涡轴发动机完成了定型试飞,2011年直10设计定型,开始交付部队使用。直 10 研制中，在几任总设计师的带领下，设计研制团攻坚克难，开拓创新，申请了专利 212 项，其中发明专利 64 项。通过直 10 研制，培养了一批年富力强的中青年直升机科研骨干。综合评价表明，直 10 的研制成功，使中国直升机设计研制技术水平整体向前跨越了 20 年。

● 直 19 增强中国武装直升机的实力

2013 年底，哈飞瞄准 21 世纪战场需求，提出的 4 吨级专用武装直升机——直 19E 项目获得了国家军贸科研立项。经过两年左右的努力，通过了总体技术方案和详细设计方案评审，直 19E 于 2017 年 5 月首飞成功，2018 年 9 月通过了设计鉴定。直 19 武装直升机的问世，与直 10 形成了中国武装直升机的"轻重搭配"格局。

直 19E 采用了独特的短翼设计，采用了新型的串列式座舱布局，机载系统进行了提升改造，装备了先进的综合航电及火控系统、数字式飞控系统、先进通信导航系统和电子自卫系统，提高了抗弹和抗坠毁性能。该机可携带蓝箭-9 空地导弹、天燕-90 空空导弹、57 毫米航空火箭、12.7 毫米机枪吊舱等武器，该机既能对地攻击，对空作战能力也较强，而且兼顾侦察能力。其主要用途除战场作战外，还可以承担反恐、反走私和巡逻侦察等任务。

直 19 武装直升机

腾飞之路
——中国航空技术的发展与创新

● 直20使中国直升机进入"20时代"

直20是中国自行设计生产的中型双发多用途直升机,由直升机所设计,哈飞试制生产。早在1992年,直升机所启动了型号方案论证和概念设计,在"九五"至"十一五"期间开展了预研工作,先后突破了总体气动、机体结构、起落装置、旋翼系统、航空电子、飞控系统和动力系统的关键技术。2009年通过了技术成熟度评估,随后国家批准直20型号立项研制。

直20采用单旋翼带尾桨、低位后置平尾构型,采用低阻气动外形、高性能旋翼气动布局总体设计,配装两台国产先进涡轴发动机。直20在设计研制中,坚持自主创新,先后突破了直升机电传飞控技术、旋翼防除冰技术等许多新技术,具有全域、全时出动能力,适于平原和高原使用。直20实现了中国直升机技术跨代发展,其开创性的技术成果有利于中国直升机产业整体技术水平的提高。

在2019年庆祝新中国成立70周年阅兵中,直20直升机作为空中梯队的一员首次公开亮相,引起了轰动,它是中国航空工业"20家族"的最新成员,标志着中国直升机"军民结合、一机多型、系列发展"的产品格局基本形成。直20多用途直升机开创了中国直升机研制的多项"第一":第一个10吨级直升机;第一型关键技术和关键系统自主可控的高原直升机;第一型具备全域、全时出动能力的直升机;第一型配装国产新一代高性能发动机的直升机;第一个自主突破电传飞控技术的直升机;第一个自主研发防除冰旋翼系统和全动平尾的直升机。在直20多用途直升机设计研制中所攻克的这一系列关键技术,标志着中国直升机技术水平的显著提高。

第六章 | 快速赶上世界先进水平（1999—2022年）

空军直20直升机

• 技术进步助推国产民用直升机系列化发展

2020年初，中国民用直升机拥有量达到了1272架，比10年前增长了6倍，增速位居全球第一，这得益于中国民用直升机技术的快速发展，使中国形成了有自主知识产权的2吨级AC311、4吨级AC312、13吨级AC313三大民用直升机系列。同时，通过国际合作研制的7吨级AC352民用直升机也获得了成功。

AC313民用直升机采用了复合材料旋翼桨叶，它是世界上第一型取得4500米海拔地区适航证的直升机。直升机所和昌飞在AC313基础上，通过换装新发动机、采用宽机体结构、倾斜尾桨、升级传动系统，并对航电、飞控、液压等系统进行升级优化，研制成功AC313A型直升机，该型号已于2022年5月17日首飞成功，正在抓紧适航取证工作。

AC312民用直升机按照CCAR-29部适航标准进行研制并取证。哈飞又研制了其新改型AC312E，该型号采用了先进发动机、新型航电系统和数字化电传飞控。AC312E最大客座量9人，可实现500千米航程、500千克任务商载和5000米巡航高度的目标。2016年7月28日，AC312E首飞成功。2019年12月和2020年6月，该型号先后获得了中国民用航空局颁发的型号合格证和生产许可证。

在AC311直升机平台上，直升机所和昌飞研制了AC311A轻型直升机，该型优化了气动外形、新研了综合航电系统、换装新的发动机、改进旋翼系统，对增稳系统、电气系统进行了升级，使直升机的性能和适用范围明显提升。该型号于2014年8月14日首飞成功，2016年8月和10月先后获得了型号合格证和生产许可证，该型号受到了市场的欢迎。

中法合作的AC352/直15民用直升机，配装了中法合作研制的涡轴16发动机，该发动机是中国第一种采用国际合作进行设计研制和取证的民用涡轴发动机，该发动机技术复杂、技术难度大，研制过程十分艰难曲折。2013年10月，换装涡轴16发动机的AC352/直15完成了详细设计评审。2019年12月到2022年6月，配装国产发动机的AC352/直15直升机在各地进行了试飞试验，2022年7月26日该机获得了型号合格证。AC352/直15最大起飞重量7.5吨，最大航程850千米，可搭载14~16名乘员，它是世界同类型民用直升机中飞行速度最快的机型。该机应用了最新的翼型剖面桨叶、四轴数字飞控系统、高集成度航电设备、抗坠毁机身等全新技术，旋翼和机身寿命达到20000小时，飞行性能和安全性达到世界先进水平。

AC313直升机

第六章 | 快速赶上世界先进水平（1999—2022年）

AC312E 直升机

第十节

中国无人机走上世界舞台

● 无人机使航空武器装备从有人走向无人

用于作战使用的无人机由机、站、链三部分组成，机是飞行平台及载荷，站是地面指挥控制，链是数据链。无人机在执行任务时，需要机、站、链三位一体，这是无人机与有人机的根本区别。无人机在军事上用途十分广泛，适合在战场环境恶劣和危险环境下执行作战任务。随着未来战争朝着信息化、网络化和体系对抗发展，作为航空技术与信息技术高度融合的无人机已经显示出了愈加重要的作用。无人机在进入21世纪以来爆发的战争中，大量用于实战，并取得了显著的作战效能，因此无人机的发展正成为21世纪航空技术发展新的制高点。

无人机关键技术是无人机的自主飞行控制、侦察与武器系统的高可靠性、平台的低成本。在用于军事用途的作战无人机、察打一体无人机、长航时侦察无人机和支援保障无人机等方面，中国设计研制的无人机已跻身世界先进水平，军用无人机技术已经成为中国航空技术发展的新亮点。

● 中国军用无人机发展迅速

中国无人机发展有悠久的历史和辉煌的成就，从 20 世纪 50 年代开始，我国就在北航、西工大和南航等航空高等院校开展了多种无人机的设计和生产，其主要用途是训练靶机、高空侦察机，并开始用于民用。1995 年 4 月，中国第一架超声速无人驾驶飞机首飞成功，其可靠性和先进性达到了世界水平。该机的研制成功，使中国将大量老旧和退役飞机改装为无人机成为可能。2003 年，成都所开始设计察打一体无人机，启动了领先试飞平台的研制。同年 7 月，成都所收购了沈阳滑翔机厂一架已封存的全金属动力滑翔机——"海鸥"。在宋文骢院士的启发下，成都所利用该滑翔机的机翼，设计了领先试飞平台。2005 年 8 月，成都所联合成飞等单位，将领先试飞平台投入研制。该平台利用"海鸥"的机翼，采用前三点式起落架，V 形尾翼，机身尾部装一台活塞螺旋桨发动机。但在随后进行的首飞中，领先试飞平台遇到挫折，机体损伤严重。研制团队没有放弃，他们经过分析和试验，找到了故障原因，经过重新设计研制，2007 年 10 月领先试飞平台再次首飞获得了成功。2008 年，"翼龙"察打一体无人机原型机在实弹打靶中获得圆满成功，表明"翼龙"突破了无人机自主起降和飞行、目标快速捕获和自动跟踪、自动攻击等关键技术。

"翼龙"1E 无人机

2008年11月,在中航技公司的支持下,成都所在珠海航展上积极开展外贸洽谈,得到了积极的反响。2009年11月,"翼龙"-1察打一体无人机获得了首家国外客户的16架订单。2011年4月,国外客户对首批交付的"翼龙"-1进行了不带靶布的靶试获得了成功。根据客户的要求,"翼龙"-1又升级了地面指挥控制站的软件、换装了任务载荷和武器弹药、加装了机载卫星通信设备,并成功完成了跨国转场。"翼龙"-1由此开始得到国际市场的充分认可。

此后,成都所又发展了全复合材料的中空长航时多用途无人机——"翼龙"-1D和新型的"翼龙"-2等无人机产品提供出口。其中,"翼龙"-2采用了涡桨发动机,装有合成孔径雷达、激光制导导弹和全球定位系统(GPS)制导炸弹,最大起飞重量达到4.2吨,最大飞行高度9000米,续航时间可达20小时。"翼龙"系列无人机在国外经历了多次实战的考验,以精准的攻击能力和良好的环境适应性,受到了进口国家的好评。

腾飞之路
——中国航空技术的发展与创新

"翼龙"-2 无人机

此外，航空工业贵飞研发了中空长航时卫星中继无人机"鹞鹰"，并发展了察打一体的"鹞鹰"Ⅱ无人机。成飞设计研制了高空高速喷气式察打一体无人机"云影"。

与此同时，中国航天科技集团研发生产的"彩虹"系列无人机、四川腾盾科技有限公司研制的"双尾蝎"系列无人机以优异的性能获得了市场的认可，已经批量出口到国外。

"鹞鹰"Ⅱ无人机

在 2019 年庆祝新中国成立 70 周年阅兵的无人机装备方队中，攻击 2、攻击 11、无侦 8 等不同用途的国产先进无人机产品格外引人关注，其中既有察打一体无人机,也有具有隐身功能的作战无人机,还有高空高速无人侦察机。攻击 2 作为察打一体无人机,在侦查、武器挂载、精确打击和信息化条件下协同作战能力显著提高。攻击 11 采用飞翼布局,具有很大的航程和载弹能力,可执行战役战术打击任务。无侦 8 作为高空高速无人机,飞行高度高、速度快、隐身性能好,体现了我国在高速飞行器发展上的技术成就。在高超声速无人飞行器的预先研究和发展方面,成都所等单位开展了相关研究工作,也取得了成果。2018 年 10 月,由直升机所研制的 AV500W 察打一体无人直升机成功完成了空对地导弹靶试,标志着中国在军用无人直升机发展方面取得了成功。

AV500W 察打一体无人直升机

攻击 11 无人机参加国庆阅兵

中国民用无人机发展取得世界领先地位

截至2019年底,中国注册无人机总数达到39.2万架,无人机商用飞行125万小时。无人机在民用领域的应用多种多样,包括电力巡检、环境监测、农业植保作业、通信中继、航拍摄影、物流快递、城市管理、地质勘测、灾难救援、气象服务等,无人机的使用空间将会越来越大。

在全球十大民用无人机制造企业中,中国占了7家,大疆公司名列第一,其产品占据全球消费类无人机市场销量的7成以上。大疆公司的技术创新在于能够把无人机的飞行控制系统、摄像系统、图像传输系统等模块整合在一个集中平台上,集成出高效自动化操纵的一体化无人机。

在大型无人运输机发展上,2019年,在运5B运输机基础上改进的飞鸿-98无人机研制成功,其最大载重1.5吨,最大航程1200千米。2022年6月18日,由航空工业一飞院全新研制的TP500无人运输机试飞成功,该机可满足500千克级标准载重、500千米半径内的航空货运覆盖,最大航程1800千米。

TP500 无人运输机

在高端无人机的民用方面,"翼龙"系列无人机已经闯出了新路。2020

年6月,"翼龙"-1无人机完成了首次搭载无线通信基站设备进行应急通信保障试验,成功实现超过50千米^{2}范围长时稳定信号覆盖。同年8月,"翼龙"-10无人机实现国内高空大型无人机海洋综合观测演练。2021年7月,"翼龙"-2H应急救灾型无人机参加河南救灾工作,在5小时滞空时间内,搭建了空中应急通信平台的基站,为灾区居民和救援工作服务,保证了应急通信生命线。

第十一节

航空发动机技术进入全面发展阶段

● 促进航空发动机加速发展

2015年,党中央、国务院把航空发动机的发展上升为国家意志,做出了组建中国航空发动机集团有限公司(简称中国航发)的重大战略决策,中国航空发动机行业发展迎来了前所未有的历史机遇。航空工业从事航空发动机主机和相关控制系统及配套的设计、试制、制造和服务的相关企事业单位,共计27家划入了中国航发。同时,航空发动机的发展也得到了社会各界及地方政府的广泛关注,对航空发动机科技攻关和产品制造给予了大力支持。

2016年8月27日,习近平总书记为组建中国航空发动机集团有限公司作出批示:"希望你们牢记使命、牢记责任,坚持国家利益至上,坚持军民深度融合发展,坚持实施创新驱动战略,大胆创新,锐意改革,脚踏实地,勇攀高峰,加快实现航空发动机及燃气轮机自主研发和制造生产,为把我国建设成为航空强国而不懈奋斗。"

腾飞之路
——中国航空技术的发展与创新

● 中国航空发动机的成就与差距

新中国的航空发动机产业伴随国产飞机研制生产而诞生并发展，从 1954 年为国产初教 5 飞机仿制苏联的 M-11 活塞式发动机起步。在活塞式发动机生产方面，株洲发动机厂为运 5 飞机试制了活塞 5 发动机，为国产初教 6 等飞机和直升机试制生产了活塞 6 系列发动机。1963 年，哈尔滨东安发动机厂试制的活塞 7 发动机通过鉴定，用于国产直 5 直升机；此后，又制造了活塞 8 发动机。在小型活塞式发动机生产方面，西北工业大学研制生产了活塞 350、活塞 510 和活塞 700 等产品，满足了靶机和无人机的动力需求。

1956 年，沈阳发动机厂为国产歼 5 飞机仿制生产出了涡喷 5 发动机，使中国进入了喷气时代。此后，涡喷 6、涡喷 7 和涡喷 8 相继仿制成功，为国产歼 6、歼 7 和轰 6 提供了动力。通过这些发动机的系列改进改型，逐步提高了中国航空发动机的设计、试验和制造水平，并为开始自行设计研制国产航空发动机打下了技术基础。涡喷 13 发动机和"昆仑"涡喷发动机的研制成功，不仅满足了歼 7 改进型和歼 8 的动力需求，也明显提高了我国涡喷发动机的设计水平。其中，"昆仑"发动机的推重比达到了 7，该发动机走完了按国军标和型号规范设计研制航空发动机的全过程。

涡喷 13 发动机

在涡扇发动机研制方面,我国从 20 世纪 60 年代开始起步。1965 年,沈阳发动机所启动涡扇 6 研制,最大推力 122100 牛,推重比 6,经过 20 多年努力,涡扇 6 达到了设计要求,但因多种原因后被迫下马。为运 10 研制的涡扇 8 发动机也未能投产。此后,我国从英国购买专利生产了斯贝 MK202(国产编号为涡扇 9),该发动机成为"飞豹"歼击轰炸机的动力装置。2002 年,为教 8 基础教练机研制生产的涡扇 11 发动机完成设计定型。实现中国大推力涡扇发动机历史性跨越的"太行"发动机,由沈阳发动机所设计,2005 年底通过设计定型。"太行"涡扇发动机已经用于歼 10 系列和歼 11 系列战斗机。"太行"涡扇发动机的性能相当于美国的 F100 发动机,但投入使用的时间比 F100 晚 30 多年。美国用于 F-22 的 F119 推力为 150000 牛,推重比 10,显然我们的差距还比较大。在民用涡扇发动机方面,中国正在研制的 CJ1000A 与国外同代产品推力和涵道比相当,但时间相差 10 年以上。

腾飞之路
——中国航空技术的发展与创新

国产"太行"发动机

在涡桨发动机方面，哈尔滨东安发动机厂为国产运 7 运输机、水轰 5 轰炸机研制了涡桨 5 系列发动机，由株洲发动机厂为运 8 运输机研制了涡桨 6 系列发动机。1977 年设计定型的涡桨 9 发动机用于运 12 轻型运输机。在用于直升机动力的涡轴发动机方面，我国第一台涡轴发动机是由涡桨 5 改制的涡轴 5，于 1976 年设计定型。后来研制生产了涡轴 6、涡轴 8A、涡轴 9 等产品，分别配装直 8、直 9 和直 10 系列直升机。

在航空发动机的技术储备方面，美国在研制 F-35 战斗机时，曾考虑过采用由 GE 公司研发的自适应变循环发动机技术，由于美国海军的反对才未能使用。在未来战斗机上有望予以采用。在民用方面，先进大涵道比涡扇发动机的最大推力已经超过 500000 牛，热端部件寿命长达 40000 小时。为实现飞行速度 Ma 6 以上的高超声飞机的动力，涡轮超燃冲压组合发动机的验证机已经在美国等国家陆续展开，航空发动机的技术发展正在进一步加快。中国航空发动机技术发展任重而道远。

● 重点发动机型号取得新进展

"太行"涡扇发动机是我国主力战斗机的动力装置,该机于1987年立项研制,1994年验证机试制完成。1998年,"太行"发动机原型机试制完成。为全面满足飞机的装机需要,在"太行"发动机原型机基础上,通过改进高压压气机、混合进气加力燃烧室、优化控制等措施,提高了水平加速性能和实用升限。此后,又通过贯彻综合改进发动机附件机匣、全新设计燃油增压泵、优化改进调压阀等技术措施,使"太行"发动机的性能和可靠性进一步提高。作为单发飞机的动力使用,要求"太行"发动机的安全性和可靠性更高,为此,通过提高发动机热力循环参数,加大了推力;通过采用粉末冶金高压涡轮盘、高导叶片,提高了热端部件耐热能力;通过采用全权限数控系统,提高了控制品质。在持续的技术改进中,"太行"涡扇发动机日趋成熟。2005年,"太行"发动机通过设计定型审查;2006年,国家航定委批准定型;2021年,"太行"发动机发展型亮相珠海航展。

针对"秦岭"涡扇发动机外场使用寿命控制等问题,西安航空发动机有限公司从2010年5月开始"秦岭"发动机综合治理工作,完成了数字式温控放大器研制与改进;完成了A类件疲劳寿命试验研究;完成了发动机首翻寿命、最低翻修间隔期和附件翻修寿命研究。考核试车表明各项指标达到了设想的目标,保证了该发动机的正常使用。为拓宽"秦岭"发动机的使用范围,西航通过取消加力燃烧室和加力控制系统附件,匹配收敛型喷管,机械液压控制改为数字电子控制系统,将"秦岭"改成了无人机动力装置。

"玉龙"涡轴发动机是我国第一型完全自主设计研发、具有自主知识产权的先进涡轴发动机,其特点是结构轻巧且性能优异。在设计上,"玉龙"有许多创新,其高压压力机采用了离心式带大小叶片的整体叶片设计,一改以往轴流式涡轴发动机的技术路线。它减少了高压压气机与直接机械传动的高压涡轮的距离,缩小了发动机长度,减轻了重量。同时,有效降低了混合燃气到达高压压气机的温度。而高压压气机大小叶片的设计是中国发动机结构设计的独创，利于预防压气机失速，提高了压气机功率。由尹泽勇院士担任总设计师的"玉龙"设计研制团队，成功研发"玉龙"发动机，打破了西方的技术封锁，使直10武装直升机实现了全部国产化。

国产"玉龙"发动机

"长江"商用大涵道比涡扇发动机是为配套国产大型客机研制的，由中国航发商用航空发动机有限责任公司负责设计和研制。在国产大型飞机重大科技专项立项后，为逐步满足国产C919客机系列化发展的需要，航空工业集团及时组建了公司，提出了商用大涵道比涡扇发动机验证机的研制方案，该发动机被命名为"长江"1000A，验证机命名为CJ-1000AX。2012年，工业和信息化部批准了项目立项。按照需求分析和定义、概念设计、初步设计、详细设计、制造和试验验证5个阶段开展工作。2016年7月，项目进入详细设计阶段，重点开展核心机和整机的集成验证。2017年12月，验证机在上海临港商发研制基地完成了整机装配。通过验证机的研制体系，已经建立了一支由1700多人组成的商发研制队伍，建成了包括设计、装配、整机试车、核心机试车、压气机部件试验、强度试验、控制系统试验、机械系统试验等的研制条件。初步建立了商用大涵道比涡扇发动机的制造、装配供应链体系。验证机项目对关键技术的突破,为后续"长江"涡扇发动机的型号研制打牢了技术基础。

国产"长江"1000A 涡扇发动机模型

涡轴 16 发动机采取国际合作方式研制,可供 AC352 通用直升机和其他 7 吨级双发直升机使用。其技术特点是结构简单、重量轻、部件效率高、全功率范围油耗低,起飞功率为 1243 千瓦,重量不超过 223.5 千克。涡轴 16 发动机采用了先进的双通道全权限数字控制系统,首次翻修期寿命 5000 飞行小时,是典型的第四代涡轴发动机。2008 年 7 月,中国和法国签署协议,启动涡轴 16 项目,哈尔滨东安发动机(集团)有限公司为中方总承制单位,负责压气机、附件传动系统等的研制,法方的赛峰直升机公司负责燃烧室、燃气涡轮、动力涡轮等的研制,双方各占 50% 份额。2009 年 10 月,中法双方完成发动机初步设计;2012 年 4 月,开始全面试制工作。2016 年 10 月,涡轴 16 完成了 150 小时持久试验;同年 12 月,两台涡轴 16 发动机配装 AC352 直升机首飞成功;2019 年 10 月,该发动机取得中国民航局颁发的型号合格证。在涡轴 16 研制中,中方团队突破了离心叶轮表面完整性控制、薄壁零件变形控制等一批关键技术,全面掌握了先进涡轴发动机冷端部件核心制造技术。

国产涡轴 16 发动机

2000年以来，为彻底改变中国航空发动机长期形成的"跟随发展"的局面，以重点实验室和创新中心建设为抓手，加快了航空发动机技术创新步伐，围绕航空发动机创新中心、高空模拟技术重点实验室、直升机传动重点实验室三大国家级科技创新平台和航空发动机创新工作站的建设，结合航空发动机的预先研究和重点型号的技术攻关，中国航空发动机技术走上了自主创新的道路。

第十二节

航空机载系统技术得到协调发展

- 航空机载产业结构的调整与优化

为适应以歼10、歼11、直10等为代表的新一代航空武器装备发展，航空机载设备行业为改变长期以来资源分散、单位众多和各自为战的局面，开展了产业结构的多轮调整与优化。在1990年以后形成的飞控惯导、救生保障、液压环控、武器火控、航空电子"五大中心"的基础上,中航一集团实施了以专业化整合为核心的"五个中心、一个平台"的建设,即:机电液压中心——由附件所与金城公司航空业务部分组成南京机电液压工程研究中心(简称南京机电),负责液压、燃油、环控专业;机轮刹车中心——以华兴航空机轮公司为主整合成立西安航空制动科技有限公司,负责机轮刹车专业;救生中心——以中国航空救生研究所为主,整合成立航宇救生装备有限公司(简称航宇公司),负责航空生命安全专业;电源中心——以陕西秦岭航空电气公司(简称航空工业电源)为主,负责飞机发电与配电专业;航电中心——雷华电子技术研究所与苏州长风有限责任公司组建雷达与电子设备研究院(简称雷电院);航电系统综合平台——由光电所、上电所、计算所、雷电院与主机所联合。经过实践的磨合,证明机电液压、救生、机轮刹车中心的整合是成功和有效的。

伴随着新型航空产品中先进微电子、多电和人工智能等技术的作用日益增长,原有的航电和机电的专业界限逐渐模糊,从技术角度划分,航空机载设备系统已经形成了飞行控制系统、雷达系统、机载计算机与网络系统、座舱显示控制系统、惯性导航系统、大气数据系统、光电测距系统、火力控制与任务管理系统。

航电与机电一体化融合要求航空机载专业整合与时俱进。在此背景下,2018年9月,原中航航空电子系统股份有限责任公司与中航工业机电系统股份有限公司重组整合,成立中航机载系统共性技术有限公司,包含53家企事业单位。2018年12月,按照"统一规划,市场、研发、制造、服务保障和产业五协同",航空工业机载专业事业部开始组建。同时,成立共性技术中心,解决机载行业在共性基础技术方面存在的缺乏行业标准、资源配置重叠等问题,支持各单位投入到专业核心能力的提升上。建立的专业事业部有:液压、燃油与环控系统事业部(南京机电牵头),控制、导航与制导系统事业部(航空工业西安飞行自动控制研究所牵头),座舱系统事业部(航空工业上电所牵头),电力系统事业部(航空工业电源牵头),防护救生空降空投事业部(航宇公司牵头），数据与传感事业部（计算机所牵头），以及悬挂发射系统事业部（郑州飞机装备有限责任公司公司牵头），各事业部的发展目标是成为系统供应商。2019年7月31日，中航机载系统共性技术有限公司在扬州成立，其任务是突破先进的机载关键、共性技术。

中航机载系统共性技术有限公司揭牌仪式

在重点型号牵引和持续的预研项目的拉动下，航空机载系统技术向着综合化、模块化、智能化和系统化的方向迈进。针对下一代战斗机需要的先进机载技术，航空工业推进了跨专业、跨单位复杂机载系统预研，突破关键技术。其中，机载合成孔径雷达（SAR）系统是一种主动式微波高分辨率对地观测系统，有全天时、全天候成像和穿透性好的特点。"九五"计划期间，机载SAR系统样机开始研制，经过三年多努力于2000年7月完成，经试飞验证，实时分辨率优于考核指标要求，该预研成果为各种机载SAR系统研制打牢了技术基础。

综合式航电系统样机的预研工作从2000年启动，目标是突破航电总体设计、综合及核心分系统的关键技术。2004年，完成了详细设计及关键技术攻关，在此基础上"十一五"末期完成了综合式航电系统工程样机的研制，使中国在机载航电综合技术上掌握了关键技术。

无源相控阵雷达样机研制，在前期预研的基础上于 2003 年启动。此后分别完成了科研与鉴定试飞。2005 年，同步开展了机载有源相控阵火控雷达关键技术的试飞验证样机的方案论证，以及各分系统方案论证与设计，2007 年 8 月配装运 8 试飞平台首飞，同年 12 月通过成果鉴定，标志着中国的机载火控雷达由机械扫描向有源电子扫描实现了技术大跨越。

在航空机电预研方面，高压直流电力系统样机研制，重点研究飞机高压直流电力系统的设计技术、高压直流发电技术、高压直流配电技术等关键技术。2006 年，完成了关键技术攻关，研制成功原理样机和工程化样机，从而大幅提升了中国机载电力系统的技术水平。

新一代飞行员防护和救生系统预研，是人、机、环境相融合的集成系统，其研制工作从 2009 年启动，经过几年努力，完成了系统研制和试飞验证，该预研项目包括了供氧系统、抗荷系统、弹射救生系统、着陆求生系统，具有智能化程度高、系统集成度高和适应范围广等特点。

在民用飞机机载技术和产品发展方面，为支持国产大型客机的发展，国家有关部门积极筹划开展机载系统提升计划，努力加强用于民机发展的机载系统关键技术研究和产品开发的投入，以尽快摆脱民机机载系统技术发展相对滞后的局面。进入 21 世纪以来，航空工业在大型飞机飞行管理系统、跨代发展的辅助动力系统、数字电动式座舱压调系统、大型民机客舱座椅等军民用航空机载新技术方面的预先研究、关键技术攻关方面取得了重要成果，有些技术已经开始应用于产品研制。

● 机载系统发展适应跨代需求

进入 21 世纪以来，围绕先进航空武器装备的跨代发展，航空机载系统在多个专业领域取得突破，整体实现了从三代向四代的跨越。在航电技术方面，飞机航空电子系统综合技术全面提升；自行研制的电传飞控系统已经达到世界领先水平；火控雷达系统已经实现了有源相控阵体制；导航、制导与控制领域核心技术与世界先进水平的差距显著缩小；机载天脉嵌入式操作系统已经装机应用；大气数据系统技术达到国际先进水平。在航空机电系统发展方面，航空电力系统突破高压直流电源关键技术；突破伙伴加油关键技术；辅助动力集成成为机电系统级产品；蒸发循环制冷装置填补了我国战斗机环控技术的空白；新型数字式燃油测控系统实现集成管理；直升机旋翼防除冰技术达到国际先进水平。比较典型的技术及产品如下。

相控阵雷达技术采用先进电子扫描技术，其反应速度、目标更新率、多目标跟踪能力、显示分辨率、电子对抗能力都远好于传统雷达。在开展扎实的预研基础上，2008年航空工业集团研制的有源相控阵雷达工程样机装机获得成功，并在"十二五"期间投入使用。中国的机载火控雷达由第三代脉冲多普勒体制向第四代有源相控阵体制实现跨代发展。

航空工业 LKF601E 机载风冷有源相控阵雷达

辅助动力系统（APS）将辅助动力、液压系统、座舱和电子设备的环境控制、燃油的热管理等原来独立的系统功能合并，实现综合利用，以满足隐身、能效、可靠性和维修性等多方面的要求，它是第四代战斗机的标准配置。2008年，航空工业组织跨行业和专业的联合攻关，有数十个单位参与研制工作，经过艰苦奋斗，全状态辅助动力系统实现装机并试飞成功，这是中国航空机载领域的重大技术突破。

集成型防护救生系统要求形成一个完整的人、机、环系统，包括供氧系统、抗荷系统、弹射救生系统、着陆求生系统等。2009年，航空工业启动了新型防护救生系统研制工作，该系统具有智能化程度高、适用范围广、系统集成度高、装备舒适性好等特点。经过努力，这一集成型防护救生系统成功完成了首飞前综合弹射试验，并成功通过试飞试验，系统研制获得了成功。

第四代数字电动式座舱压调系统，可以解决气动式和电子气动式座舱压调系统调节差、可靠性低及故障率高等问题，是大型运输机急需的装机系统。2010年底，航空机载环控系统研制团队开始了数字电动式座舱压力调节系统研制，2013年该系统随新机完成鉴定试飞。该技术的突破，为中国军民用运输机、特种飞机和通用飞机的发展提供了技术基础和工程经验。

飞机的"黑匣子"——飞行参数记录系统是获取和记录飞行中重要信息的机载设备。2011年起，航空工业开始研制具有国际先进水平的新一代抛放式高抗毁飞参系统，经过集智攻关，新一代飞参记录器研制获得成功并投入批产，其抗坠毁、抗强冲击性能达到了国际先进水平。除国内装机使用外，该产品还在国际竞标中战胜了美国L3公司，赢得了出口到法国、装备在"幻影"战斗机上的合同。

第十三节

中国空空导弹技术大步赶上国际先进水平

2021年9月28日，在珠海开幕的第十三届中国国际航空航天博览会上，航空工业集团展示了PL-10E、PL-15E等全新一代空空导弹，引起了轰动。其中，首次参展的PL-15E中远距空空导弹，最大射程达到145千米，其整体性能指标位居目前国际同类产品的前列。

空空导弹是一个复杂的系统，一般包括导引头、飞行控制组件、引信、安全与解保机构、战斗部、电源、发动机、舵机、数据链等。按探测目标的信息源划分为雷达制导和红外制导两大类；按作战任务可分为格斗型和拦射型两大类；按有效射程分为近距、中距和远距。空空导弹有 8000 多个元器件，涉及 100 多个学科领域，其研制周期长、技术难度大、复杂程度高，研制一型全新的空空导弹通常需要 8~10 年的时间。

国产 PL-15E 空空导弹

成立于 1961 年的中国空空导弹研究院（简称导弹院），经过几代导弹科研人员的艰苦奋战，创新发展，终于以自行设计研制成功的 PL-10E、PL-15E 等先进空空导弹，完成了从第三代到第四代、从红外制导到雷达制导、从近距到中远距、从基本型到派生型的历史性跨越，为中国"战鹰"提供了超视距精确打击的空中利箭，使中国的空空导弹技术跻身于世界第一方阵之列。

中国空空导弹技术的进步，得益于导弹院长期以来狠抓预先研究和关键技术的攻关，在产品设计上，努力做好科研成果的转化和新技术、新产品的应用。在产品规划方面，始终瞄准作战需求和战场环境，全面规划我国的多体制、多模式、多系列的空空导弹产品序列。在导弹生产领域，注重工艺水平、生产能力和产品质量的稳步提升，并建立了空空导弹自动化柔性生产线，实现了人机交互智能作业；开发了电子装联数智化工厂，实现了产品高密度、高可靠装配。

第十四节

筑牢中国航空科研体系

● 航空科研重点明确梯次推进

经过70多年的发展壮大，遵循"四个一代"的发展方针，以"梯次推进"为鲜明特色的中国航空科研流程与工作体系已经形成，这个流程就是从技术基础研究和应用基础研究入手，先实现单项技术突破，再进行系统技术综合研究，进而发展为技术集成的演示验证，最后进入型号或产品的设计、研制、试验试飞和批量生产。

进入21世纪以来，瞄准高隐身、高精确打击、信息化、综合化、无人化等军用航空前沿技术，以及中国大型客机设计研制所需要的关键技术，中国航空科技创新的重点，围绕着飞机总体、气动、结构与强度、飞行控制、航空动力、航电、机电、航空材料、航空制造、试验试飞和适航等领域有序展开。对于高超声速飞机、新动力飞行器、高性能无人机等可能影响未来航空发展的新领域、新技术的探索也开始了布局。相信依靠中国航空科研体系的力量，中国一定能够在未来航空武器装备的体系化发展和民用飞机的发展方面走向世界前列。

● 筑牢航空科研的实验试验能力

进入21世纪以来，航空工业启动了创建航空科技重点实验室的工作，有效改善了先进科研设施等基础能力不足的问题。陆续建成了包括飞机、发动机、综合航电和基础研究等方面的46家国防及航空科技重点实验室，以及7

家国防科技工业创新中心。各个航空科技重点实验室，在开展探索性、创新性的基础研究、应用研究，以及型号研制中的关键技术攻关，培养高水平研究人才等方面发挥了重要作用。

国防科技工业航空技术创新中心在中国航空研究院成立

为支持自主设计研发，在国家的大力支持下，航空工业陆续建成了连续跨声速风洞、亚高超声速风洞、低速增压风洞、航空声学风洞等先进气动试验设施，有的设施（如FL-52航空声学风洞）已经达到了国际领先水平。在阎良和浦东新建成了军民用飞机的全机静力/疲劳试验大型强度试验基地。航空气候环境实验室的建成，填补了国内全状态飞机整机气候环境试验领域的空白。在航空科研设计单位和重点企业，建成了用于飞机、发动机、综合航电等试验与仿真的新设施；在试飞院建设了试飞测试与试验机改装的设施。

通过加快"两化"深度融合，推动了信息技术在航空工业的广泛深入应用，建设了多项目并行协同数字化平台，建立了异地多厂所协同研制平台，构建了从需求、设计、制造和试验全过程的三维数字化体系，开始形成大系统集成、高度并行的能力，有力地提高了产品研制的效率和质量。

以复合材料机器人铺丝机、机器人激光焊接系统、B5桥式五坐标数控铣床为代表的先进航空制造设备的问世，标志着中国航空制造技术大步赶上世界先进水平。

- **企业技术创新能力进一步建设**

在加强专业航空科研设计院所科研能力的同时，航空工业通过大力推进建立企业技术中心、研发中心和技术服务中介机构等方式，全面提高企业的科技创新能力。航空工业已经建立了拥有国家认定的国家级企业技术中心 29 家，国防科技工业认定的企业技术中心 13 家，省市认定的企业技术中心 43 家。这些企业技术中心充分利用了企业的技术力量和工程经验，通过"产、学、研"结合、央企与地方结合等渠道，有力地推动了科技成果的转化，在"科技兴企"、建设具有鲜明专业技术特色高技术企业方面发挥了重要作用。

- **形成融合创新的新局面**

航空技术涉及面广泛、航空制造业涉及的工业门类宽泛，注定了航空产品的发展必须依靠充分的合作模式，形成开放的合作环境。为此，航空工业集团通过实施"航空工业产学研合作创新工程"，航空工业创新基金主要用于支持技术成熟度 1~3 级的基础研究。同时，在"产、学、研"结合方面还面向国际，围绕基础研究、原始创新的方向，开展国际合作的创新研究和专业人才的培养。这些融合创新的举措，推动了航空技术的持续快速发展。

在创新成果的应用方面，结合新型号对新材料、新技术的需求，取得了一系列新的成果，如高性能树脂基/陶瓷基复合材料开始在型号上应用；石墨烯、透明材料、隐身材料等非金属材料开始在航空领域投入使用；航空发动机粉末涡轮盘和单晶叶片开始使用先进单晶/粉末高温合金和钛合金材料。

- **打造一流航空技术领军人才队伍**

要发展航空技术，培养一流的航空科技领军人才最为关键。进入 21 世纪以来，在航空科技赶超世界先进水平的进程中，航空工业成长起来了以杨伟、孙聪、唐长红、吴光辉、樊会涛、陈祥宝、邢丽英、王向明、王海峰等为代表的新一代院士群体，他们是中国航空技术从"望其项背"走向"同台竞技"的技术领军人物。2010年，航空工业集团制定了专业技术带头人管理办法，构建了覆盖全集团航空技术各专业的由院士、首席技术专家、特级技术专家和一级技术专家组成的多层次专家梯队，激发了专业技术人员安心钻研、勇于创新的工作热情。2014年，首次单独面向企业开展航空工业集团公司首席技术专家选拔，评出16名首席技术专家。通过"长、家"的分离，明确要求技术专家应该是专业技术的带头人，要把主要精力用在专业技术研究上。在型号研制中，充分发挥技术带头人的作用，航空工业集团规定，凡属集团级以上的重点型号，至少配备一名相关领域的首席技术专家和若干名特级／一级技术专家，让他们发挥技术引领作用。在知识管理方面，创造条件让各级专家把自己的知识传承下去，各级专家累计出版技术专著50多部。同时，通过一系列措施规范和奖励高技能人才的产生，保证了高水平的航空工业职业技术人才的大批量涌现，航空工业派出的高技能选手多次在国内外重大高技能人才大赛中获奖便是例证。

本章小结

1. 国家对航空工业的重视达到了新中国成立以来空前的高度

国家全力支持航空武器装备体系化发展，启动大型飞机研制重大科技专项，重点支持航空发动机和燃气轮机发展，中国商飞和中国航发相继成立，国家对航空工业的重视达到了新中国成立以来空前的高度。在国家的大力支持下，经过航空人的奋斗和拼搏，一大批自主设计研制的新型航空产品研制成功，中国航空工业进入了"20时代"。航空工业的快速发展得益于国家强有力支持。

2. 航空技术的发展和创新是支撑新世纪航空工业"井喷式发展"的源泉和动力

正是由于持续开展航空技术的预先研究、狠抓关键技术的攻关、推动先进科研试验手段的建设、加快数字化设计与制造技术的推广、培养一大批中青年航空科技专家的成长,才带来了新世纪以来中国航空工业和航空技术大踏步赶上世界先进水平。

3. 航空装备"量"与"质"齐升

中国航空武器装备已经呈现出体系化发展的趋势,航空装备"量"与"质"齐升,战斗机与运输机、轰炸机与电子战飞机、加油机与预警机、教练机与侦察机、固定翼飞机与直升机、有人机与无人机、陆基飞机与舰载飞机、飞机与发动机/机载系统/机载武器、飞机设计与制造、产品研制生产与全生命期服务保障等方面都得到了协调发展。中国的歼20、运20、直20等跨代产品,以及C919、ARJ21、AG600等新型国产民机快步走上了世界舞台。

4. "四个一代"方针的指引

"四个一代"方针的指引,特别是"探索一代"的提出,有力地推动了航空科技开始从引进试制和参照国外飞机技术,向着坚持自主研发、鼓励原始创新、勇于探索颠覆性新技术的方向转化和发展。航空科技逐步形成了包括基础技术研究、关键技术预研、领先技术探索、核心技术攻关,以及工程研制项目的递次推进、有序发展的体系。航空工业能够实现"20时代"的发展目标,是全行业科技人员坚持科研先行、大力协同、智能攻关的成果。放眼未来,打造领先创新力,将是中国航空技术走向世界前列的必由之路。

5. 科技创新需要体制和机制的保证和支撑

航空工业通过建立各专业的航空科技重点实验室、企业技术中心,提高了企事业单位的科技创新能力,促进了科研试验手段的完善,带动了"产、学、研"的深度融合,促进了科技成果的转化和推广。通过推动"长、家、匠"的分离，培养并选拔覆盖各专业、各层级的技术带头人专家队伍，培养高素质的航空高技能人才，使得一大批年富力强、有真才实学的航空科技和高技能人才快速成长，他们是新世纪中国航空工业发展的栋梁之材。

6. 中国航空技术发展脉络之四：攻克隐身战斗机设计研发技术

21世纪初，美国率先研发并装备了隐身战斗机F-22和F-35，美国还提出了"网络中心战"理论。新世纪的军用飞机在信息化和电子战方面的能力显著提高，推重比10一级的军用涡扇发动机、民用大涵道比涡扇发动机技术发展速度加快，数据链技术、模块化航电系统、相控阵雷达、超视距和"发射后不管"机载导弹等高新技术得到应用。中高端的侦察/打击无人机技术迅猛发展，航空装备的可靠性和维修性进一步提高。同期的中国航空工业在国家大力支持下，在航空技术的自主研发方面取得了长足进步，有力支撑了以歼20、运20、直20、"翼龙"等先进国产军民用飞机及无人机的设计生产和装备使用。中国航空技术发展开始迈入自主研发和原始创新的新阶段，中国的航空科技试验能力全面增强，高素质的航空技术领军人才队伍快速成长。航空工业通过数字化、智能化技术的应用，显著提高了设计和制造水平，中国航空技术开启"探索一代"的新征程。

思考题

1. 简述进入21世纪以来，国家在支持航空工业发展方面采取了哪些重大举措。
2. 简述"四个一代"中的"探索一代"对航空技术发展的重要性。
3. 简述航空装备进入"20时代"对中国航空工业长远发展的重要意义。
4. 简述中国航空发动机在自主研发方面取得的成就。
5. 简述中国航空机载技术是如何实现跨代发展的。
6. 简述什么是航空技术发展的"梯次推进"。
7. 简述培养航空科技领军人才对航空工业发展的重要意义。

— 第七章 —
总结与思考

第一节

中国航空技术是如何实现腾飞的

● 要点一：国家重视至关重要

1951年4月，国家决定建立新中国的航空工业。航空工业从修理飞机和发动机起步，在航空技术方面底子薄、基础差、能力弱。从1953年起，伴随着"一五"期间苏联援建的13项航空工业企业的建设，航空工业开始从修理转向制造，航空工业的生产规模在国家的支持下不断扩大，配套的企业数目逐步增多。

1956年，正当航空工业开始尝试自行设计研制飞机时，由国外刮起的"导弹与飞机之争"也影响到了国内，当时国家出于多方面的考虑，决定将航空武器装备列为"常规武器"，未能列入国家首要支持和重点发展的"国防尖端技术"领域。这在一定程度上影响了航空科研机构的建立、对航空科研试验设施建设的投入、对自主设计研制航空产品的支持等方面，飞机技术无法与导弹和原子弹等"国防尖端技术"发展相比。因此，航空工业在技术上只能依赖于国外产品的引进试制，"重生产、轻科研"的态势开始形成。

1960年，苏联突然撤走全部专家后，党中央决定成立航空研究院，并由军队负责航空科研工作。一批专业航空科研设计院所陆续建立，航空科技队伍逐步壮大，中国航空技术的发展开始提速。

1995年，党的十四届五中全会通过了《关于国民经济和社会发展"九五"计划和2010年远景目标建议》，首次把航空列入了"高技术"产业，标志着航空工业终于进入了国家重点发展的高技术产业之列。

腾飞之路
——中国航空技术的发展与创新

进入21世纪以来，国家大力推进研制高技术武器装备"撒手锏"，航空武器装备成为加快发展的重点，航空技术进入了快速发展的阶段，航空装备进入全型谱系列化发展的新局面。2008年和2016年，中国商飞和中国航发先后成立，大型飞机、航空发动机与燃气轮机先后列入国家科技发展的重点。习近平总书记对中国航发成立作出重要批示，要求为把我国建设成为航空强国而不懈奋斗。党和国家对航空工业发展的重视达到了空前的高度。正是有国家强有力的支持，才带来航空工业的"井喷式增长"。七十多年的实践证明，国家的高度重视是推动航空科学技术发展的根本保证。

● 要点二："摸透"带动自行研制

1961年，航空研究院成立后，自行设计研制出中国自己的航空产品成为航空研究院的奋斗目标。航空研究院的领导高瞻远瞩，提出了开展"摸透米格-21技术"的研制和试验工作，以全面熟悉和掌握飞机设计研制的过程和方法，提高自主设计研制国产飞机及其配套的发动机、机载设备的能力。在徐舜寿、黄志千等技术带头人的带领下，经过2年多时间，各航空科研生产单位深入开展了"摸透米格-21技术"的科研工作，使中国在超声速飞机设计研制方面的技术基础显著增强。1964年，沈阳所启动了国产歼8战斗机的自行设计研制工作，在此前后，强5强击机、水轰5轰炸机、直6等自行设计研制的飞机、直升机型号研制也相继展开，中国开始步入自行设计研制航空产品的新阶段。

"摸透米格-21技术"，从观念上提出了要十分重视航空科研基础能力的建设，它直接拉动了航空技术各专业的发展，带动了多种国产战斗机、轰炸机、强击机、运输机和直升机，以及航空发动机和机载设备、机载武器产品步入自行设计研制和生产的新阶段。因此，"摸透米格-21技术"是中国航空技术发展过程中的一座丰碑。

- **要点三：预研促进技术发展**

　　1978年，在改革开放的新形势下，三机部在天津召开了航空科学技术工作会议，首次提出了"科研先行"和"更新一代、研制一代、预研一代"的航空工业发展战略，会议把"航空科研"划分为基础研究、应用研究、预先研制、型号研制和改进改型5个阶段，前3个阶段统称为"预先研究"。会议瞄准新一代战斗机等未来背景型号，在航空工业历史上首次部署了开展预先研究各方面课题的工作。天津会议是中国航空技术发展史上的一个里程碑。从此，航空工业改变了过去以扩大生产规模为主的发展模式，开始进入以科研为先导，以攻克航空关键技术为手段，依靠自主设计研制，发展航空产品的新的发展阶段。

　　预先研究瞄准未来航空技术发展的方向，通过持续滚动地安排一系列重点课题的研究工作，为自行设计研制打牢了技术基础，同时培养了一大批年轻的航空科研骨干。在逐步加强技术能力的基础上，航空工业抓住改革开放的机遇，通过国际合作，积极引进国外先进航空技术，支持了国产军民用飞机的发展。以自行设计研制第三代战斗机歼10、设计研制重型战斗机歼11、设计研制直10武装直升机为重要标志，中国航空技术明显加快了追赶世界先进水平的步伐。

- **要点四：创新实现跨代飞跃**

　　中国航空工业从修理起步、以引进试制起家，在飞机研制上长期采用跟随发展模式。通过开展预先研究，航空工业的技术储备明显增强。在研制歼10战斗机时，没有沿用国外三代机的总体布局，而是大胆采用了鸭式布局加腹部进气的创新设计，并依靠国内预先研究的基础，大量采用了新技术、新设备和新武器。歼10的成功标志着中国航空工业通过创新取得了跨代的成功。从此，中国航空工业开始摆脱了长期以来引进和仿制外国产品的发展途径，开始走上了自主创新的发展道路。

● 要点五：抓住机遇实现腾飞

进入 21 世纪以来，在国家强力推进高技术航空武器装备"撒手锏"发展的带动下，航空技术发展步伐进一步加快，建成了一批高水平的航空基础科研试验设施，各专业的航空技术重点实验室和企业技术中心相继建成。航空工业提出在"三个一代"基础上又增加了"探索一代"，有力地带动了航空技术迈开自主创新的发展步伐。航空工业在军机、民机、发动机、机载系统和武器等方面都取得了重大成就。尤其是航空武器装备发展呈现出体系化发展的局面，实现了从第三代到第四代、从陆基到航母舰载、从中小型到大中型、从机械化到信息化的历史性跨越。歼 20、歼 16、运 20、直 20 和高性能无人机的交付使用，标志着中国航空技术正在大步赶上世界先进水平。在国产民机发展方面，C919、ARJ21、AG600 和 AC 系列直升机等产品形成了民用飞机的"中国力量"。航空技术的进步，支撑了强军之路，服务于强国战略。一支规模宏大、素质优良和立志航空报国的航空科技人才队伍不断成长壮大。中国航空技术在新世纪开始了向世界先进水平迈进的新征程。

中国航空工业通过持续开展航空预研工作，狠抓型号关键技术攻关，力促飞机、发动机、机载设备和武器技术的协调发展，推动了航空工业数字化、智能化工程。目前，完整的航空科技与工业体系已经形成。航空技术储备的日益增强，强有力地支撑了重点型号的设计研制和生产，中国开始在先进战斗机、高性能军用无人机、数字化电传飞控系统技术、综合航空电子技术、空空导弹技术等技术领域，逐步达到了世界先进水平。

● 要点六：中国航空技术发展脉络的 4 个阶段

综观新中国航空工业创建 70 多年来中国航空技术的发展脉络，先后走过了主攻喷气式飞机制造技术、掌握超声速飞机设计制造技术、突破高机动战斗机关键技术和攻克隐身战斗机设计研发技术4个里程碑。70多年先后经历了4个技术发展阶段。第一阶段是引进试制的摸透阶段，在中国航空工业建立之初，主要通过引进试制的方式生产航空产品，技术上主要通过消化、吃透引进的国外产品的设计图样和技术资料，并通过摸透国外技术，逐步掌握设计和生产技术。第二阶段是自行研制阶段，在摸透国外技术的基础上，中国航空工业开始完全依靠自己的力量设计和试制航空产品，中国航空技术的发展更加全面。第三阶段是跟踪创新阶段，中国航空工业通过大力开展航空技术的预先研究和关键技术攻关，紧密跟踪世界航空技术的最新发展，并结合国内航空型号的设计和试制，开始探索航空技术的创新发展。第四阶段是自主创新阶段，中国航空工业针对世界航空技术发展的趋势，结合国内外的需求，开始进入依靠自身技术储备，开展航空技术的自主创新，中国首创和独创的航空技术越来越多。中国航空工业虽然在技术发展上已经取得了巨大进步，但在跟踪创新和自主创新的征程上，还需要持续努力，未来的路还很长。

第二节

腾飞之路带给我们哪些启示

- **启示一：科研先行是产业发展的保证**

中国航空工业能够从引进试制外国航空产品走向自主设计研制，依靠的是坚持科研先行，持续加强自主科研能力建设。通过建立完善的航空科技和工业体系，培养有自主研发能力的航空科技人才，才能逐步实现自主研发航空型号的成功。

1951年，新中国航空工业创建时，没有设计制造飞机、发动机和机载设

腾飞之路
——中国航空技术的发展与创新

备的能力,可以说是一张白纸。由于抗美援朝战场急需航空装备,航空工业主要依靠引进国外技术,完成了修理各类航空产品的任务。进入制造阶段后,中国得到了苏联的技术援助,通过引进苏联飞机、发动机的设计生产图样和技术资料,在苏联专家的指导下,开始引进试制苏联的雅克-18教练机(初教5)、米格-17战斗机(歼5)、米-4直升机(直5)、安-2运输机(运5)和相配套的发动机、机载设备及武器。当时,科技人员把主要精力放在掌握国外技术上,企业则全力打通产品生产线并形成批生产能力。当时的技术创新活动主要针对使用国产材料及引进试制国产件以替代苏联的进口器件,为的是尽快实现全机的本土化生产。在那个时代,能够尽快完成航空产品的国产化、确保产品质量合格是十分难能可贵的。加上当时"导弹与飞机之争",国内有人认为飞机技术的发展已经封顶。所以,当时国家要求航空工业全力跟着苏联"学好正步",全力以赴把产品质量搞上去,自主设计研制飞机的目标难以实现。

20世纪60年代,在中苏关系恶化、苏联撤走全部专家后,中国航空工业的发展马上遇到了自行设计研制航空产品技术能力不足的问题。由于参照国外技术"学好正步"的观念根深蒂固,在进入型号的自行研制后,通常采取找一个国外现有机型作为参照,通过测绘仿制和参照设计来研制国产新机。然而,"知其然而不知其所以然",没有牢固的科研基础。所以,无论是在设计还是制造过程中,总会不断遇到难以解决的技术难题。

1961年,航空研究院成立后,首先提出了"摸透米格-21技术",目的就是尽快补上技术储备不足、设计试制经验缺乏的短板,通过开展多专业的对米格-21的"反设计",学习并熟悉了超声速战斗机的设计试制方法,为后来开展歼8战斗机设计研制奠定了技术基础。

1978年,进入改革开放后,三机部党组总结历史经验,同时通过出国访问了解到了国外的经验,明确提出了航空工业"科研先行"的发展战略,召开了天津航空科学技术工作会议,全面部署了航空预研工作,中国航空工业由此开始走上了依靠科技发展带动产业腾飞的正确道路。

• 启示二：型号设计不能代替技术研究

中国航空工业创建以来，一直以型号发展为动力，追求型号成功、急于求成的情绪始终存在。在很长一段时间里，领导和部分科技人员常常把型号设计工作与航空技术研究工作等同起来，认为"型号设计就是搞科研"。另外，由于多个型号是引进试制苏联的产品，有人以为，只要把翻译的国外技术图样和资料吃透，就能完成好研制生产工作。但实际情况是，在新型号设计研制工作中，边研制边攻关的现象十分普遍。即使新机进入生产阶段也会不断遇到新问题，有时不得不停下来解决技术问题。这样开展的新机设计研制与生产，往往是"走走停停"。自行设计研制的新型号，时间拖得很长，更是还会出现因解决不了的技术难题而被迫夭折。

科学的方法应该是，在开展型号设计研制之前，对所研型号涉及的关键技术（包括涉及的基础技术）先开展研究和攻关，"知其然，也知其所以然"，这样才能保证型号设计研制和生产过程的顺利。在1964年沈阳所启动国产超声速战斗机歼8设计研制之前，航空研究院组织开展了2年多时间的"摸透米格-21技术"的研制和试验工作，夯实了飞机设计研制的关键技术基础，不仅有力支撑了后期开展的歼7战斗机的试制生产工作，更是强有力地支持了自行设计研制歼8战斗机的工作。此后，中国航空工业能够成功设计研制出歼10、直10、歼20、运20等先进跨代产品，都是得益于提前、持续、深入地开展了航空关键技术的预先研究和型号的关键技术攻关。使从事型号设计研制和生产的科研设计人员具备较丰富的科研经验，有了较充足的技术储备，后来的新机研制生产的过程就进行得比较顺畅，研制周期也明显缩短。

• 启示三：引进技术重在消化、吸收和再创新

中国航空工业在发展歼5、歼6、歼7等主力战斗机，轰6轰炸机，运7和运8运输机，直8和直9直升机等型号时，都采用了不同形式的引进试制或

参照试制的方式。成功的经验是，引进国外技术之后，一定要根据用户的需求，充分消化和吸收国外的关键技术，并充分结合国内的技术、材料、成品的实际，进行工程化和本土化的再创新，使国产新型号的性能够满足用户需求，同时带动国内相关产业技术水平的提高。

20世纪90年代，中国决定引进俄罗斯苏-27重型战斗机生产线技术时，有些人曾担心我们又要重新回到航空工业创建之初依赖国外技术的局面。但后来的实际情况是，这次技术引进十分成功。因为在引进苏-27生产线先进技术时，我们充分消化和吸收了第三代重型战斗机的平台设计和系统综合等关键技术，高起点地带动了国内重型战斗机的飞机设计、先进材料、机载系统、机载武器和航空制造的技术水平的全面提高，使中国很快用自己的力量成功研制出歼11系列、歼15系列、歼16系列重型战斗机，这批中国重型战斗机的综合作战能力明显超过了最初引进的国外产品。苏-27生产线的引进，达到了在高水平和高起点上建立中国自主研制生产重型战斗机的目标。实践证明，成功的关键是在引进之初就要认真规划好引进、消化、吸收和再创新的路径，中国航空工业在多个型号产品中引进国外技术后能够取得国内相关产业快速发展的突出成果，都充分证明了这一点。

● 启示四：飞机、发动机、机载系统要协调发展

航空技术博大精深，航空工业涉及的产业群和技术面十分广泛，一型航空产品的设计研制必须发挥制度优势，充分发挥主机、动力、机载系统与武器、材料、工艺、试验、试飞等方方面面的力量，"集中力量办大事"。近些年航空工业在歼20、运20、C919等重大航空产品的研制和生产中，都是汇聚了国内相关产业数以百计的企事业单位，多达上万人参与到型号的设计、试制、配套和生产之中。只有有效地调动好各方面的积极性，通过科学、高效的管理和协调，才能确保型号工程的顺利实施。其中，充分调动好飞机、发动机、机载系统与机载武器等各方面的协调发展，发挥各自的优势，是确保型号研制成功最关键的环节。

其实，中国航空工业在飞机与发动机、机载系统协调发展方面有成功的经验，也有失败的教训。航空工业创建之初，引进苏联技术进行试制生产时，通常采用飞机及配装的发动机一同引进的方式。后来在进入自行研制阶段后，飞机与发动机的配合出现了一些问题，例如，1964 年启动的国产涡扇 6 发动机前后历经 22 年的艰辛努力，推出产品时却因为没有机型使用而夭折。

在机载系统发展方面，飞机与机载系统协调发展成功的例子是，数字化飞机电传飞控系统技术已经全面装备了我国各类新研制的飞机，使中国的飞行控制技术进入了世界前列。而沉痛的教训是当年"八二工程"的夭折，其实当时我们在航空电子方面已经有了一批预研成果，但寄希望于通过与美国的技术合作来提高歼 8 Ⅱ 战斗机的火控和航电水平。歼 8 系列战斗机最终还是依靠自己的力量，在后续的歼 8F 等机型上全面采用了国内自行研制的先进机载火控系统、航电系统及武器。

如今，党中央决定成立中国航空发动机集团有限公司，全力以赴地支持航空发动机技术和产业的发展。在航空机载系统发展方面，目前国外企业仍占据着国产大客机机载供应商的主角地位，要迅速发展国产民机机载系统技术，不仅要充分发展航空工业集团机载系统各厂所的作用，还要做好与中国电科集团的合作，共同发展国产民机的机载系统。协调好各方面的资源，共同为中国航空工业发展服务，需要有更宽广的胸怀和更多的智慧。

● 启示五：必须重视演示验证和科研试验手段的提高

随着航空技术的高速发展，新技术、新产品不断出现，如何综合使用好众多的新技术和新产品，形成最优化的大系统，需要高度重视演示验证的技术环节。2008 年，在歼 20 战斗机开始立项研制时，针对技术高度复杂、部分配套系统还不够成熟的情况，为降低研制风险，采用了技术验证机和原型机"两步走"的模式。技术验证机验证飞机设计、制造技术，发现问题，改进优化，再研制原型机。实践证明，采用技术验证机达到了分步骤验证关键技术的目标，使原型机能在机载系统和武器、作战使用方面下更多的功夫。除飞机整机外,在机载系统、机载武器和新材料的使用方面,通过开展演示验证,既可以规避技术风险,也能够使新技术安全、顺利地投入使用。

不断提高科研试验手段现代化水平,是保障航空科技进步和型号研制成功的物质基础。航空工业能够成功走上自行设计研制之路,得益于国家不断加大对航空科研试验条件的投入,使航空工业在空气动力学、结构强度、飞行试验与验证、飞行控制、航空电子与通信、雷达、导航、火控与武器、适航审定等领域,以及复合材料加工与生产、数控加工与数字化制造设备等方面的科研试验条件不断完善。进入21世纪以来,航空工业采用基于模型定义(MBD)的数字化研制手段,实现了设计、制造的全数字传递。应用数字仿真、精益生产等技术,新产品的研制周期明显缩短。航空工业是率先开展虚拟现实技术、人工智能(AI)技术应用的行业,科研试验手段的现代化、数字化,使航空工业日益呈现出高科技产业发展方面的引领和示范作用。

● 启示六:领军人才是引领技术发展的关键

具有创新意识和宽阔视野的技术领军人才,是引领中国航空技术快速发展的关键所在。在航空工业初创时期,正是有徐舜寿、黄志千、叶正大、吴大观、虞光裕、昝凌等技术领军人物的远见卓识,创建了飞机设计室、发动机设计室和仪表设计室,带领年轻的中国航空技术团队探索走上了自主设计研制航空产品之路。在"摸透米格-21技术"中,又是他们带领团队开展了深入研究和试验工作,兼收并蓄,学习并掌握了先进战斗机及其配套动力、机载设备的设计、计算和试验方法,为自行设计研制先进超声速战斗机打牢了基础。

当中国航空工业开始逐步摆脱对苏联技术的依赖,进入自行研制先进航空产品的阶段后,正是顾诵芬、陆孝彭、屠基达、陈一坚、宋文骢、马凤山、李明、杨凤田、张恩和、尹泽勇、冯培德、颜鸣皋、关桥、董秉印等一大批航空科技大师,作为多个型号的总设计师和关键技术领域的领军人物,才能够在艰难拼搏的年代带领设计和科研团队取得了中国航空工业一个又一个型号的研制成功和进步，在他们精心培育下，成长起来了一大批新一代的航空科技人才。

进入改革开放后，大批恢复高考后跨入航空院校学习的年轻学子，毕业后陆续跨入了航空报国的洪流，他们思想解放、思路清晰、敢于创新、勇挑重担，特别善于学习和利用最新的科技手段用于航空科研生产实践。他们当中涌现出了以杨伟、孙聪、唐长红、吴光辉、樊会涛、陈祥宝、王向明、邢丽英、王海峰等院士为杰出代表的新一代航空技术领军人物，他们带领着团队开拓创新，勇攀高峰，创造出令世人瞩目的中国航空工业"井喷式发展"的巨大成就。近年来，航空工业通过实施型号总指挥和总设计师"两总师"系统，充分保证了总设计师有充分的技术决策权。进入 21 世纪后，航空工业在各专业技术领域评选出各层级的首席专家，专家群体正带领着航空科技各专业的技术人员，不断取得创新发展的新成果。

● 启示七：吸取挫折与曲折带给我们的深刻教训

今天，在看到中国航空技术发展不断取得巨大成就的同时，我们切不可忘记在 70 多年的发展过程中，航空工业和航空技术曾经遇到的挫折与曲折，一定要吸取其深刻教训，在未来的发展中保持清醒的头脑。

1958 年，在"大跃进"的特殊年代，航空工业先是启动速度 Ma 1.8、升限 2 万米的"东风" 107 战斗机的设计研制，随后又转为设计研制速度 Ma 2.5、升限 2.5 万米的"东风" 113 战斗机，由于设计指标远远脱离当时中国工业生产和科技的水平，热障等技术难关无法突破，一系列试验无法完成，部分材料和成品无法解决，最终导致研制工作难以继续，被迫于 1961 年 6 月下马。"东风" 107/"东风" 113 盲目追求高性能，完全脱离当时航空工业和技术的实际，是不按科学规律办事的典型代表。

1968 年，航空工业启动了歼 12 "小歼"战斗机的设计研制，该机追求"小、轻、灵"。1975 年 7 月完成飞机首飞后，因过于追求机体小、重量轻，带来火力较弱、航程较短等问题无法解决，型号研制工作被迫于 1979 年 3 月停止。在歼 12 发展追求小的时代，国外战斗机的技术发展重点是追求载弹量大、航程远、作战多用途的第三代战斗机。显然，歼 12 的技术特点不符合战场的变化和世界航空技术发展的潮流。

另外两种未走完研制过程的歼 9 和歼 13 战斗机，都曾准备采用我国自行研制的涡扇 6 发动机。歼 9 从 1964 年开始研制，由于战技指标不断变更，飞机布局方案也有多套，先后经历 3 次下马、5 次变更指标，终因指标过高于 1980 年停止。歼 13 于 1972 年完成设计方案，后又开展了大量的试验和计算，并准备更换配装的发动机，后因国家缩短新机研制战线于 1981 年停止研制。两型新机研制未能善终，虽然为后续的发展积累了大量的设计研制经验，但还是暴露了技术储备不足、与型号性能指标不协调等问题。

在歼 8 飞机的系列化发展方面，1986 年，为解决歼 8 Ⅱ 飞机电子、火控系统的不足，中美两国政府达成协议，由美方负责对两架歼 8 Ⅱ 进行航电、火控系统改装，并提供 50 架/份用于后续改装。在这项合作中，美国并没有向我方转让关键技术。后来 1989 年北京政治风波，美方先是单方面终止合同，后又将经济损失推给中方，导致合作终止。此后，装用了国产先进综合火控系统和武器的歼 8F/G/H 等歼 8 系列改型机批量装备了部队。事实证明，突破航空关键技术决不能把希望寄托在别人身上。

中国预警机的发展更有说服力。1971 年 6 月，由中国自行设计的"空警一号"预警机飞机平台首飞成功，后因平台和任务电子系统技术落后、未能解决预警雷达地杂波干扰等问题，项目于 1979 年下马。2000 年，美国粗暴干涉中国与以色列的预警机合作，导致以色列终止了该合作项目。为打破国外的技术封锁，2001 年启动了"空警"2000 预警机的研制，在航空工业与电子工业的通力协作下，2003—2007 年，多架"空警"2000 预警机相继完成试飞任务，开始装备部队使用。选用国产运输机平台的"空警"200 预警机、"空警"500 预警机也先后试制成功并投入使用。这充分说明，只要坚持自主创新，就没有迈不过的坎。

第三节

几点思考与研讨

● 思考一：中国是如何取得先进航空产品的自主研发能力的

中国航空工业无论是军机还是民机，无论是飞机还是发动机和机载系统，从创建以来在很长一段时间里，主要依赖于引进国外技术，通过引进试制或参照设计国外产品来完成产品研制生产，自主创新的能力较低。这导致直到现在西方一些国家还在极力贬低中国航空科技的自主创新能力。实际情况究竟如何呢？今天中国航空工业能取得"20 时代"的辉煌发展成就，靠的究竟是什么呢？中国航空技术的腾飞之路是如何走过来的？中国航空工业的科技创新之路是如何走向成功的？这的确值得我们认真地总结、研讨和发扬光大。

有人说，中国航天主要是依靠自主创新发展起来的，中国航空工业与中国航天的发展有哪些不同呢？对此有多种解读。有人说是中国航空工业至今还没有彻底摆脱对国外技术的跟随发展；也有人说航空与航天的不同在于，部分航空产品在国际市场上可以买到，航空产业的供应商体系已经全球化，航空技术的国际合作空间较大。航空工业的这些特点确实与航天不同，但是回顾中国航空工业 70 多年的发展进程，除了航空工业初建时得益于苏联的全面技术援助，后来在多次航空国际合作项目和引进国外技术的航空工业项目中，都难以引进航空关键技术，难以真正学到设计技术。如果没有在国内技术基础上的消化、吸收和再创新，没有持续了四十多年时间的航空预先研究和关键技术攻关的技术基础，中国航空技术是绝不可能达到今天的水平的。中国航空技术实现腾飞的根本原因，就是坚定地坚持科研先行，坚持自主创新。

腾飞之路
——中国航空技术的发展与创新

● 思考二：什么管理体制适合中国航空技术的发展

中国航空工业的科研管理体制多次发生变化。1956年，航空工业局组建了最初的几家航空科研设计单位；1961年成立航空研究院（六院）后，航空科研设计单位交由军队管理，航空科研设计在管理上与生产分离开了；1965年，三机部与六院合并，航空科研设计仍由三机部六院统一管理；1968—1973年"文化大革命"期间，六院先恢复由军队管理，后又再次由军队划归三机部领导；1978年，原六院负责的航空型号设计研制工作交由三机部有关产品部门直接管理，六院专门负责航空预先研究的管理；1982年，航空工业部撤销了六院，保留中国航空研究院名称，用于国际科技合作与交流，以及研究生培养；1988年，航空航天工业部成立，建立了科学技术研究院，负责航空基础科研、预研和技术基础的管理，1993年该院再度撤销；2016年，中国航空研究院重组成立，负责战略性、整体性、前瞻性、基础性、共用性航空技术研究。几十年来，中国的航空科研管理体制不断地发生变更。多变的根本原因，是探索如何才能解决好航空工业的科研设计与生产制造相结合的问题。

航空工业设计与生产制造相结合的最直接体现是"厂所结合"。1965年，六院并入三机部后，有人就提出了将航空专业设计研究所并入相应主机工厂，以解决型号设计与制造脱节的问题，但后来未能实施。1973年，三机部按照"部院结合，厂所挂钩"的原则，陆续将7对飞机和发动机的主机厂所进行了一对一结合，厂所组成一个党委，以求厂所统一管理，但未能走到底。1989年7月，航空工业部又决定将西飞与西安所、成飞与成都所两两结合，组建了新的西安飞机工业公司和成都飞机工业公司，力求从根本上解决"厂所结合"的问题，但这一轮主机厂所的合并，由于厂所分属于企业和事业单位等原因，也未能成功。航空工业"厂所结合"成功的范例，是2001年原空空导弹研究院与南峰机械厂合并组建新的中国空空导弹研究院，现在真正成为中国空空导弹科研、设计、生产和服务一体化的单位。

国外对航空设计与制造相关单位管理的方式各有不同，西方航空制造企业内部设有自己的设计和研发部门；苏联原来是在航空产品设计局下设自己的试制工厂负责产品的设计与试制，产品的批生产交由专门的批生产企业负责，近年来俄罗斯航空工业的体制改革是组建联合企业集团，由其管理设计局，形成科研生产联合体。

在国内，中国航天是在各个专业研究院下设自己的试制生产企业，负责航天产品的设计、试制和生产。但航天产品的产量不如飞机产量大，其科研试制的分量更重。中国航空工业几十年的改革与探索，在彻底解决科研设计与生产制造结合、"厂所结合"上仍处于探索之中。早日形成适合中国航空技术和航空工业发展的管理体制，是保持航空工业和航空技术持续高速发展的重要保证。

● 思考三：如何根治中国航空技术"军强民弱"的问题

中国航空工业长期以来一直存在着"军强民弱"的问题，虽然航空技术的发展在许多领域可以同时应用于军机和民机，但由于航空工业的主要任务是完成航空武器装备的科研生产任务，对民机专用技术的发展研究安排得相对不足。因此，在启动国产民机设计研制时，由于自身技术储备的不足，只能通过国际合作的方式，依靠国外的供应商支撑国产飞机的研制。但这类国际合作往往难以掌握关键技术，也解决不了被"卡脖子"的问题。

解决好航空技术发展中"军强民弱"的问题，是未来中国航空工业持续全面发展，为国家作出更大贡献所急需解决的大问题。要从根本上解决这一问题，必须从体制、机制、观念、人才培养和型号组织方式等诸多方面入手，针对民用飞机、民用航空发动机、民机机载系统等领域，切实加快中国民机技术的发展，才能达到中国航空工业军民机"两翼齐飞"的目标。

在民机技术的发展途径方面，航空工业企事业单位加强与高等院校及行业外科研院所、民营企业的深度合作，可能是一条捷径。中国航空工业要积极主动地发展与高等院校和行业外的科研力量的合作。实际上，高等院校、行业外科研机构、民营企业十分渴望参与中国航空技术的重大攻关，参与到航空重点型号的研制中来。开门办科研，可以增强中国航空工业基础科研能力和颠覆性技术储备能力。吸引更多的高等院校和行业外科技力量共同投入到中国航空技术（特别是民机技术）的发展，是中国航空工业持续快速发展的重要保证。

— 结束语 —

勇攀世界航空技术新高峰

2022年12月2日，美国空军和诺斯罗普·格鲁门公司（简称诺格公司）在美国加州帕姆代尔美空军第42号工厂的厂房区，高调举行了美国新一代B-21"空袭者"隐身战略轰炸机原型机的首次公开展示发布会。B-21是美国第六代航空武器装备系统簇中的关键装备，具备下一代隐身、先进组网能力，采用开放式系统架构，该机将成为未来美国空中力量的骨干装备。B-21能投放常规和核有效载荷，具备使用多种防区外和临空攻击弹药组合的能力。诺格公司声称，B-21是数字式轰炸机，运用了云技术支持飞机设计、研制、作战和维修。2023年11月10日，美国B-21隐身战略轰炸机在帕姆代尔完成了首次试飞。可以说，美国B-21隐身战略轰炸机的问世，揭开了世界航空工业围绕下一代航空武器装备竞争全新的一页。

美国的 B-21 隐身战略轰炸机

另外一个特别值得关注的是，2022年11月21日，美国国防高级研究计划局（DARPA）的战术技术办公室发布了新的"人工智能增强"（AIR）计划公告，宣称其正在寻找用于实时、多机、超视距进攻和防御制空任务的先进建模和仿真方法，以使人工智能主导空战。美国准备先在F-16试验台进行"人在回路"的技术验证，然后将其用于无人机。显然，AIR计划的实施，表明美国正在加快将人工智能用于空战，它将在动态、战子战和多武器协同的未来作战环境中，充分发挥人工智能的技术优势，这无疑是航空技术又一场新的革命。

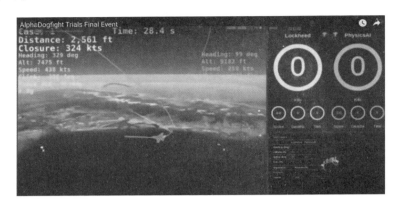

美国正将人工智能用于战斗机空战领域

在民用航空技术发展方面，2022 年 10 月 3 日，由波音公司投资参加的 Wisk 公司宣布了其第六代电动垂直起降（eVTOL）飞行器的设计细节。该机计划于 2030 年投入客运，它将是美国首款自主全电动客运飞行器。作为自主飞行航空器，该机将由一名监管人员远程监控，该机载客 4 人，飞行高度可达 1219 米，航程可达 144 千米。航空技术与未来城市交通方式的结合，将颠覆性技术用于城市空中交通（UAM）应用是解决新型空中出行方式的大趋势，电动航空和自主技术结合的电动垂直起降（eVTOL）飞行器现已成为包括中国在内的世界各国高技术竞争的一个重点领域。

上海时的科技有限公司的 **E20 eVTOL** 原型机

以上三个美国的发展动向充分说明，当前世界航空技术的发展速度正在进一步加快。特别是以体系化发展为特征的新一代航空武器装备、可重复使用的高超声速飞机和天地往返系统、适应低碳环保要求的新一代绿色环保民用飞机、新能源航空器、未来城市空中交通运输飞行器等为竞争重点的航空高新技术的发展十分迅猛，航空技术正孕育着新的革命。全世界的航空科学家和工程师们正在加倍努力，争取在未来的航空技术发展方面占据先机。

时不我待，不进则退。通过持续发展，如今中国航空技术与世界先进水平的差距已经明显缩小，决不能、也绝不会再一次被拉大。相信有中国共产党的正确领导，有"集中力量办大事"的制度优势，有聪明智慧的新一代中国航空科技人才的创新开拓，中国人一定能够勇敢地登上世界航空科学技术发展的新高峰！

大鹏一日同风起，扶摇直上九万里。

腾飞起来的中国航空工业不会停止放飞的高度，航空技术的未来将属于中国！

后　记

在中国航空工业集团公司党校/培训中心的组织下，《腾飞之路——中国航空技术发展与创新》终于要和读者见面了。

本书首先对航空技术的发展脉络进行了全面梳理，介绍了世界航空技术发展过程中各个技术发展阶段、重大技术突破和里程碑事件，让读者全面了解航空工业是如何伴随着航空技术的不断创新而发展壮大的。然后，回顾了旧中国航空技术发展的历史，使我们了解从 20 世纪初飞机发明之后，中国人曾经立志航空救国，但由于国力不足和外侵内弱，航空技术未能在旧中国得到快速发展。

本书的重点是详细记述新中国航空工业建立之后，中国航空技术一步步发展壮大的辉煌历程。我们将中国航空工业 70 多年的发展划分为初建时期、进入自行研制、改革开放促进发展和新世纪腾飞 4 个历史阶段。其中初建时期主要通过引进国外技术，掌握生产喷气战斗机制造技术；进入自行研制时期主要通过全面摸透国外飞机技术，掌握自行研制航空产品的技术；改革开放促进发展时期，通过狠抓预先研究和关键技术攻关，增强航空技术的储备；新世纪腾飞时期通过航空技术的创新发展，促进航空技术全面赶上世界先进水平。在每一阶段，着力记述了航空技术的突破，航空科研设计机构的建立，航空科研试验设施的建设，军民用飞机、直升机重点型号的研制，航空发动机、机载系统和航空武器的发展进步等重点事件和里程碑。力求真实地展现出中国航空科技人员攻坚克难、创新前行的感人事迹。在每个历史阶段中，我们还记述了一些航空科技领军人物在科研和型号攻关过程中的具体事例，以此来让读者了解今天的成果是多么来之不易。在每一章的结尾处，我们对本章的内容进行了小结，便于读者记住要点。每章结束时还列出了一些思考题，帮助读者回顾与思考。

学史明理、学史增信、学史崇德、学史力行。愿这本记述中国航空技术发展与创新的新书，能让新一代航空科技工作者和航空工业从业人员从历史中汲取智慧和力量，担当起航空强国的历史使命，为攀登世界航空技术发展的新高峰而赓续奋斗。

十分感谢唐长红院士在百忙之中为本书作序，唐长红院士以自己的亲身实践为中国航空科技的快速发展做出了杰出贡献。

本书的编写，由中国航空工业集团公司党校/培训中心组织领导，得到了航空工业发展研究中心、中航出版传媒有限责任公司等单位的大力支持。本书在写作过程中，参阅了大量公开出版的航空工业史料和航空科技图书（见参考文献），在此，对这些著作的作者表示由衷的谢意。本书由汪亚卫执笔完成。感谢帅朝林、桑建华、陈骊醒、石鹏飞、孔繁霁、周善良等专家对书稿进行润色和审定；感谢中国航空工业集团公司党校/培训中心宋庆国、李立、胡冰、孔凡利等领导对本书策划、大纲修订、内容审定和修改给予的具体指导；感谢航空工业集团公司魏朋义、陈刚、贺俊、朱强、师勇、姚平等对本书编写的指导和把关；感谢航空工业发展研究中心姜洪法、殷云浩等领导对本书编写工作的全力支持；感谢航空工业发展研究中心俞笑、郭跃等同志帮助编写并负责配图；感谢中航出版传媒有限责任公司刘宁、王少雄、王建青、叶杰、尹金鹏、刘希、柴一淼对本书编写出版的指导和帮助。没有各位领导、专家和同事们的帮助和协作，就没有这本书的问世。

科学、准确、全面地记述中国航空技术的发展历程是一项十分艰巨的任务，鉴于作者的水平有限，本书中肯定会有疏漏、偏颇甚至错误之处，恳请读者给予批评和指正，以便我们在以后予以更正和进一步完善。

参考文献

[1] 汪亚卫. 华夏龙腾——中国飞机发展侧记（1978—2020）[M]. 北京：航空工业出版社，2021.

[2]《当代中国》丛书编辑委员会. 当代中国的航空工业[M]. 北京：中国社会科学出版社，1988.

[3] 中国航空工业史编修办公室. 中国航空工业大事记（1951—2011）[M]. 北京：航空工业出版社，2011.

[4] 孙聪，张聚恩，周日新. 蓝天逐梦[M]. 北京：航空工业出版社，2021.

[5] 铎恩. 极简中国航空工业史[M]. 北京：航空工业出版社，2019.

[6] 张聚恩，王旭东. 新航空概论. 2版.[M]. 北京：航空工业出版社，2022.

[7] 周日新. 百年航空：升级版[M]. 北京：化学工业出版社，2020.

[8] 中国航空学会. 航空科技与未来航空[M]. 北京：中国科学技术出版社，2020.

[9] 汪亚卫. 展望航空新世纪[M]. 北京：航空工业出版社，2007.

[10] 顾诵芬. 航空航天科学技术（航空卷）[M]. 济南：山东教育出版社，1998.

[11] 宋庆国. 史诗般的跨越[M]. 北京：航空工业出版社，2016.

[12] 张耀. 航空科学技术的发展[M]. 北京：航空工业出版社，2007.

[13] 王钟强. 飞翔的文明[M]. 北京：航空工业出版社，2003.

[14] 周日新，孟赤兵，归永嘉，等. 航空工业六十人传[M]. 北京：北京航空航天大学出版社，2011.

［15］徐昌裕．为祖国航空拼搏一生［M］．北京：航空工业出版社，2006.

［16］姜长英．中国航空史——史话·史料·史稿［M］．北京：清华大学出版社，2000.

［17］宋庆国，吴吉远．初心之路——中国航空研究院与航空科研体系的创建和发展［M］．北京：航空工业出版社，2020.

［18］谢晓阳．美国武器装备体系历史演变规律［M］．北京：航空工业出版社，2020.

［19］师元光．顾诵芬传［M］．北京：航空工业出版社，2021.

［20］中国航空工业集团有限公司．跨越：中国航空工业改革开放40年［M］．北京：航空工业出版社，2018.

［21］赵群力．航空武器装备技术创新发展［M］．北京：航空工业出版社，2019.

［22］空军装备部．空天铸剑：人民空军腾飞和装备发展实录［M］北京：蓝天出版社，2011.

［23］中国航空工业集团有限公司编修史办公室．中国战斗机简史［M］．北京：航空工业出版社，2022.

［24］中国航空工业集团有限公司编修史办公室．中国航空工业机载简史［M］．北京：航空工业出版社，2022.

［25］中国航空工业集团有限公司编修史办公室．中国预警机发展简史［M］．北京：航空工业出版社，2021.

［26］中国航空工业集团有限公司编修史办公室．中国航空研究院简史［M］．北京：航空工业出版社，2020.

［27］中国航空工业集团有限公司编修史办公室．忠诚奉献 逐梦蓝天：新中国航空事业发展70周年70件大事［M］．北京：航空工业出版社，2021.

［28］中国航空工业集团有限公司．大家之道——向顾诵芬院士学习［M］．北京：航空工业出版社，2022.

［29］中国航空工业集团有限公司编修史办公室．中国直升机简史［M］．

北京：航空工业出版社，2022.

［30］顾诵芬等编，师元光注笔. 中国飞机设计的一代宗师徐舜寿［M］. 北京：航空工业出版社，2008.